Ubuntu Linux 操作系统案例教程

张平 ◎ 编著

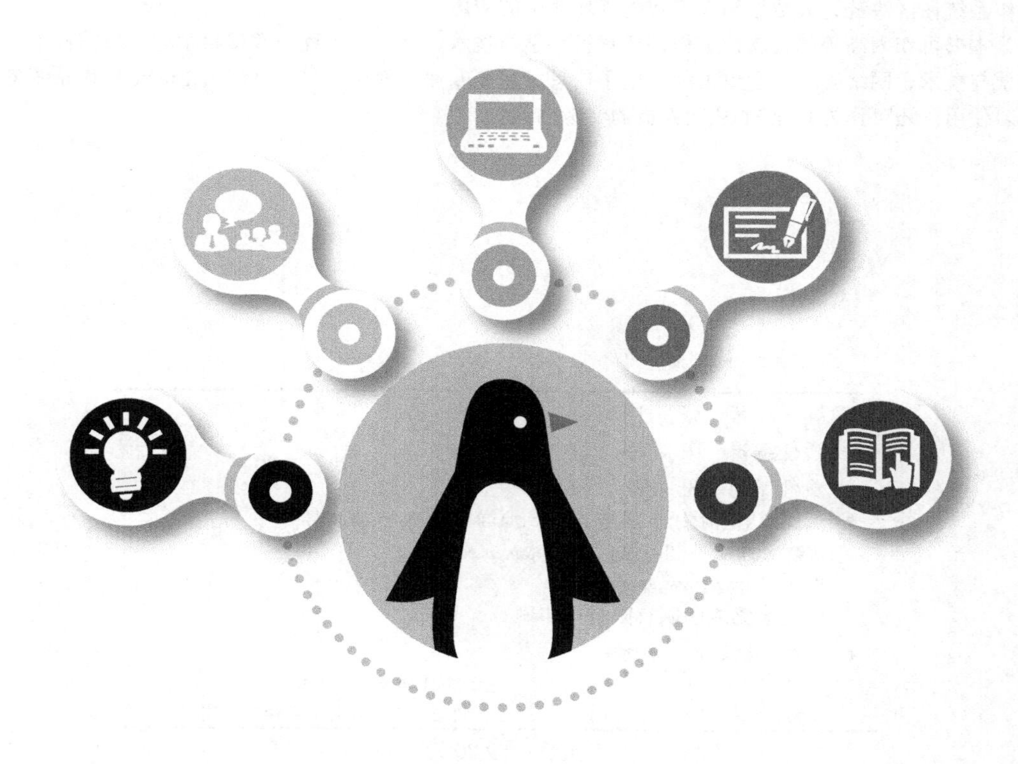

人 民 邮 电 出 版 社
北 京

图书在版编目（CIP）数据

Ubuntu Linux操作系统案例教程 / 张平编著. -- 北京 : 人民邮电出版社, 2021.9
（Linux创新人才培养系列）
ISBN 978-7-115-57025-3

Ⅰ. ①U… Ⅱ. ①张… Ⅲ. ①Linux操作系统－教材
Ⅳ. ①TP316.89

中国版本图书馆CIP数据核字(2021)第150798号

内 容 提 要

本书以应用为导向，基于最新版 Ubuntu，全面介绍 Linux 操作系统的基础知识及其在区块链、大数据和人工智能等场景中的应用。全书共 13 章，分为 Linux 操作系统基础篇、系统管理篇、Linux 操作系统开发篇、前沿应用篇 4 个部分。第一部分主要包括：Linux 操作系统概述、图形界面基础、Linux 操作系统命令行基础。第二部分主要包括：文件和目录管理、用户和组管理、磁盘存储管理、进程管理、软件包管理。第三部分主要包括：Shell 编程和 Linux C 编程。第四部分主要通过实例介绍 Linux 操作系统在区块链、大数据和人工智能等场景中的应用。

本书可作为高等院校软件工程、计算机科学与技术、物联网工程、数据科学与大数据技术、智能科学与技术、网络工程、通信工程、电子信息工程等专业的教材，也可供广大 Linux 操作系统爱好者学习使用，还可作为其他 IT 从业人员的参考书。

◆ 编　　著　张　平
责任编辑　王　宣
责任印制　王　郁　马振武

◆ 人民邮电出版社出版发行　　北京市丰台区成寿寺路 11 号
邮编　100164　　电子邮件　315@ptpress.com.cn
网址　https://www.ptpress.com.cn
固安县铭成印刷有限公司印刷

◆ 开本：787×1092　1/16
印张：17.5　　　　2021 年 9 月第 1 版
字数：483 千字　　　　2024 年 12 月河北第 10 次印刷

定价：59.80 元

读者服务热线：(010) 81055256　印装质量热线：(010) 81055316
反盗版热线：(010) 81055315
广告经营许可证：京东市监广登字 20170147 号

前言
Foreword

党的二十大报告中提到："推动战略性新兴产业融合集群发展，构建新一代信息技术、人工智能、生物技术、新能源、新材料、高端装备、绿色环保等一批新的增长引擎。"

近年来，科技发展迅猛，区块链、大数据、深度学习等技术影响深远。Linux 作为产业界广泛使用的操作系统，其影响力不可小觑。国内外高校很多专业纷纷响应时代发展要求，积极增设 Linux 操作系统相关课程。

Linux 操作系统诞生至今已有数十年历史，市面上相关教材种类繁多。然而，现有 Linux 类的教材大部分没有反映出当前 Linux 操作系统的应用趋势和市场格局。一方面，相关教材内容没有反映科技发展前沿趋势，区块链、大数据、深度学习等已经成为 Linux 操作系统的主流应用场景，而现有 Linux 教材很少涉及它们。另一方面，Ubuntu 在服务器领域的市场占有率已经跃居行业第一位，而现有与 Ubuntu 相关的教材却不多。截至 2021 年 2 月 23 日，根据亚马逊弹性计算云（elastic compute cloud，EC2）的统计数据，在 1 480 481 份样本中，Ubuntu 的占有率为 25.85%，CentOS 的占有率为 3.36%，Red Hat 的占有率为 1.97%。根据 W3Techs 网站的统计数据，在基于 Linux 的 Web 服务器领域，Ubuntu 的市场占有率为 45.6%，CentOS 为 15.6%，Red Hat 为 1.5%。两份统计报告均显示：Ubuntu 的市场占有率已远远超过其竞争对手。

本书基于最新版 Ubuntu，讲解 Linux 操作系统的基础技术和前沿应用。全书共 13 章，分为 Linux 操作系统基础篇、系统管理篇、Linux 操作系统开发篇、前沿应用篇 4 个部分。

本书特色与学时建议如下。

❑ 本书特色

1. 以应用为导向，强调应用场景的前沿性

全书通过大量实例讲解 Linux 操作系统的使用技巧，其中包括针对具体知识点的基础性实例（共约 250 个），以及面向区块链、大数据及人工智能这 3 个前沿场景的多个综合性实例，可极大程度地帮助读者拓展科技认知，提升实战技能。

2. 以读者为中心，强调内容的可理解性与可操作性

本书图文并茂，共含约 600 幅图片，可以有效降低初学者的学习难度，方便初学者快速入门。

3. 以 Linux 操作系统不同发行版的共性技术为基础，强调技术的通用性

尽管本书以 Ubuntu 为基础平台，但侧重于 Linux 操作系统不同发行版的共性技术介绍，大多数实例可以轻松移植到 Linux 操作系统的其他发行版中。

❑ 学时建议

编者给出了 3 种较为常见的学时模式，供院校授课教师参考。院校授课教师可以按照模块化结构组织教学，并根据专业情况和具体学时对部分章节进行灵活取舍。

学时建议表

教学内容	32 学时	48 学时	64 学时
第一部分　Linux 操作系统基础篇	**共 6 学时**	**共 8 学时**	**共 10 学时**
第 1 章　Linux 操作系统概述	1.5 学时	2 学时	2 学时
第 2 章　图形界面基础	0.5 学时	1 学时	2 学时
第 3 章　Linux 操作系统命令行基础	4 学时	5 学时	6 学时
第二部分　系统管理篇	**共 18 学时**	**共 24 学时**	**共 26 学时**
第 4 章　文件和目录管理	4 学时	5 学时	5 学时
第 5 章　用户和组管理	4 学时	5 学时	6 学时
第 6 章　磁盘存储管理	4 学时	5 学时	5 学时
第 7 章　进程管理	4 学时	5 学时	6 学时
第 8 章　软件包管理	2 学时	4 学时	4 学时
第三部分　Linux 操作系统开发篇	**共 4 学时**	**共 6 学时**	**共 12 学时**
第 9 章　Shell 编程	（2 选 1）	（2 选 1）	7 学时
第 10 章　Linux C 编程			5 学时
第四部分　前沿应用篇	**共 4 学时**	**共 10 学时**	**共 16 学时**
第 11 章　区块链	（3 选 1）	（3 选 2）	5 学时
第 12 章　大数据			6 学时
第 13 章　人工智能			5 学时

由于编者水平有限，书中难免存在疏漏之处。编者以诚挚之心期望广大师生、Linux 操作系统爱好者和业界资深人士提出完善意见和建议，以便我们更好地开展自由软件教学工作，并为促进自由软件在我国的发展尽绵薄之力。

编　者

2023 年春于长沙楚枫书院

目录
Contents

第一部分　Linux 操作系统基础篇

第二部分 系统管理篇

第四部分 前沿应用篇

第 11 章 区块链 218

第 12 章 大数据 236

第 13 章 人工智能 259

第一部分

Linux操作系统基础篇

内容概览

■ 第 1 章　Linux 操作系统概述
■ 第 2 章　图形界面基础
■ 第 3 章　Linux 操作系统命令行基础

内容导读

Linux 操作系统发展迅猛，已经跨越传统服务器领域，广泛应用于物联网、云计算、大数据、区块链、人工智能等前沿场景。目前，Linux 已成为操作系统领域毋庸置疑的“王者”。本部分将对 Linux 操作系统的基础知识进行全面介绍，以帮助读者快速入门。

本部分将从 Linux 操作系统概述、图形界面基础、Linux 操作系统命令行基础 3 个方面展开介绍。

通过学习本部分的内容，读者可以了解 Linux 操作系统的发展历史、应用领域、图形界面解决方案，掌握 Linux 操作系统相关背景知识、Ubuntu 操作系统的安装与使用、Linux 操作系统命令行的基本用法等。

CHAPTER01

第1章

Linux操作系统概述

Linux是一套可以免费使用和自由传播的类 UNIX 操作系统，性能稳定，得到了广大软件爱好者以及不同组织与公司的支持。自 20 世纪 90 年代诞生以来，Linux 操作系统发展迅猛，已被广泛应用于物联网、云计算、大数据、区块链、人工智能（artificial intelligence，AI）等前沿场景，成为了操作系统领域毋庸置疑的“王者”。本章将介绍 Linux 操作系统的基础知识、发展历史和主要应用领域等内容，以使读者掌握 Linux 的相关背景知识。

1.1 什么是 Linux

根据 Linux 官方的描述，Linux 是 UNIX 操作系统的一个克隆。它由林纳斯·本纳第克特·托瓦兹（Linus Benedict Torvalds）从零开始编写，并在网络上众多松散的黑客团队的帮助下得以发展和完善。它遵从可移植操作系统接口（portable operating system interface，POSIX）标准和单一 UNIX 规范（single UNIX specification）标准。Linux 具备现代成熟的 UNIX 操作系统的所有功能，包括真正的多任务、虚拟内存、共享库、按需加载、规范的内存管理等。Linux 最初是为基于 32 位 x86（386 或更高版本）的 PC（personal computer，个人计算机）开发的，但现在 Linux 也会在许多其他处理器体系结构上运行，包括 32 位和 64 位版本的处理器。

1.2 Linux 操作系统的发展历史

林纳斯是 Linux 内核的发明人。他在读大学期间编写了 Linux 的内核。Linux 是一种类 UNIX 操作系统。在介绍 Linux 的发展历史前，我们先介绍 UNIX 的发展历史。

1.2.1 UNIX 操作系统的发展历史

UNIX 是一个强大的多用户、多任务操作系统，支持多种处理器架构，属于分时操作系统。操作系统（operating system，OS）的概念，始于 20 世纪 50 年代。当时的操作系统主要是批处理操作系统，还没有配备鼠标、键盘等设备，代表性的输入设备是卡片机。系统运行批处理程序，通过卡片机读取读卡纸上的数据，然后将处理结果输出。20 世纪 60 年代初，分时操作系统出现。与批处理操作系统不同，它支持用户交互，允许多个用户从不同的终端同时操作主机。

1965 年，贝尔实验室、麻省理工学院、通用电气公司共同参与研发 Multics（multiplexed information and computing system）。这是一个安装在大型主机上的分时操作系统，其目的是让大型主机同时支持 300 个以上的终端机访问。Multics 技术在当时非常新颖，然而项目进展并不顺利，后来因为进度落后、资金短缺，贝尔实验室选择退出该项目。Multics 并没有取得很好的市场反响。Multics 项目最重要的成就是培养了很多优秀的人才，如肯·汤普森（Ken Thompson）、丹尼斯·里奇（Dennis Ritchie）、道格拉斯·麦克罗伊（Douglas McIlroy）等。

1969 年 8 月，肯·汤普森为了移植一套名为“太空旅游”的游戏，希望开发一个小的操作系统。他利用 4 个星期的时间，在一台闲置的 PDP-7 上用汇编语言写出了一组内核程序，其中还包括一些内核工具程序以及一个小的文件系统。其同事称之为 Unics（该系统就是 UNIX 的原型）。因为汇编语言对硬件具有依赖性，即 Unics 系统只能应用于特定硬件之上，所以每次想将其安装到不同的机器上时，都需要重新编写汇编语言。于是，肯·汤普森与丹尼斯·里奇合作，试图将 Unics 改用高级程序设计语言来编写，从而提高其可移植性。他们先后尝试过 BCPL、Pascal 等语言，但是发现编译出来的内核性能都不是很好。

1973 年，丹尼斯·里奇将 B 语言改成 C 语言，即发明了 C 语言。他因此也被人们称为 C 语言之父。肯·汤普森与丹尼斯·里奇一起，用 C 语言重新改写 Unics 的内核，并在改写过程中增加了许多新特征。例如，道格拉斯·麦克罗伊提出的“管道”的概念被引入了 UNIX。

1.2.2 类 UNIX 操作系统的发展历史

经 C 语言改写后的 UNIX 的可移植性非常好。理论上，只要获得 UNIX 的源代码，针对特定主机的特性加以修改，就可以将其移植到该主机上。许多类 UNIX 系统都继承了 UNIX 的基本思想，并将其发扬光大。代表性的类 UNIX 系统包括 BSD、Minix、Linux、AIX、A/UX、HP-UX、Solaris 等。

1973 年开始，UNIX 开始与学术界合作开发，有代表性的如加州大学伯克利分校。伯克利分校的比尔·乔伊（Bill Joy）通过移植 UNIX，开发了伯克利软件套件（berkeley software distribution,BSD）。他在移植过程中，加入大量工具软件与编译程序。比尔·乔伊是 Sun 公司的创始人。Sun 公司基于 BSD 内核进行商业版本 UNIX 的开发。BSD 是 UNIX 中非常重要的一个分支。FreeBSD 就是由 BSD 改版而来的。苹果的 Mac OS X 也是从 BSD 发展而来的。

1979 年，AT&T 推出了 System V 第七版 UNIX，其支持 x86 架构的 PC 系统。贝尔实验室当时还属于 AT&T。出于商业考虑，AT&T 在第七版 System V 中特别提到了“不可对学生提供源代码”的严格限制。

1984 年，因为 UNIX 规定“不可对学生提供源代码”，安德鲁·坦尼鲍姆（Anderw S.Tanenbaum）老师以教学为目的，编写了与 UNIX 兼容的 Minix。1989 年，坦尼鲍姆将 Minix 系统移植到了 x86 的 PC 平台。

1.2.3 Linux 操作系统的诞生

1990 年，林纳斯首次接触 Minix 系统。他希望能在自己的计算机上运行一个类似的操作系统。于是他从 Minix 开始入手，计划开发一个比 Minix 性能更好的操作系统。

1991 年年底，林纳斯公开了 0.02 版的 Linux 内核源代码。Linux 内核源代码的发布迅速吸引了一些黑客的关注。黑客的加入使它很快具有了许多吸引人的特性。许多公司投身开发 Linux 发行版，一些 Linux 用户社区相继成立。1993 年，Linux 1.0 版本发行，Linux 转向 GPL 版本协议。1994 年，Linux 的第一个商业发行版 Slackware 问世。1996 年，美国国家标准技术局确认 Linux 1.2.13 符合 POSIX 标准。同年，Linux 2.0 发布，并确定 Linux 的吉祥物为企鹅。

1.2.4 GNU 和 GPL 概述

Linux 操作系统的诞生离不开 UNIX 操作系统和 Minix 操作系统。Linux 操作系统的发展离不开 GNU 计划（GNU Project）。GNU 计划的诞生要早于 Linux。

GNU 计划开始于 1984 年 1 月。其创始人是理查德·马修·斯托曼（Richard Matthew Stallman）。GNU 是 GNU's Not UNIX 的递归首字母缩写词。GNU 的发音为 g'noo。GNU 计划的目的是开发一个类似于 UNIX 的免费操作系统。类 UNIX 操作系统中用于资源分配和硬件管理的程序称为“内核”。GNU 的内核称为 Hurd。它是自由软件基金会发展的重点。Hurd 的开发工作始于 1990 年，但是至今尚未成熟。GNU 计划的代表性产品包括 GCC、Emacs、Bash Shell、glibc 等，这些都在 Linux 中被广泛使用。

1985 年，斯托曼创立了自由软件基金会来为 GNU 计划提供技术、法律以及财政支持。GNU 倡导“自由软件”。尽管 GNU 计划大部分时候由个人无偿贡献，但自由软件基金会有时还是会聘请程序员帮助编写。当 GNU 计划开始逐渐获得成功时，一些商业公司开始介入开发过程和提供技术支持。当中就有较著名的之后被 Red Hat 兼并的 Cygnus Solutions 公司。

为了避免 GNU 开发的自由软件被其他人用作专利软件，GPL（GNU general public license，GNU 通用公共许可证）于 1985 年被提出。GPL 试图保证人们共享和修改自由软件的自由。GPL 适用于大多数自由软件基金会的软件。当我们谈到自由软件时，通常是指自由而不是价格免费。GNU 计划一共提出了 3 个协议条款：GPL，LGPL（GNU lesser general public license，GNU 较宽松公共许可证）和 GFDL（GNU free documentation license，GNU 自由文档许可证）。

1.2.5 Linux 操作系统的发展

1991 年，林纳斯编写了与 UNIX 操作系统兼容的 Linux 操作系统内核。1993 年，Linux 1.0 版本发行，Linux 转向 GPL 版本协议，许多程序员参与了开发与修改。最早发布的 Linux 只是一个内核，而完整的 Linux 操作系统的构成包括 Linux 内核、GNU 项目及其他项目的大量软件。

自由软件社区内对Linux操作系统的名称存在一定的争议。自由软件基金会的创立者斯托曼及其支持者认为，Linux操作系统既包括了Linux内核，也包括了GNU计划软件，因此应当使用GNU/Linux这一名称。Linux社区中的成员则认为使用Linux名称更好。

1.3 Linux操作系统的版本

平时大家所说的Linux，根据上/下文语境不同，存在两种不同的含义：Linux内核（Linux kernel）和Linux发行版（Linux distribution）。

1.3.1 Linux内核

Linux操作系统是全球最有影响力的开源项目之一。其源代码可以免费获取，并在GPL协议的框架内可以自由使用。读者可以访问Linux官方网站，免费获取Linux内核源代码和其他资讯。截至2021年4月29日，官方公开的Linux内核最新版本（mainline）为5.12版，最新的稳定版本（latest stable kernel）为5.11.17版。目前官方获取到最新的Linux内核代码是一个大约100MB的压缩包。

1.3.2 Linux发行版

Linux发行版是一个由Linux内核、大量基于Linux的应用软件和工具软件整合而成的操作系统。典型的Linux发行版包括Linux内核、GNU工具和库、附加软件、文档、窗口系统（最常见的是X窗口系统）、窗口管理器和桌面环境、软件包管理系统。其所包含的大多数软件都是免费的开源软件，可以作为编译后的二进制文件和以源代码形式提供给用户，原始软件允许被修改。Linux发行版通常也可能包括一些源代码不公开的专有软件，例如某些设备驱动程序所需的二进制代码。

根据维基百科提供的数据，目前已有近600个Linux发行版，其中有近500个正在开发中。不同的发行版由不同的团体维护。由于定位不同，各个发行版通常具有各自的特点，可以满足不同类型用户的需求。各个发行版中集成的软件种类和版本有所不同。除了一些核心组件，只有极少数软件是由Linux发行版的维护人员从头编写的。大多数软件包可以在所谓的存储库（repository）中在线获得，这些存储库通常分布在世界各地。

1.3.3 代表性的Linux发行版

Linux发行版众多。本小节将挑选一些具有代表性的Linux发行版进行介绍。

1. Ubuntu

Ubuntu Linux是由南非人马克·沙特尔沃思（Mark Shuttleworth）开发的基于Debian Linux的操作系统。其第一个正式版本于2004年10月推出。其名称来自非洲南部祖鲁语或豪萨语的“Ubuntu”一词，意思是“人性”或“我的存在是因为大家的存在”。这是一种非洲的传统价值观。

Ubuntu可谓是Linux世界中的一匹黑马。Ubuntu Linux在短短几年时间里便迅速成长为深受Linux初学者及资深专家青睐的发行版。早期的Ubuntu是一个以桌面应用为主的Linux操作系统。然而，Ubuntu早已超越桌面操作系统的范畴，成为世界领先的开源操作系统，广泛应用于PC、IoT/智能物联网、容器、服务器和云端上。最新的权威统计结果表明，Ubuntu已经成为服务器应用市场占有率最高的Linux发行版。

Ubuntu基于Debian发行版和Gnome桌面环境。而从11.04版起，Ubuntu发行版放弃了Gnome桌面环境，改为Unity。Ubuntu拥有庞大的社区力量，用户可以方便地从社区获得帮助。

Ubuntu更新速度快。Ubuntu社区承诺每6个月发布一个新版本，以提供最新、最强大的软件。新版本的发布时间通常在每年的4月和10月（Ubuntu 6.06 LTS除外）。Ubuntu版本代号以“年份的最后一（两）位.

发布月份”的格式命名，因此 Ubuntu 的第一个版本就称为 4.10（2004.10）。除了代号之外，每个 Ubuntu 版本在开发之初还设有一个开发代号。Ubuntu 的开发代号比较有意思，格式为“形容词+动物”，且形容词和动物名称的第一个字母要一致。例如，Ubuntu 21.04 发布于 2021 年 4 月，其开发代号是 Hirsute Hippo。

目前，诞生了大量基于 Ubuntu 的 Linux 发行版。代表性的发行版包括 Elementary OS、Linux Mint、Ubuntu Ultimate Edition 等。例如，Elementary OS 系统是一款基于 Ubuntu 精心打磨美化的桌面 Linux 发行版，号称“最美的 Linux”。

2. Debian

Debian 计划是一个致力于创建一个自由操作系统的合作组织。该组织所创建的操作系统名为 Debian。“Debian”的正式发音为/ˈdɛ.bi.ən/。Debian 官方未指定任何非英文名称。早在 Ubuntu 诞生之前，作为完全由自有软件组成的类 UNIX 操作系统 Debian，凭借着惊人的软件数量、高度集成的软件包和良好的安全性等成为了 Linux 领域的佼佼者。

Debian 系统目前采用 Linux 内核或者 FreeBSD 内核。然而，让 Debian 支持其他内核的工作也正在进行，最主要的就是 Hurd。Hurd 是由 GNU 项目所设计的自由软件。

Debian 的软件源有 5 个分支：旧的稳定分支（oldstable）、稳定分支（stable）、测试分支（testing）、不稳定分支（unstable）、实验分支（experimental）。所有开发代号均出自 Pixar 的电影《玩具总动员》。

Debian Stable 版本总是相对保守的，而其他分支却没有较好的支持。同时由于管理上也过于民主，造成决策缓慢。Debian 的开发者之一马克·舍特尔沃斯，决定创建 Ubuntu 项目。Ubuntu 基于 Debian 的 unstable 或 testing 分支，同时对来自 Debian 的部分软件包进行了一定的修改。Ubuntu 对 Debian 的改动比较大，因此，Ubuntu 建立了自己的软件仓库。随着 Ubuntu 的发展，也出现了一些基于 Ubuntu 的发行版。但是，目前还没有出现强大得可以自己建立软件仓库的发行版。

Debian 的流行度大大减弱。日前，维护 Debian 包近 10 年的开发者 Michael Stapelberg 发文表示，要在维护的 Debian 包中删除自己的姓名，并让这些包自生自灭，即彻底放手 Debian。

3. Red Hat、Fedora、CentOS

Red Hat Linux 是 Red Hat（红帽）公司发行的个人版本的 Linux。其 1.0 版本于 1994 年 11 月 3 日发行。Red Hat 公司是一家开源解决方案供应商，也是标准普尔 500 指数成员。Red Hat 公司的总部位于美国北卡罗来纳州的罗利市。Red Hat 公司将开源社区项目产品化，以便于普通企业客户消费开源创新技术。2018 年 10 月 29 日，IBM 宣布以 340 亿美元的价格收购 Red Hat。

自从 Red Hat 9.0 版本发布后，Red Hat 公司就不再开发桌面版的 Linux 发行套件，而是将全部力量集中在服务器版的开发上，也就是 Red Hat Enterprise Linux 版。2004 年 4 月 30 日，Red Hat 公司正式停止对 Red Hat 9.0 版本的支援，这标志着 Red Hat Linux 的正式完结。原本的桌面版 Red Hat Linux 发行套件则与来自开源社区的 Fedora 计划合并，成为 Fedora Core 的发行版本。

目前，Red Hat 分为两个系列：由 Red Hat 公司提供收费技术支持和更新的 Red Hat Enterprise Linux，以及由社区开发的免费的 Fedora Core。Fedora Core 被红帽公司定位为新技术的实验场地。用 Fedora Core 用户做测试，为 Red Hat 企业版的发布做基础。

Fedora Core 1 发布于 2003 年年末，其定位是桌面用户。Fedora Core 的版本更新频繁，性能（如稳定性等）得不到保证，因此，在服务器上一般不推荐使用 Fedora Core。

Red Hat Enterprise Linux，简写为 RHEL，属于 Red Hat 的企业版。Red Hat 现在主要做服务器版的 Linux 开发，在版本上注重了性能和稳定性以及对硬件的支持。由于企业版操作系统的开发周期较长，注重性能和服务端软件支持，因此版本更新相对较慢。

Red Hat 的 Fedora Core Linux 和 Enterprise Linux，都需要遵循 GNU 协议，即需要发布自己的源代码。对于免费的 Fedora Core Linux，用户既可以下载编译后的 ISO 镜像，也可以下载程序包源代码（SRPM）。对于收费的 Enterprise Linux 系列，用户可以获得 AS/ES/WS 系列的 SRPM 源代码 ISO 文件。但由于这是一款商业产品，需要购买正式授权后方可使用编译后的 ISO 镜像。

CentOS 全名为“社区企业操作系统”（community enterprise operating system）。Red Hat 全面转向 RHEL 的开发，Red Hat 企业版要求用户购买 lisence。RHEL 二进制代码不再提供免费下载，Red Hat 企业版的源代码依然是开放的。CentOS 社区将 Red Hat 的网站上的所有源代码下载下来，进行重新编译。由于 AS/ES/WS 是商业产品，Red Hat 的 Logo 和标志受到保护。重新编译后，必须将 Logo 和标志换成 CentOS 社区自己的。因此，可以说 CentOS 就是 Red Hat 的免费版本。

1.3.4 Linux 发行版市场占有率分析

目前，Ubuntu 已经成为服务器应用市场占有率最高的 Linux 发行版。这里可以给出两份最新的统计数据。

一份数据来自 The Cloud Market，如图 1-1 所示。根据 EC2 的统计数据，截至 2021 年 2 月 23 日，在 1 480 481 个有效样本镜像中，有 382 646 个镜像（占 25.85%）使用的 Ubuntu 操作系统，远超 Red Hat（29 173，占 1.97%）、CentOS（49 811，占 3.36%）和 Windows（89 586 个，占 6.05%）。除去没有给出具体发行版名称的 Linux 操作系统，Ubuntu 无疑是 EC2 最大的赢家。

另一份数据来自 W3Techs 网站，如图 1-2 所示。该图表显示了使用 Linux 的不同发行版的网站的百分比。截至 2021 年 2 月 23 日，在所有使用 Linux 的网站中，有 45.6%的网站使用了 Ubuntu。

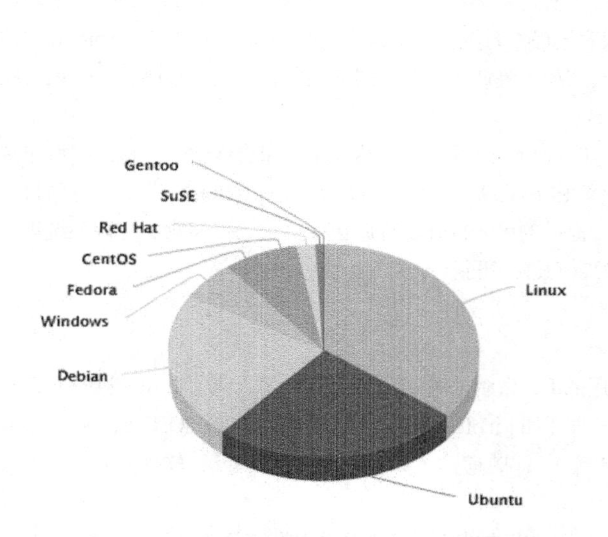

图 1-1　不同操作系统在 EC2 中的市场占有率（截至 2021 年 2 月 23 日）

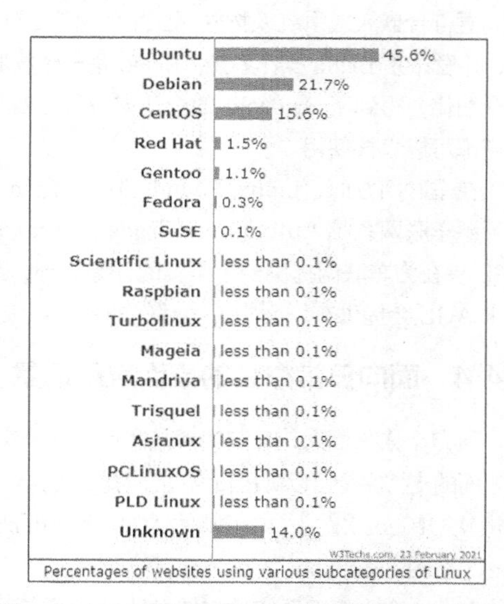

图 1-2　Web 服务器中 Linux 各类发行版的使用情况（截至 2021 年 2 月 23 日）

1.4 Linux 操作系统的主要应用领域

1.4.1 传统企业级服务器领域

服务器操作系统一般是指安装在大型计算机上的操作系统，为企业 IT 系统提供基础架构平台。常见的服务器类型包括 WWW 服务器、数据库服务器、负载均衡服务器、邮件服务器、DNS 服务器、代理服务器等。

Linux 因稳定、开源、安全、高效、免费等特点，广泛应用于各类传统企业级服务器应用场景。在为企业提供高稳定性和高可靠性的业务支撑的同时，还有效降低了企业运营成本，可避免出现商业软件的版权纠纷问题。Linux 在服务器操作系统领域的市场占有率早已超过了 90%。

1.4.2 智能手机、平板电脑、上网本等移动终端

随着移动通信技术的发展，移动终端进入智能化时代。智能手机，是指具有独立的操作系统，独立的运行空间，由用户自行安装软件，通过移动通信网络来实现无线网络接入的手机类型的总称。读者对 Android（安卓）肯定不陌生。Android 是一种基于 Linux 的自由且开放源代码的操作系统，由 Google 公司和开放手机联盟（open handset alliance）领导并开发，目前已被广泛应用于各类移动终端。

1.4.3 物联网、车联网等应用场景

由于 Linux 操作系统开放源代码，功能强大、可靠、稳定性强、灵活而且具有极大的伸缩性，再加上它广泛支持大量的微处理体系结构、硬件设备、图形支持和通信协议，因此，在嵌入式应用领域里，从各类专用因特网设备（路由器、交换机、防火墙、负载均衡器）到专用控制系统（自动售货机、手机、PDA、各种家用电器），Linux 操作系统都有很广阔的应用市场。经过多年的发展，它已经成功跻身于主流嵌入式开发平台。

传统 Linux 内核经过裁剪，就可以移植到嵌入式系统上运行。很多开源组织和商业公司对 Linux 进行了改造，使其更符合嵌入式系统或物联网应用的需求，比如改为实时操作系统。Google 就提出了 Project IoT 物联网计划，并发布了 Brillo 操作系统。Brillo 是一个物联网底层操作系统。Brillo 源于 Android，是对 Android 底层的一个细化，得到了 Android 的全部支持，比如蓝牙、WiFi 等技术，并且能耗很低，安全性很高，任何设备制造商都可以直接使用。

在车联网方面，Linux Foundation 联合 Intel、Toyota、三星、英伟达等十多家合作伙伴，推出了汽车端的开源车联网系统 Automotive Grade Linux（以下简称 AGL）。作为由 Linux Foundation 牵头的开源项目，AGL 旨在为车联网提供一个坚实的开源基础，AGL 提供的第一批开源程序包括主屏、仪表盘、空调系统等，未来 AGL 会提供车联网中更多部件的开源系统并对它们进行更新。

1.4.4 面向日常办公的桌面应用场景

所谓个人桌面系统，其实就是我们在办公室使用的 PC 系统，例如 Windows、Mac 等。Linux 操作系统在这方面的支持完全可以满足日常办公需求。例如：浏览器（如 Firefox 等），办公软件（如 OpenOffice、WPS 等兼容微软 Office 软件），电子邮件（如 ThunderBird 等），即时通信（如 QQ Linux 版等），软件开发（如 vi、vim、emac、eclipse、VS code 等）。

Linux 个人桌面系统的支持虽然已经很广泛了，但是在当前桌面市场中所占的份额还远远无法与 Windows 系统竞争，其障碍可能不在于 Linux 桌面系统产品本身，而在于用户的使用观念、操作习惯和应用技能，以及曾经在 Windows 上开发的软件的移植问题。不过，目前通过技术手段，可以直接在 Linux 中运行 Windows 软件。

1.4.5 云计算、区块链、大数据、深度学习等应用场景

随着云计算、区块链、大数据、深度学习等技术的迅猛发展，作为一个开源平台，Linux 占据了核心优势。据 Linux 基金会的研究，超过 86%的企业使用 Linux 操作系统进行云计算、大数据平台的构建。无论是亚马逊云、Google 云还是阿里云，几乎都是部署在 Linux 操作系统上的应用。

1.5 本章小结

本章对 Linux 的基础知识进行了介绍。主要涉及 Linux 的发展历史、Linux 操作系统的版本、Linux 的主要应用领域。Linux 的发行版众多，特色各异。不同发行版的差异主要集中在图形界面部分。由于不同发行版都是基于 Linux 内核的，因此核心部分是一致的。尽管本书以目前最为流行的 Ubuntu 最新版为基础进行展开，但本书的绝大多数知识点都可以应用到其他类型的 Linux 发行版中。

习 题 1

1. 简述 Linux 的发展历史。
2. 简述 GUN、GPL 的含义，以及二者对 Linux 的影响。
3. 简述 Linux 操作系统版本的含义。
4. 简述 Ubuntu 与 Debian 的关系。
5. 调研常见 Linux 发行版的不同特点。
6. 调研 Linux 在不同领域中的具体应用实例。

CHAPTER02

第2章

图形界面基础

Linux 操作系统本身没有图形界面，其图形界面解决方案基于 X Window System 实现。图形界面的引入拓宽了 Linux 的应用场景，降低了初学者使用 Linux 操作系统的难度。本章将介绍 Linux 图形界面的相关内容，以使读者掌握 Linux 图形界面体系结构、Ubuntu 操作系统的安装和使用等基础知识。

2.1 图形界面概述

Linux 发行版通常会为用户提供 GUI（graphical user interface，图形用户界面）。GUI 有效降低了普通用户使用 Linux 的难度。而诸如排版、制图、多媒体等代表性的桌面应用，更是离不开 GUI 的支持。

2.1.1 X Window System

X Window System 由麻省理工学院（MIT）于 1984 年提出。它是 UNIX 与类 UNIX 系统最流行的窗口系统。它是一个跨网络与跨操作系统的窗口系统，可用于几乎所有的现代操作系统。需要注意的是，它与微软的 Windows 操作系统是不同的。微软的 Windows 是一种图形界面的操作系统，图形环境与内核紧密结合，图形环境直接访问 Windows 内核。然而，Linux 操作系统本身是没有图形界面的。X Window System 只是 Linux 操作系统的一个可选的组件。X Window System 采用"服务器/客户端"架构，能够通过网络进行图形界面的存取。X Window System 基于 X 协议。1987 年发布了该协议的第 11 版。该版本协议较为完善，且被广泛应用，因此后来 X Window System 也被称为 X11。早期 Linux 所使用的 X Window System 的核心都是由 XFree86 计划所提供的，因此许多资料习惯将 X 系统与 XFree86 两个概念混用。XFree86 计划始于 1992 年，主要目的是维护 X11R6，包括对新硬件进行支持以及新增功能等。X11R6 的维护工作后来由 Xorg 基金会接手。

X Window System 架构如图 2-1 所示，它由 X 服务器（X server）、X 客户端（X client）和通信协议（X protocol）3 部分组成。X server 维护一个独立的显示控制器。X client 通过向 X server 发送请求来完成特定的操作。X server 通过响应 X client 的请求，在其所管理的显示设备上，完成建立窗口以及在窗口中绘制图形和文字的操作。X client 和 X server 并不一定位于同一台计算机。X 提供了一个库，称作 Xlib，负责处理 client—server 通信。

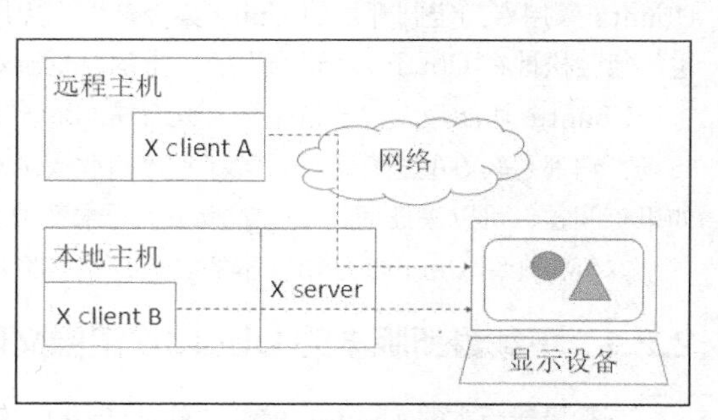

图 2-1　X Window System 架构

2.1.2 KDE 和 GNOME

X Window System 提供了一个建立窗口的标准，具体的窗口形式由窗口管理器（Window manager）决定。窗口管理器是 X Window System 的组成部分，用来控制窗口的外观、提供用户与窗口交互的方法。可以将窗口管理器看作一类特殊的 X 客户端程序，通过向 X server 发送命令来实现其功能。

对于 GUI 操作系统的用户来说，仅有窗口管理器提供的功能是不够的。为此，开发人员在其基础上，增加了各种功能和应用程序（如会话程序、窗口管理器、面板、登录管理器、桌面程序等），提供了更完善的图形用户环境，这就是桌面环境（desktop environment）。

GNOME 和 KDE 是最常见的 Linux 桌面环境。KDE（K desktop environment），即 K 桌面环境，由德国人马蒂耶斯（Mathias）于 1996 年 10 月创建。KDE 中使用的 Qt 链接库早期并未采用开源协议，这限制了其应用，也推动了 GNOME（GNU network object model environment，GNU 网络对象模型环境）的诞生。需要说明的是，目前 KDE 已经支持 GPL、LGPL 和 commercial 等不同类型的授权协议。

GNOME 是 GNU 计划的正式桌面，也是开放源代码运动的一个重要组成部分。GNOME 计划于 1997 年 8 月由米格尔·德伊卡萨（Miguel de Icaza）和弗雷德里克·梅纳（Federico Mena）发起，目的是取代 KDE。GNOME 和 KDE 桌面环境都有自己的窗口管理器，GNOME 曾经使用 metacity 作为其窗口管理器。2011 年，

GNOME 3 发表后，默认的窗口管理器被替换成了 Mutter。KDE 使用的是 Kwin，也有一些单独的窗口管理器，如 FVWM、iceWM 等。CentOS 默认提供的有 GNOME 与 KDE。Red Hat 默认采用 GNOME。用户可以根据自己的喜好安装配置不同类型的桌面环境。

2.1.3 Unity 桌面环境

Ubuntu 最初采用 GNOME 桌面环境。然而 Ubuntu 的创始人马克・沙特尔沃恩由于对用户体验的理念与 GNOME 团队不同，自 Ubuntu 11.04 后，开始使用 Unity 作为其默认的桌面环境。Unity 是基于 GNOME 桌面环境的用户界面，由 Canonical 公司开发，主要用于 Ubuntu 操作系统。与 GNOME 及 KDE 不同，Unity 并不是一个完整的桌面环境，它主要实现了桌面环境的面板部分，其他桌面环境要素仍然使用现有方案。Unity 桌面环境与 GNOME 桌面环境在外观上存在较大的差异。Unity 被设计成的可更高效地使用屏幕空间，与传统的桌面环境相比所消耗的系统资源更少。

2.2 Ubuntu 操作系统安装

Ubuntu 是目前服务器市场占有率较高的 Linux 发行版。许多笔记本电脑出厂时预装的操作系统就是 Ubuntu。Ubuntu 采用专门定制开发的 Unity 桌面环境，用户界面非常友好。即便是第一次接触到 Ubuntu 系统的人，也能很轻松地在 Ubuntu 中进行办公、上网、玩游戏、安装应用程序等日常操作。

Ubuntu 功能强大，不论是个人桌面操作系统市场，还是高端服务器操作系统市场，甚至是新兴的物联网市场，它都是较好的选择之一。除了它本身强大的功能外，Ubuntu 还提供了一个庞大的用户在线社区。用户如果有问题，可以去任何论坛（或版块）寻求帮助。

本节将介绍 Ubuntu 最新版本的安装，本书将基于此版本介绍 Linux 操作系统的基本原理及前沿应用。

2.2.1 下载最新版本的 Ubuntu 镜像文件

下载最新版本的 Ubuntu 镜像文件。Ubuntu 提供了面向桌面应用、云计算、物联网、树莓派、服务器等不同场景的软件包。读者进入 Ubuntu 官网后，应当选择面向桌面应用的版本（包含 Ubuntu Desktop 或类似字样）。Ubuntu 官方一般会在每年 4 月份和 10 月份分别更新两个版本，并且一般每两年会发布一个 LTS（long term support，长期支持）版本。LTS 版本对应的软件包稳定性和可持续性更好，建议初学者优先选择最新的 LTS 版本，例如，读者可以选择 2020 年 4 月份发布的 Ubuntu 20.04 LTS 或者 2022 年 4 月份发布的 Ubuntu 22.04 LTS。目前编者通过测试发现，本书的案例在 2018 及以后发布的各个版本的 Ubuntu 上都可以正常运行。

2.2.2 安装 Ubuntu

对于初学者，直接在计算机上安装 Linux 发行版并不可取。不论是单独安装 Linux 发行版，还是安装 Linux/Windows 双操作系统，都不建议初学者尝试；否则，稍有操作不当，都可能导致硬盘上的数据丢失。通过虚拟机安装和使用 Linux 发行版，是最为常见的解决方案。虚拟机是指通过软件模拟的、具有完整硬件系统功能的、运行在一个完全隔离环境中的完整计算机系统。代表性的虚拟机软件有 VMware Workstation 和 VirtualBox。

1. 安装准备

在本实例中，以 VMware Workstation 虚拟机为例，演示 Ubuntu 的安装过程。

首先，创建 VMware Workstation 虚拟机。关于 VMware Workstation 的安装、创建和配置方法，读者可通过访问人邮教育社区上的本书主页进行获取。

然后，在 VMware Workstation 主界面左侧的列表中，选择刚才创建的虚拟机，在右侧界面中，单击“编辑虚拟机设置”按钮，将打开图 2-2 所示的“虚拟机设置”对话框。

图 2-2 选择安装镜像文件

在“虚拟机设置”对话框中的硬件列表中，选择 CD/DVD（SATA）。然后在右侧的“使用 ISO 映像文件（M）”下拉列表框中选择之前下载的 Ubuntu 安装镜像文件。单击“确定”按钮保存设置。至此，虚拟机配置完成。

2. 安装过程与设置

先来开启虚拟机。单击菜单栏上绿色的三角形播放按钮，虚拟机启动，屏幕显示 GRUB 菜单，如图 2-3 所示，默认选中第一项。按 Enter 键后，进入图 2-4 所示的欢迎界面。

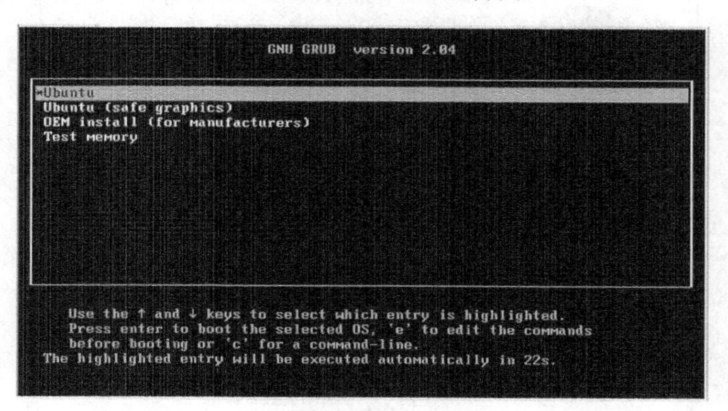

图 2-3 GRUB 菜单

如图 2-5 所示，在左侧的列表中选择“中文（简体）”，选择“安装 Ubuntu”。读者可以选择“试用 Ubuntu”。此时，计算机将直接加载 Ubuntu 系统，并不需要用户进行过多设置。Ubuntu 试用时的运行效果与安装后再启动 Ubuntu 的效果基本类似，有兴趣的读者可以自行尝试。在本实例中，我们直接单击“安装 Ubuntu”按钮，开始安装过程。执行效果如图 2-6 所示。在左侧列表中选择“Chinese”键盘布局，右侧列表使用默认值“Chinese”。单击“继续”按钮，进入下一界面。如图 2-7 所示，在更新软件界面中，我们取消对“安装 Ubuntu 时下载更新”选项的选择，以节省安装时间。网络情况好的，可以保留该选项。

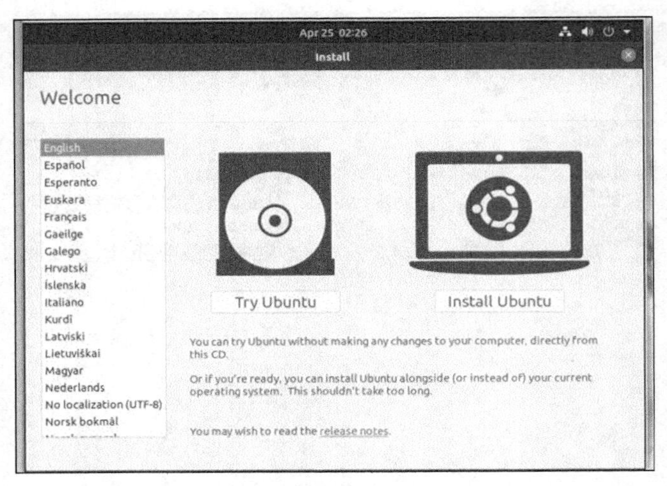

图 2-4　欢迎界面

图 2-5　选择语言

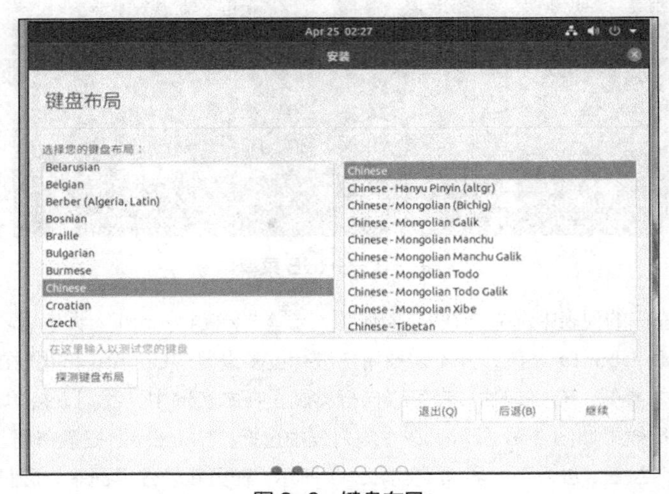

图 2-6　键盘布局

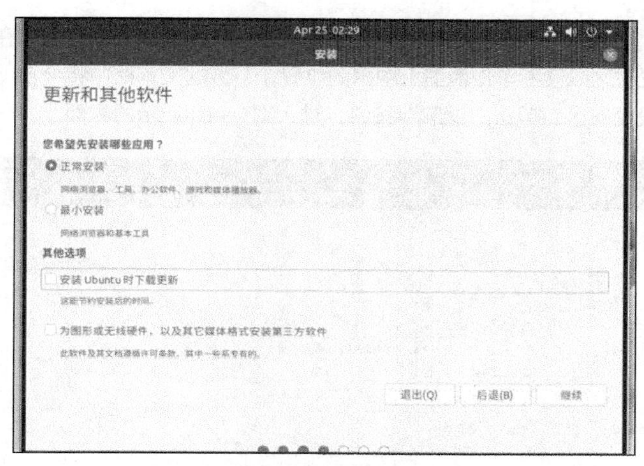

图 2-7　更新软件

单击图 2-7 中的“继续”按钮，进入图 2-8 所示的界面。

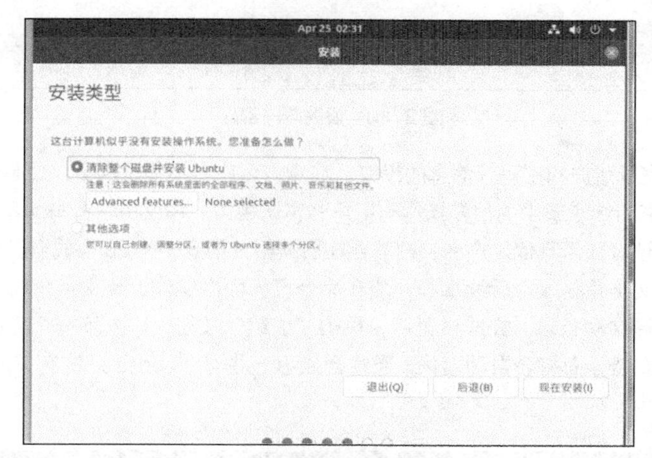

图 2-8　安装类型

在安装类型界面中，选择“清除整个磁盘并安装 Ubuntu”选项（“其他选项”适用于高级用户）。单击“现在安装”按钮，系统将弹出推荐的分区和格式化方案，如图 2-9 所示。

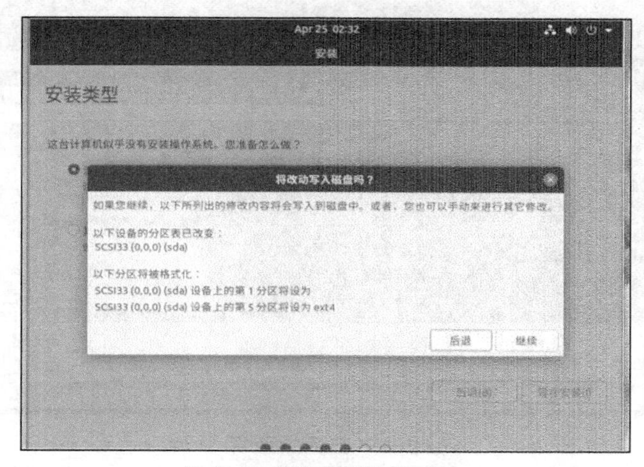

图 2-9　磁盘分区格式化确认

单击“继续”按钮，进入下一界面。此时界面上出现一幅世界地图，并弹出“您在什么地方？”的提示信息。这一步主要用于设置时区。读者单击地图上中国的位置，下方的文本框中将会自动输入对应地名。系统将根据读者的选择，自动设置时区。单击“继续”按钮，进入图 2-10 所示的界面。

图 2-10 设置账户密码

图 2-10 主要用于完成账户和密码等信息的设置。注意：用户名不使用汉字，而是使用英文字母；在半角状态下输入用户名。本书后续章节中的很多操作与用户名密切相关。建议初学者与编者保持相同设置，直接将用户名设置为 zp。如果读者使用其他用户名，则需要在后续相关指令中将 zp 换成自己的用户名。对于其他选项，建议读者也使用英文半角输入。后续章节一般在命令行界面中操作，英文半角输入在命令行中一般不容易出错。不建议读者选择自动登录。完成设置后，单击“继续”按钮，进入下一个界面，开始正式安装。安装过程耗时较长，期间安装界面将会自动变化，通常会显示一些与 Ubuntu 系统有关的介绍信息，如图 2-11 和图 2-12 所示。

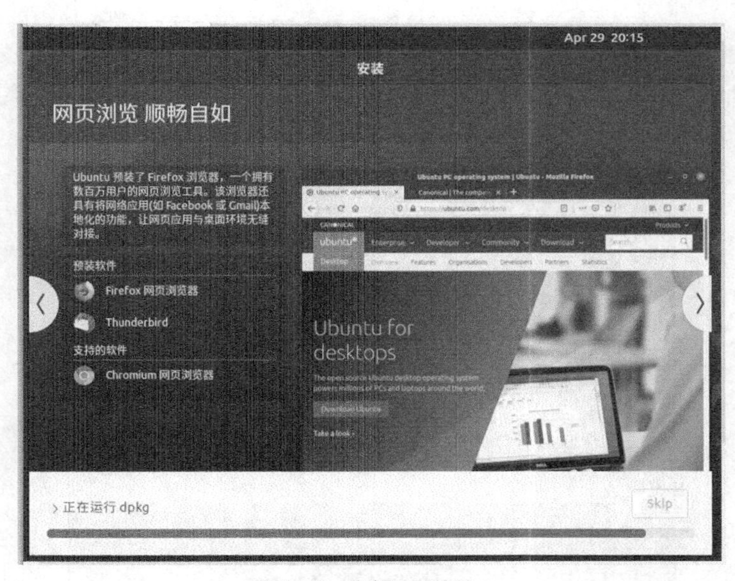

图 2-11 安装过程效果 1

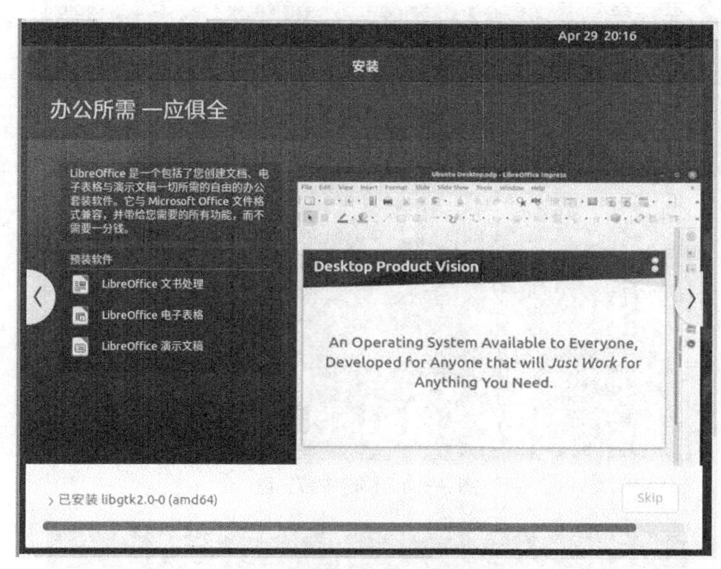

图 2-12　安装过程效果 2

3．安装完毕

安装完成后，程序会提示重启计算机，如图 2-13 所示。单击“现在重启”按钮。在计算机重启过程中，会出现图 2-14 所示的提示界面。该界面包含英文信息“Please remove the installation medium，then press ENTER”，提示读者移除安装光盘，并按 Enter 键。需要注意的是，该界面不会自动跳过。许多初学者没有仔细阅读屏幕提示信息，导致长时间等待。编者使用的是虚拟机安装，不移除光盘也不会对硬件造成伤害，因此可以直接按 Enter 键。

图 2-13　安装完毕图

首次启动，会出现图 2-15 所示的欢迎界面。单击右上角的“完成”按钮即可关闭该界面。读者将看到 Ubuntu 桌面环境，如图 2-16 所示。

图 2-14　移除安装光盘

图 2-15　欢迎界面

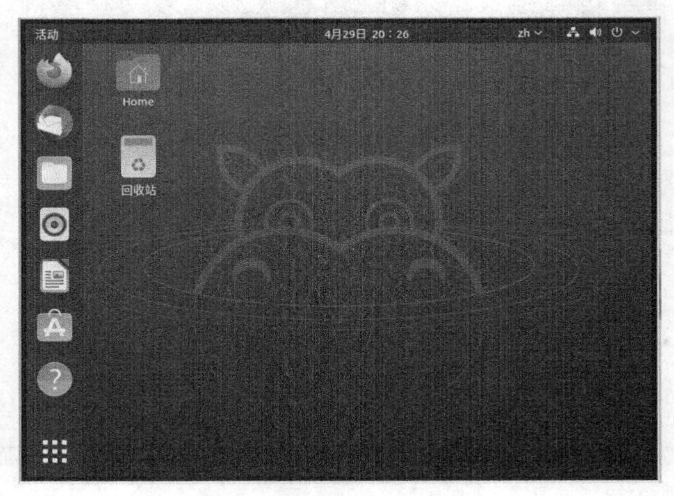

图 2-16　Ubuntu 桌面环境

2.3 Ubuntu 图形界面基础

本节将对 Ubuntu 桌面环境做简要介绍。图形界面的操作本身较为简单，有 Windows 等其他图形界面系统使用经验的读者，很容易自行操作。

2.3.1 桌面环境概述

自 11.04 之后，Ubuntu 开始使用 Unity 作为其默认的桌面环境。界面效果如图 2-16 所示。其左侧包括一个类似 Dock 的应用程序启动器和任务管理面板，而顶部面板则由应用程序指示器、窗口指示器以及活动窗口的菜单栏组成。

在图 2-16 中，单击左侧面板上的第二个图标，可以打开系统内置的 Thunderbird 邮件和新闻程序。图 2-17 所示便是打开的程序界面，顶部面板显示了该程序的相关信息。

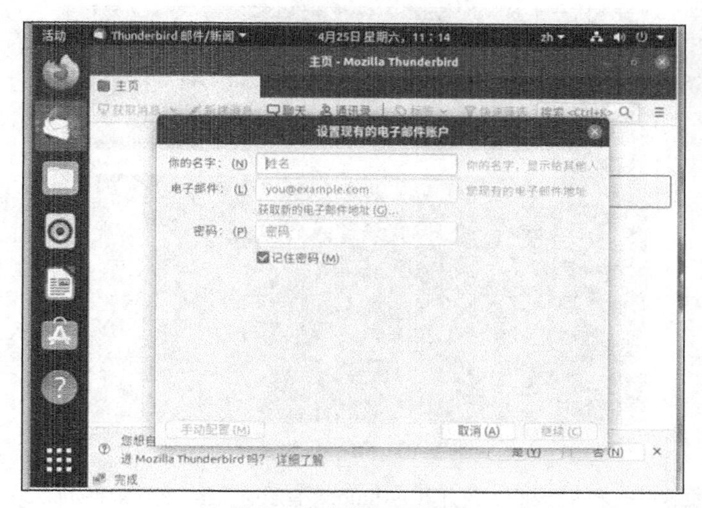

图 2-17 邮件和新闻程序

Ubuntu 图形界面的使用方式与 Windows 基本类似，这里不展开介绍。

2.3.2 常见应用程序

桌面左侧的面板包括一些较为常见的内置应用程序。从上到下依次为：Firefox 浏览器、Thunderbird 邮件和新闻程序、文件管理器、Rhythmbox 音乐播放器、LibraOffice Writer 文档处理软件、Ubuntu software 软件中心以及帮助中心。

1. 文件管理器

单击图 2-18 左侧面板中的第一个图标，打开图 2-18 所示的文件管理器。文件管理器中默认打开当前用户的主目录。文件管理器的功能与 Windows 下的资源管理器基本类似。Linux 的文件系统与 Windows 文件系统具有显著差别。在该界面中，并没有 Windows 下常见的 C:\、D:\等盘符。详细内容将在“第 6 章 磁盘存储管理”中进行介绍。

2. 其他常用软件

Ubuntu 也内置了许多其他常用软件，如浏览器、办公软件、多媒体软件、游戏软件等。单击图 2-18 左侧面板中的第一个图标，打开 Firefox 浏览器，界面效果如图 2-19 所示。

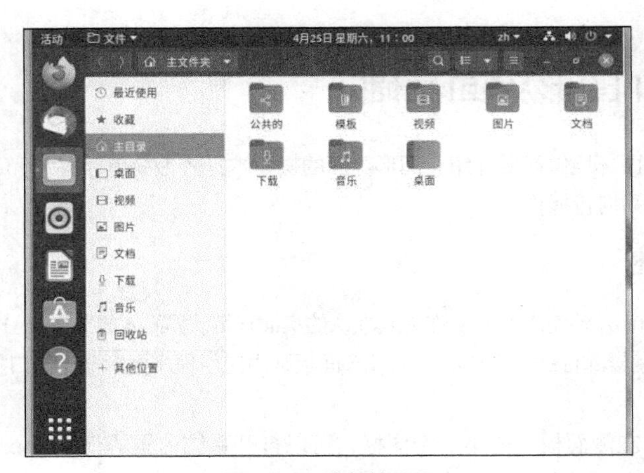

图 2-18　文件管理器

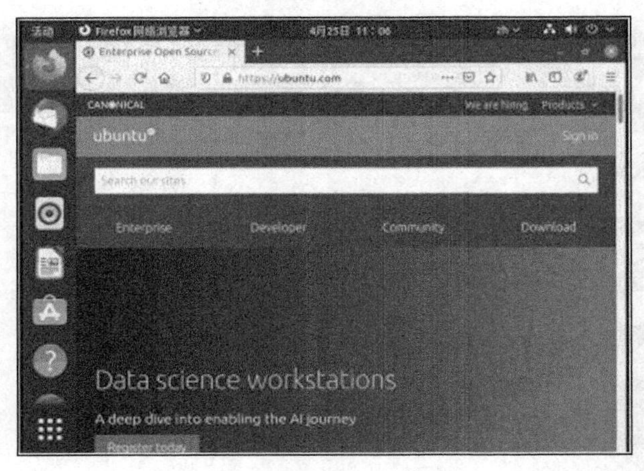

图 2-19　Firefox 浏览器

单击图 2-19 左侧面板中的第四个图标，打开 Rhythmbox 音乐播放器，界面效果如图 2-20 所示。单击图 2-20 左侧面板中的第五个图标，可以打开 LibraOffice Writer 文档处理软件。该免费软件的功能与 Windows 中的 Word 相同，并与之兼容，界面效果如图 2-21 所示。如果需要查看更多的本机已经安装的应用程序，可以单击图 2-22 左下角的矩阵图标“显示应用程序”，界面效果如图 2-22 所示。

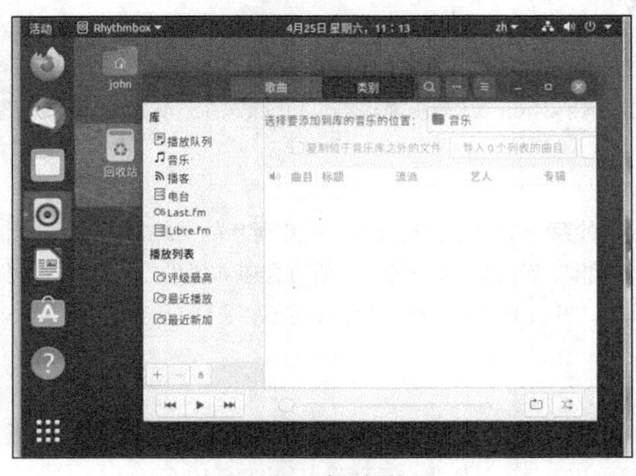

图 2-20　音乐播放器

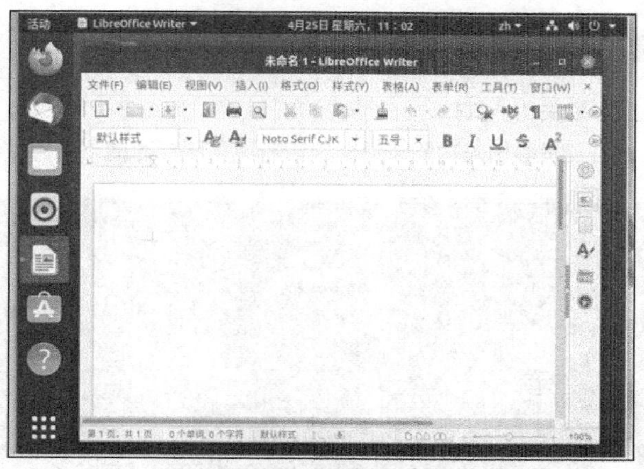

图 2-21　文档处理软件

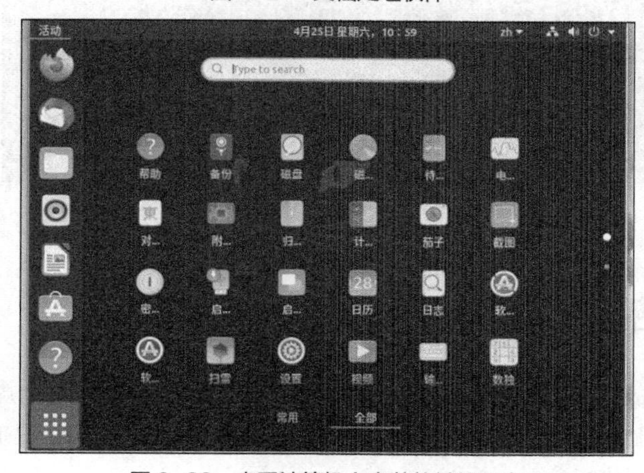

图 2-22　查看计算机上安装的其他程序

3. 软件中心

Ubuntu 提供了一个专用的软件中心。通过单击 Ubuntu software 图标（图 2-16 左侧面板中的第六个图标），可以打开软件中心，界面效果如图 2-23 所示。读者可以通过该软件中心安装各类免费软件。这里提供的软件通常都是图形界面软件。实际上，Ubuntu 提供的软件远不止这些。更多的相关知识，将在“第 8 章　软件包管理”中进行介绍。

图 2-23　Ubuntu 软件中心

2.3.3 系统基本设置

系统基本设置及开/关机等相关功能入口，位于屏幕的右上角。如图 2-24 所示，屏幕右上角的图标依次是输入法、网络设置、声音、开/关机等相关功能按钮。单击右上角图标旁的下三角按钮，可以显示更多选项。

图 2-24 系统基本设置入口

2.4 本章小结

本章对图形界面相关的基础知识进行了介绍，重点介绍了 X Window System、虚拟机技术基础、Ubuntu 系统安装和 Ubuntu 系统基本用法。Ubuntu 的图形界面使用方法较为简单，并不是 Linux 操作系统学习的重点，因此编者没有对其进行详细介绍。

习 题 2

1. 简述 X Window System 的工作原理。
2. 常见的 Linux 桌面环境有哪些？Ubuntu 采用的桌面环境是什么？
3. 简述在虚拟机中安装 Ubuntu 操作系统的基本过程。
4. 熟悉 Ubuntu 中常见应用程序的使用。
5. 熟悉 Ubuntu 软件中心的使用。
6. 熟悉 Ubuntu 所提供的常用系统设置功能。

CHAPTER03

第3章

Linux操作系统命令行基础

虽然 GUI 操作简单直观，但命令行的人机交互模式依然是进行 Linux 操作系统配置和管理的首选方式。许多时候，执行相同的任务，使用命令行方式要比使用图形界面方式效率更高。一些重要的任务甚至必须通过命令行来完成。掌握一定的命令行知识，是学习 Linux 操作系统过程中非常重要的环节。本章将介绍 Linux 操作系统命令行基础知识，以使读者掌握 Linux 操作系统命令行的基本用法。

3.1 Linux Shell 概述

说到 Linux 操作系统命令行，通常会提到 Shell 和 Bash 等相关概念。

3.1.1 Shell 简介

Shell 接收用户指令，并协助用户完成与系统内核的交互，进而完成指令的执行。Bash 就是一种代表性的 Shell 命令解释程序。Shell 包括图形界面 Shell 和命令行 Shell。前者提供的是 GUI，后者提供的是 CLI。不过，一般教材或者网络资料中所说的 Linux Shell，通常特指命令行 Shell。可以从以下 3 个方面来理解 Linux 操作系统中 Shell 的功能。

首先，Shell 是 Linux 操作系统的用户界面。Shell 提供了用户与系统内核进行交互操作的一种接口。这是一种命令行方式的交互接口。Shell 本身不是 Linux 内核的一部分，但是它调用了系统内核的大部分功能来执行程序。Shell 可以支持个性化的用户环境设置，通常由 Shell 初始化配置文件（如.profile 和.login 等）来实现。

其次，Shell 是一个命令解释程序。它能解释用户在命令行提示符下输入的命令。Shell 拥有自己内建的命令集。Shell 可以执行的命令包括内部命令和外部命令。Bash 提供了几百个内部命令，尽管这些命令的功能不同，但它们的使用方式和规则都是统一的。

最后，Shell 也是一种程序设计语言。对应的程序称为 Shell 脚本。Shell 脚本是指使用 Shell 所提供的语句编写的命令文件。Shell 脚本最基本的功能就是汇集一些在命令行输入的连续指令，并将它们写入脚本中，通过直接执行脚本来启动一连串的命令行指令。Shell 作为一种程序设计语言，有自己完整的语法规则，支持分支结构、循环结构、函数定义等。通过编写 Shell 脚本，可以实现更为复杂的管理功能。

3.1.2 Bash 简介

Linux Shell 也有很多种，较具代表性的有 Bourne Shell、C Shell、Korn Shell、POSIX Shell 以及 Bourne Again Shell（Bash）等。跟大多数 Linux 发行版一样，Ubuntu 默认使用的 Shell 程序是 Bash。Bash 是 Bourne Again Shell 的缩写。一般建议用户使用默认的 Bash。它基于 Bourne Shell，具有 C Shell 和 Korn Shell 的一些特性。

用户打开终端仿真器后，系统会自动运行一个默认的 Shell 程序，方便用户进行 Linux 操作系统命令行操作。用户可以看到 Shell 的提示符，在提示符后输入一串字符，Shell 将对这一串字符进行解释。

在命令行中输入 echo $SHELL，可以查看当前使用的 Shell 程序。在 Ubuntu 系统中，默认的 Shell 程序是 Bash。读者可以通过/etc/shells 查看当前系统中有效的 Shell 程序。

【实例 3-1】 默认的 Shell 程序和所有有效的 Shell 程序。

输入如下指令：

```
zp@lab:~$ echo $SHELL        #查看当前使用的Shell程序
zp@lab:~$ cat /etc/shells    #查看当前系统中有效的Shell程序
```

以上指令的执行效果如图 3-1 所示。

```
zp@lab:~$ echo $SHELL
/bin/bash
zp@lab:~$ cat /etc/shells
# /etc/shells: valid login shells
/bin/sh
/bin/bash
```

图 3-1 当前系统中使用的 Shell 程序

若要改变当前系统中的 Shell 程序，则须在命令行中输入 Shell 名称。用户执行 chsh 命令可以更改所要登录的 Shell。要退出 Shell 程序，则执行 exit 命令即可。

3.2 打开 Linux 操作系统命令行界面

大多数 Linux 发行版中都配置了终端仿真器（terminal emulator）。这是一种 GUI 环境下的终端窗口（terminal window）应用程序，方便用户使用命令行方式与 Linux 内核进行交互。在 Ubuntu 系统中，可以使用以下 3 种方式打开终端仿真器。

- 直接使用组合键 Ctrl+Alt+T。
- 在 Dash 界面中，浏览或搜索“终端”（或“Gnome-terminal”）。使用 Ubuntu 19 或者 Ubuntu 20 的用户，可以单击屏幕左下角的按钮进入该界面。
- 在文件系统中查找 Gnome-terminal 可执行文件，路径通常是/user/bin/gnome-terminal。

3.3 命令行界面简介

命令行界面是 Linux 操作系统常用的人机交互界面。读者既可以通过终端仿真器进入命令行界面，也可以将计算机系统配置成启动后默认进入命令行界面，还可以直接使用远程登录的方式进入命令行界面。不同版本系统的界面会略有差别。使用不同方式进入命令行界面后，其界面样式也会有细微差异。

3.3.1 Linux 操作系统命令提示符

登录成功后，界面最后一行将显示 Linux 操作系统命令提示符。Linux 操作系统命令（以下简称 Linux 命令）提示符包括用户名、登录的主机名、当前所在的工作目录路径和提示符。基本格式如下所示：

```
[当前用户名@主机名：当前目录] 提示符
```

【实例 3-2】 Linux 命令提示符。

图 3-2 展示了 Linux 命令提示符的典型样式及其变化情况。

```
zp@lab:~$ cd /boot/
zp@lab:/boot$
```

图 3-2 Linux 命令提示符

图 3-2 的第一行显示的命令提示符格式为“zp@lab:~$”。其内容表明：当前用户名是 zp，主机名是 lab，“~”表示当前工作目录是用户 zp 的主目录，即/home/zp。需要注意的是，“~”代表当前登录用户的主目录，而不同用户的主目录通常并不相同。此外，命令提示符的每一部分都可以根据需要进行修改。本实例中提示符为$。常见的提示符有两个：$和#。$表示普通用户的终端，#表示 root 用户的终端。以 root 用户登录系统时，完整的命令提示符格式为“root@lab:~# ”。用户还可以根据需要对 Linux 命令提示符的样式进行修改。

用户可以在提示符$之后输入 Linux 命令，然后按 Enter 键执行该命令。例如，在图 3-2 的第一行中，我们输入指令“cd /boot/”，其中命令 cd 用于改变 Shell 的工作目录。该指令表示将工作目录切换成“/boot”。用户进行目录切换等操作后，当前工作目录会发生变化，原来显示“~”位置的内容也变成了“/boot”。

3.3.2 使用终端仿真器执行 Linux 命令

在命令提示符$后，输入指令和参数（可选），然后按 Enter 键，即可执行。

【实例 3-3】 使用命令行界面执行 Linux 命令。

本实例分别执行了 pwd、ls、uname、hostname 这 4 条指令。其中，uname 指令还演示了携带不同参数时的执行效果。效果如图 3-3 所示。

```
zp@lab:~$ pwd
/home/zp
zp@lab:~$
zp@lab:~$ ls
公共的  桌面                    a.txt          httpd-2.4.43.tar.bz2  snap
模板    aa                      bak            johnlnk1              work
视频    apr-1.7.0               blocklnk       johnlnk2              zp
图片    apr-1.7.0.tar.bz2       c              nohup.out             zp1
文档    apr-1.7.0.tar.bz2.1     dir2           pcre2-10.35           zp2
下载    apr-util-1.6.1          file1          pcre2-10.35.tar.bz2
音乐    apr-util-1.6.1.tar.bz2  httpd-2.4.43   shell
zp@lab:~$
zp@lab:~$ uname
Linux
zp@lab:~$ uname -r
5.4.0-33-generic
zp@lab:~$ uname -n
lab
zp@lab:~$ hostname
lab
```

图 3-3　使用命令行界面执行 Linux 命令

上述 4 条指令的基本用途如下。

- pwd：输出当前工作目录的名称。
- ls：列出目录中的内容。
- uname：输出系统信息。
- hostname：显示或者设置系统的主机名。

关于指令，更详细的含义可以根据本章“3.6　Linux 命令行帮助系统”提供的方法获取帮助。在 Linux 中，常见的命令功能和用法是重要的学习内容，请读者有意识地进行积累。

3.3.3　使用 root 权限

Linux 操作系统部分指令的执行需要 root 权限。如果需要 root 权限来执行某些操作，则可使用 su 和 sudo 命令。

在命令行里执行 su 可以临时切换到 root 账户。执行 su 命令后会提示输入密码。输入 root 密码，即可在 Shell 里使用 root 权限进行操作。因为 root 账户拥有最高的系统控制权，稍有不慎便可能完全破坏整个 Linux 操作系统。在实际使用中，通常不建议直接登录 root 账户。默认情况下，Ubuntu 并没有启用 root 用户。具体细节在“第 5 章　用户和组管理”中进行介绍。

通常建议读者使用 sudo 命令，通过临时获取 root 权限来执行一条需要 root 权限的命令。其常用格式如下：

```
sudo cmd_name [其他参数选项]
```

【实例 3-4】 使用 root 权限执行命令。

在本实例中，我们试图使用 cat 命令来查看/etc/shadow 文件内容。cat 命令可以将指定文件的内容写到标准输出中，也就是可以查看文件内容。文件/etc/shadow 保存了密码相关信息，属于安全级别较高的内容。对该文件进行操作时需要 root 权限。本实例涉及两条指令。前一条指令直接使用 zp 用户身份查看文件内容，结果提示权限不够。后一条指令前增加了 sudo 命令，用于临时获取 root 权限，执行成功。

输入如下指令：

```
zp@lab:~$ cat /etc/shadow
zp@lab:~$ sudo cat /etc/shadow
```

以上指令的执行效果如图 3-4 所示。

```
zp@lab:~$ cat /etc/shadow
cat: /etc/shadow: 权限不够
zp@lab:~$
zp@lab:~$ sudo cat /etc/shadow
[sudo] zp 的密码:
root:!:18379:0:99999:7:::
daemon:*:18375:0:99999:7:::
bin:*:18375:0:99999:7:::
```

图 3-4 使用 root 权限执行命令

3.4 Shell 的基本用法

3.4.1 Linux 命令语法格式

Linux 命令语法格式如下：

```
命令 [选项] [参数]
```

用户在 Linux 命令提示符之后开始输入命令、选项和参数。选项常用于调整命令功能。通过添加不同的选项，可以改变命令执行动作的类型。选项有短命令行选项和长命令行选项两种。短命令行选项之前通常使用“-”连字符，长命令行选项之前通常使用“--”连字符。短命令行选项更为简洁，本书后续章节采用短命令行选项。在 Linux 命令中，参数通常是命令的操作对象，多数命令都可以使用参数。一般而言，文件、目录、用户和进程等都可以作为参数被命令操作。选项和参数都是可选项。在命令的语法格式说明中，通常使用“[]”来标记可选项。有些命令在执行时，可以不使用选项或参数，此时命令只能执行最基本的功能。Linux 命令行严格区分大/小写，命令、选项和参数都是如此。

【实例 3-5】 执行不包含选项和参数的命令。

在本实例中，我们用 ls 命令解释 Linux 命令的基本格式。输入如下指令：

```
zp@lab:~$ ls
```

以上指令的执行效果如图 3-3 所示。上述代码中，“zp@lab:~$”属于命令提示符，ls 是命令。在本实例中，ls 命令后面不包括任何选项或参数。

【实例 3-6】 执行包含选项的命令。

```
zp@lab:~$ ls -l
```

与【实例 3-5】相比，本实例增加了一个“-l”的选项。此时返回的结果信息更加详细。以上指令的执行效果如图 3-5 所示。

```
zp@lab:~$ ls -l
总用量 10240
drwxr-xr-x  2 zp zp    4096 4月   27 09:08 公共的
drwxr-xr-x  2 zp zp    4096 4月   27 09:08 模板
drwxr-xr-x  2 zp zp    4096 4月   27 09:08 视频
drwxr-xr-x  2 zp zp    4096 4月   27 09:08 图片
```

图 3-5 执行包含选项的命令

【实例 3-7】 执行包含参数的命令。

```
zp@lab:~$ ls /boot/
```

在本实例中，目录“/boot/”被用作 ls 命令的参数。通过传入目录名称作为参数，ls 将显示指定目录下的内容。执行效果如图 3-6 所示。

```
zp@lab:~$ ls /boot/
config-5.4.0-31-generic        memtest86+.elf
config-5.4.0-33-generic        memtest86+_multiboot.bin
efi                            System.map-5.4.0-31-generic
grub                           System.map-5.4.0-33-generic
initrd.img                     vmlinuz
initrd.img-5.4.0-31-generic    vmlinuz-5.4.0-31-generic
```

图 3-6　执行包含参数的命令

【实例 3-8】 执行同时包含参数和选项的命令。

```
zp@lab:~$ ls -l /boot/
```

本实例同时增加了选项"-l"和参数"/boot/"。执行效果如图 3-7 所示。

```
zp@lab:~$ ls -l /boot/
总用量 129588
-rw-r--r-- 1 root root  237718 5月   7 17:05 config-5.4.0-31-generic
-rw-r--r-- 1 root root  237718 5月  21 20:34 config-5.4.0-33-generic
drwxrwxr-x 2 root root    4096 4月  27 08:40 efi
drwxr-xr-x 4 root root    4096 5月  30 08:27 grub
lrwxrwxrwx 1 root root      27 5月  29 08:51 initrd.img -> initrd.img-5.4.0-33-
generic
```

图 3-7　执行同时包含参数和选项的命令

3.4.2　命令自动补全

在 Linux 操作系统中，有太多的命令和文件名称需要记忆。Linux 的 Bash 相当智能化，支持使用命令和文件名补全功能。可使用 Tab 键的自动补齐功能，将部分命令名或者文件名快速补充完整。读者在输入命令或文件名的时候，只需要输入该命令或文件名的前几个字符，然后按 Tab 键，Shell 程序就可以自动将其补全。当匹配项只有一个时，按下 Tab 键可自动补全命令。对于存在多个匹配结果的情况，连续按 Tab 键两次可查看以指定字符开头的所有相关匹配结果。

【实例 3-9】 自动补全功能。

按一次 Tab 键自动补全命令或者文件名。首先，在命令行中输入"ls /e"，然后按 Tab 键，系统会自动将该指令补全成"ls /etc"。然后按 Enter 键，即可执行该指令。

```
zp@lab:~$ ls /e【Tab】
```

以上指令的执行效果如图 3-8 所示。

```
zp@lab:~$ ls /etc/
acpi                         host.conf        popularity-contest.conf
adduser.conf                 hostid           ppp
alsa                         hostname         printcap
alternatives                 hosts            profile
```

图 3-8　自动补全命令

【实例 3-10】 自动列出候选项。

按两次 Tab 键可自动列出候选项。首先，在命令行中输入"ls /b"，然后按 Tab 键。系统并没有自动补全，而是发出提示音。此时用户再按 Tab 键，系统将反馈"bin/"和"boot/"两个匹配项供用户选择。用户输入一个字符"o"，然后按 Tab 键，系统会自动将该命令补全成"ls /boot/"。最后按 Enter 键，即执行该指令。执行效果如图 3-9 所示。

```
zp@lab:~$ ls /b【Tab】【Tab】
zp@lab:~$ ls /bo【Tab】
```

```
zp@lab:~$ ls /b
bin/  boot/
zp@lab:~$ ls /boot/
config-5.4.0-31-generic       memtest86+.elf
config-5.4.0-33-generic       memtest86+_multiboot.bin
```

图 3-9　自动列出候选项

3.4.3　强制中断命令运行

部分命令运行时间较长。例如，许多与网络相关的命令，由于网络状况不佳，可能会导致长时间等待。如果想提前终止该命令，则可以按 Ctrl+C 组合键强制中断命令运行。

【实例 3-11】 强制中断命令运行。

输入如下指令：

```
sudo apt update
```

该指令用于更新可用软件包列表，需要从远程服务器上下载数据；该指令的执行时间较长。读者可以按 Ctrl+C 组合键结束指令的执行过程。执行效果如图 3-10 所示。

```
zp@lab:~$ sudo apt update
命中:1 https://mirrors.tuna.tsinghua.edu.cn/ubuntu focal InRelease
获取:2 https://mirrors.tuna.tsinghua.edu.cn/ubuntu focal-updates InRelease [107
kB]
获取:3 https://mirrors.tuna.tsinghua.edu.cn/ubuntu focal-backports InRelease [98
.3 kB]
获取:4 https://mirrors.tuna.tsinghua.edu.cn/ubuntu focal-security InRelease [107
 kB]
获取:5 https://mirrors.tuna.tsinghua.edu.cn/ubuntu focal-updates/main amd64 DEP-
11 Metadata [103 kB]
获取:6 https://mirrors.tuna.tsinghua.edu.cn/ubuntu focal-updates/universe amd64
Packages [106 kB]
获取:7 https://mirrors.tuna.tsinghua.edu.cn/ubuntu focal-updates/universe amd64
DEP-11 Metadata [151 kB]
获取:8 https://mirrors.tuna.tsinghua.edu.cn/ubuntu focal-backports/universe amd6
4 DEP-11 Metadata [532 B]
94% [7 Components-amd64 store 0 B] [正在等待报头]^C
zp@lab:~$ 
```

图 3-10　强制中断命令运行

3.4.4　命令历史记录

Bash 还具备完善的历史记录功能。在使用 Linux 操作系统的时候，每一个操作过的命令都会被记录到命令历史中，之后可以通过命令来查看和使用以前操作的命令。

1．使用快捷键搜索历史命令

Shell 程序提供了许多快捷键，用于搜索历史命令，代表性的快捷键如表 3-1 所示。其中最常用的历史命令快捷键是向上方向箭头和向下方向箭头。

表 3-1　搜索历史命令

快捷键	描述
↑（向上方向箭头）	查看上一个命令
↓（向下方向箭头）	查看下一个命令
Ctrl+p	查看历史列表中的上一个命令
Ctrl+n	查看历史列表中的下一个命令

续表

快捷键	描述
Ctrl+r	向上搜索历史列表
Alt+p	向上搜索历史列表
Alt+>	移动到历史列表末尾

【实例 3-12】 使用快捷键搜索历史命令。

读者可以通过↑或↓键快速查找历史命令。首先执行 pwd 和 whoami 两条指令，然后使用键盘上的↑或↓键可以快速找出这两条指令，甚至还可以找出之前使用过的指令。执行效果如图 3-11 所示。

```
zp@lab:~$ pwd
/home/zp
zp@lab:~$
zp@lab:~$ whoami
zp
```

图 3-11 使用快捷键搜索历史命令

2. 使用 history 命令

使用 history 命令会列出所有使用过的命令并编号。这些信息被存储在用户主目录的.bash_history 文件中。这个文件在默认情况下可以存储 1 000 条命令记录。Bash 启动后会读取~/.bash_history 文件，并将其载入内存中。Bash 退出时也会把内存中的历史记录回写到~/.bash_history 文件中。使用 history 命令可以查看命令历史记录，每一条命令前面都会有一个序列号标示。

命令语法：

```
history  [选项]
```

【实例 3-13】 查看所有的历史命令记录。

使用不带参数的 history 指令，可以列出近期的命令记录。其执行效果如图 3-12 所示。

```
zp@lab:~$ history
  926  kill -l
  927  kill -9 132032
  928  ps -l
  929  vi
  930  ps -l
```

图 3-12 查看所有的历史命令记录

【实例 3-14】 查看最近的 10 条历史命令记录。

输入如下指令：

```
zp@lab:~$ history 10
```

以上指令的执行效果如图 3-13 所示。

```
zp@lab:~$ history 10
 1918  ls -l /root/
 1919  ls -l /
 1920  ls -l /boot/
 1921  l
 1922  ls /b
 1923  ls /etc/
 1924  ls /boot/
 1925  history
 1926  history #
 1927  history 10
```

图 3-13 查看最近的 10 条历史命令记录

【实例 3-15】 清空所有历史命令记录。

使用“history -c”可立即清空所有历史命令记录。输入如下指令：

```
zp@lab:~$ history 5     #查看最近的5条历史命令记录
zp@lab:~$ history -c    #清空所有历史命令记录
zp@lab:~$ history       #查看所有历史命令记录，此时只有一条命令记录，即当前命令
```

以上指令的执行效果如图 3-14 所示。

```
zp@lab:~$ history 5
 2005  cd /boot/
 2006  cd --hellp
 2007  cd --help
 2008  cd ~
 2009  history 5
zp@lab:~$ history -c
zp@lab:~$ history
    1  history
```

图 3-14 清空所有历史命令记录

3. 使用历史命令

使用“!+编号”执行特定编号历史命令。使用 fc 可以编辑历史命令。表 3-2 中给出了一些代表性的用法。读者可以在命令行中输入实例进行尝试。需要说明的是，表格中的部分实例（特别是最后几行的实例）对历史命令列表的内容存在要求。如果读者的命令列表中没有包含这些命令或者文本，则不一定能得到相应的结果。

表 3-2 使用命令历史举例

使用实例	功能描述
!!	重复执行上一条命令
!3	运行历史清单中的第 3 条命令
!w	运行上一条 w 命令（或以 w 开头的历史命令）
fc	编辑并运行上一条历史命令
fc -2	编辑并运行倒数第 2 条历史命令
!-4	运行倒数第 4 条命令
!$	运行前一条命令最后的参数

【实例 3-16】 使用命令历史记录。

读者首先输入若干条指令，这些指令将作为历史命令被记录下来，在后续操作中可以直接操作这些指令。输入如下指令：

```
zp@lab:~$ whoami
zp@lab:~$ date
zp@lab:~$ time
zp@lab:~$ pwd
zp@lab:~$ hostname
```

以上指令的执行效果如图 3-15 所示。然后，读者通过快捷方式直接调用上述历史命令。各条指令的含义，请参考表 3-2 的实例进行理解。输入如下指令：

```
zp@lab:~$ !!
zp@lab:~$ !-2
zp@lab:~$ !w
zp@lab:~$ fc -3
```

```
zp@lab:~$ whoami
zp
zp@lab:~$ date
2020年 06月 13日 星期六 10:48:16 CST
zp@lab:~$ time

real    0m0.000s
user    0m0.000s
sys     0m0.000s
zp@lab:~$ pwd
/home/zp
zp@lab:~$
zp@lab:~$ hostname
lab
```

图 3-15　输入若干条指令

以上指令的执行效果如图 3-16 所示。

```
zp@lab:~$ !!
hostname
lab
zp@lab:~$ !-2
pwd
/home/zp
zp@lab:~$ !w
whoami
zp
zp@lab:~$ fc -3
hostname
lab
```

图 3-16　使用命令历史记录

3.5　Shell 高阶技巧

3.5.1　管道

Shell 程序可以将两个或者多个命令（程序或者进程）连接到一起，把一个命令的输出作为下一个命令的输入，以这种方式连接的两个或者多个命令就形成了管道（pipe）。管道在 Linux 中发挥着重要的作用。每个 Linux 程序都有自己特定的用途。通过运用 Shell 程序的管道机制，可以将多个命令串联到一起，完成一个复杂任务。管道命令的语法紧凑且使用简单。

Linux 管道使用竖线“|”连接多个命令，该标志被称为管道符。通过管道机制，可以将某个命令的输出信息当作另一个命令的输入。Linux 管道的具体语法格式如下：

```
命令1 | 命令2 …| 命令n
```

在两个命令之间设置管道时，管道符|左边命令的输出就变成了右边命令的输入。只要第一个命令向标准输出写入，而第二个命令是从标准输入读取的，那么这两个命令就可以形成一个管道。大部分的 Linux 命令可以用来形成管道。这里需要注意，命令 1 必须有正确的输出，而命令 2 则必须可以处理命令 1 的输出结果。以此类推。

【实例 3-17】使用管道。

本实例通过管道机制将 cat 和 grep 两条指令连接起来，完成从/etc/passwd 文件中查找包括 zp 记录的任务。输入如下指令：

```
zp@lab:~$ cat /etc/passwd | grep zp
```

以上指令的执行效果如图 3-17 所示。

```
zp@lab:~$ cat /etc/passwd | grep zp
zp:x:1000:1000:zp,,,:/home/zp:/bin/bash
zp02:x:1002:1002::/home/zp02:/bin/sh
zp03s:x:127:65534::/home/zp03s:/usr/sbin/nologin
```

图 3-17 使用管道

3.5.2 重定向

从字面上理解，输入/输出重定向就是改变输入与输出的方向。如果希望将命令的输出结果保存到文件中，或者将文件内容作为命令的参数，就需要用到输入/输出重定向。

一般情况下，我们都是从键盘读取用户输入的数据，然后再把数据拿到程序中使用；这就是标准的输入方向，也就是从键盘到程序。如果改变了它的方向，数据就会从其他地方流入，这就是输入重定向。与此相对，程序中也会产生数据，这些数据一般都会直接呈现在显示器上，这是标准的输出方向。如果改变了它的方向，数据就会流向其他地方，这就是输出重定向。

计算机的硬件设备有很多，常见的输入设备有键盘、鼠标、麦克风、手写板等，输出设备有显示器、投影仪、打印机等。在 Linux 中，标准输入设备指的是键盘，标准输出设备指的是显示器。在 Linux 中，一切皆文件，包括标准输入设备（键盘）和标准输出设备（显示器）在内的所有计算机硬件都是文件。为了表示和区分已经打开的文件，Linux 会给每个文件分配一个 ID，这个 ID 就是一个整数，被称为文件描述符（file descriptor）。表 3-3 列出了与 3 个输入/输出有关的文件描述符。重定向不使用系统的标准输入文件、标准输出文件或是标准错误输出文件，而是会进行重新指定。重定向有许多类型，如输出重定向、输入重定向、错误重定向等。前两者比较常用。

表 3-3 与输入/输出有关的文件描述符

文件描述符	文件名	类型	硬件
0	stdin	标准输入文件	键盘
1	stdout	标准输出文件	显示器
2	stderr	标准错误输出文件	显示器

1. 输出重定向

Linux Shell 输出重定向：输出重定向是指命令的结果不再输出到显示器上，而是输出到其他地方，一般是文件中。这样做的好处是把命令的结果保存起来，当我们需要的时候可以随时查询。Bash 支持的输出重定向符号有以下两种。

输出重定向，即将某一命令执行的输出保存到文件中，如果该文件中已经存在相同的文件，那么覆盖源文件中的内容。

```
命令语法：[命令] > [文件]
```

另外一种特殊的输出重定向是输出追加重定向，即将某一命令执行的输出添加到已经存在的文件中。

```
命令语法：[命令] >> [文件]
```

【实例 3-18】 输出重定向。

输入如下指令：

```
zp@lab:~$ ls
zp@lab:~$ ls > file1
zp@lab:~$ cat file1
```

以上指令的执行效果如图 3-18 所示。

2. 输入重定向

输入重定向就是改变输入的方向，不再将键盘作为命令输入的来源，而是使用文件作为命令的输入。

```
zp@lab:~$ ls
公共的  桌面                      a.txt          httpd-2.4.43.tar.bz2  snap
模板    aa                        bak            johnlnk1              work
视频    apr-1.7.0                 blocklnk       johnlnk2              zp
图片    apr-1.7.0.tar.bz2         c              nohup.out             zp1
文档    apr-1.7.0.tar.bz2.1       dir2           pcre2-10.35           zp2
下载    apr-util-1.6.1            file1          pcre2-10.35.tar.bz2
音乐    apr-util-1.6.1.tar.bz2    httpd-2.4.43   shell
zp@lab:~$
zp@lab:~$ ls > file1
zp@lab:~$
zp@lab:~$ cat file1
公共的
模板
视频
```

图 3-18　输出重定向

命令语法：

```
[命令] < [文件]
```

该输入重定向命令将文件的内容作为命令的输入。

【实例 3-19】 输入重定向。

输入如下指令：

```
zp@lab:~$ wc -l < /etc/profile
```

以上指令的执行效果如图 3-19 所示。

```
zp@lab:~$
zp@lab:~$ wc -l < /etc/profile
27
zp@lab:~$
```

图 3-19　输入重定向

另外一种特殊的输入重定向是输入追加重定向，这种输入重定向会告诉 Shell 程序，当前标准输入来自命令行的一对分隔符之间的内容。

命令语法：

```
[命令] << [分隔符]
> [文本内容]
> [分隔符]
```

【实例 3-20】 输入追加重定向。

输入如下指令：

```
zp@lab:~$ wc -l <<EOF
>输入自己的内容
>EOF
```

以上指令的执行效果如图 3-20 所示。

```
zp@lab:~$ wc -l <<EOF
> 1111111111111
> 22222222222222
> 333333333333333
> 44444444444444
> EOF
4
```

图 3-20　输入追加重定向

3. 错误重定向

错误重定向，即将某一命令执行的出错信息输出到指定文件中。

命令语法：

```
[命令] 2> [文件]
```

另外一种特殊的错误重定向是错误追加重定向，即将某一命令执行的出错信息添加到已经存在的文件中。

命令语法：

```
[命令] 2>> [文件]
```

3.5.3 命令排列

如果希望一次执行多个命令，Shell 程序允许在不同的命令之间加上特殊的连接字符。命令排列所使用的连接字符通常有“;”“&&”和“||”3 种。

（1）使用“;”连接

命令语法：

```
命令1; 命令2
```

使用“;”连接时，先执行命令 1，不管命令 1 是否出错，接下来都会执行命令 2。

（2）使用“&&”连接

命令语法：

```
命令1&&命令2
```

使用“&&”连接时，只有当命令 1 运行完毕并返回正确结果后，才能执行命令 2。

（3）使用“||”连接

命令语法：

```
命令1||命令2
```

使用“||”连接时，只有当命令 1 执行不成功（产生一个非 0 的退出码）时，才能执行命令 2。

【实例 3-21】 命令排列。

在本实例中，涉及 3 条命令的排列。命令 1 和命令 3 均为“pwd”。该命令用于显示当前工作目录。这是一条有效的指令，其执行成功后会在屏幕上输出“/home/zp”。命令 2 为“ls /I_do_not_exist/”。该命令试图查看一个不存在的目录。执行时会提示“无法访问”。

这 3 条命令分别使用“;”“&&”和“||”进行连接时，会输出不一样的结果。输入如下指令：

```
#使用“;”连接
zp@lab:~$ pwd ; ls /I_do_not_exist/ ; pwd
#使用“&&”连接
zp@lab:~$ pwd && ls /I_do_not_exist/ && pwd
#使用“||”连接
zp@lab:~$ pwd || ls /I_do_not_exist/ || pwd
```

以上指令的执行效果如图 3-21 所示。

```
zp@lab:~$ pwd ; ls /I_do_not_exist/ ; pwd
/home/zp
ls: 无法访问'/I_do_not_exist/': 没有那个文件或目录
/home/zp
zp@lab:~$
zp@lab:~$ pwd && ls /I_do_not_exist/ && pwd
/home/zp
ls: 无法访问'/I_do_not_exist/': 没有那个文件或目录
zp@lab:~$
zp@lab:~$ pwd || ls /I_do_not_exist/ || pwd
/home/zp
```

图 3-21 命令排列

由运行结果可知：使用“;”连接时，3 条命令均被执行；使用“&&”连接时，只有前两条命令被执行；使用“||”连接时，只有第一条命令被执行。

3.5.4 命令续行

在 Linux 中，有的命令的参数较多，并且参数通常比较长。如果将参数直接写在一行，则书写起来既不美观也容易遗漏。例如，读者将会在第 8 章中接触到的 configure 命令就属于这种情况。此时可以使用命令续行功能，将一行命令拆成多行。Shell 程序通过续行符（反斜杠“\”）来实现命令续行功能。反斜杠“\”在 Shell 程序中有转义符和命令续行两种含义。

1. 转义符

对特殊字符进行转义。例如，执行如下指令：

```
echo "\$zp"
```

输出结果为$zp。读者可以去掉上述指令中的反斜杠后重新执行，并观察二者的区别。

2. 命令续行

此时反斜杠后面紧接回车键，表示下一行是当前行的续行。例如：

```
./configure --sbin-path=/usr/local/nginx/nginx \
--conf-path=/usr/local/nginx/nginx.conf \
--pid-path=/usr/local/nginx/nginx.pid \
--with-http_ssl_module \
--with-pcre=/usr/local/src/pcre-8.21 \
--with-zlib=/usr/local/src/zlib-1.2.8 \
--with-openssl=/usr/local/src/openssl-1.0.1c
```

【实例 3-22】 命令续行。

本实例将普通的“mv zp zpdir”指令使用命令续行方式实现。该指令用于将 zp 文件移动到 zpdir 目录中。要完成该实例，需要首先分别创建 zp 文件和 zpdir 目录。

输入如下指令：

```
#创建zp文件和zpdir目录
zp@lab:~$ touch zp
zp@lab:~$ mkdir zpdir
#命令续行
zp@lab:~$ mv \
> zp \
> zpdir
```

以上指令的执行效果如图 3-22 所示。

```
zp@lab:~$ touch zp
zp@lab:~$
zp@lab:~$ mkdir zpdir
zp@lab:~$
zp@lab:~$ mv \
> zp \
> zpdir
```

图 3-22 命令续行

3.5.5 命令替换

在 Linux 操作系统中，可以将一个命令的结果作为命令的参数，这就是命令替换。Shell 程序中有两种方式可以完成命令替换：一种是使用“$()”，另一种是使用反引号“``”（位于键盘 Esc 键的下方）。

1. 使用“$()”。

命令语法：

```
命令1 $(命令2)
```

2. 使用"``"

命令语法：

```
命令1 `命令2`
```

【实例3-23】 命令替换。

输入如下指令：

```
zp@lab:~$ vi&                          #以后台运行方式启动vi进程
zp@lab:~$ kill -9 $(pidof vi) #通过命令替换，查找并杀死vi进程
```

以上指令的执行效果如图3-23所示。

```
zp@lab:~$ vi&
[1] 17897
zp@lab:~$ kill -9 $(pidof vi)

[1]+  已停止                  vi
zp@lab:~$
[1]+  已杀死                  vi
```

图3-23 命令替换

3.5.6 命令别名

在使用Linux操作系统的过程中，会用到大量命令。某些命令非常长且参数较多。如果该命令需要经常被使用，则重复输入命令和参数选项，既费时费力，又容易出现错误。此时可以使用命令别名功能，通过使用比较简单的命令别名来提高工作效率。

1. 查看已定义的别名

使用alias命令可以查看已定义的命令别名。

【实例3-24】 查看已定义的命令别名。

输入如下指令：

```
alias
```

以上指令的执行效果如图3-24所示。

```
zp@lab:~$ alias
alias alert='notify-send --urgency=low -i "$([ $? = 0 ] && echo terminal || echo
 error)" "$(history|tail -n1|sed -e '\''s/^\s*[0-9]\+\s*//;s/[;&|]\s*alert$//'\'
')"'
alias egrep='egrep --color=auto'
alias fgrep='fgrep --color=auto'
```

图3-24 查看已定义的命令别名

2. 创建别名

使用alias命令可以为命令创建（定义）别名。命令语法：

```
alias [别名]=[需要定义别名的命令]
```

如果命令中有空格（比如命令与参数选项之间就存在空格），则需要使用双引号。

3. 使用别名

别名的用法与普通命令基本相同。

4. 取消别名

当用户需要取消别名的定义时，可以使用unalias命令。命令语法：

```
unalias [别名]
```

【实例 3-25】 命令别名的创建、使用和取消。

本实例演示命令别名创建、使用和取消的全过程。输入如下指令。

```
zp@lab:~$ alias zp="pwd; cd zpdir; pwd"  #创建别名zp
zp@lab:~$ zp                             #使用别名zp
zp@lab:~/zpdir$ unalias zp               #取消别名zp
zp@lab:~/zpdir$ zp                       #使用已经被取消的别名zp
```

以上指令的执行效果如图 3-25 所示。

```
zp@lab:~$ alias zp="pwd; cd zpdir; pwd"
zp@lab:~$ zp
/home/zp
/home/zp/zpdir
zp@lab:~/zpdir$ unalias zp
zp@lab:~/zpdir$ zp
zp: 未找到命令
```

图 3-25 命令别名的创建、使用和取消

3.6 Linux 命令行帮助系统

3.6.1 使用 man 命令获取帮助

man 命令用于查看 Linux 操作系统的手册，是 Linux 中使用最为广泛的帮助形式。man 手册资源主要位于/usr/share/man 目录下。man 命令的基本格式如下：

```
man [选项] [名称]
```

在命令行提示符后输入“man 命令名”可以显示该命令的帮助信息。man 命令可以格式化并显示在线的手册页，其内容包括命令语法、各选项的意义以及相关命令等。

【实例 3-26】 使用 man 命令获取帮助信息。

输入“man uname”可以获取 uname 的帮助信息。输入如下指令：

```
zp@lab:~$ man uname
```

以上代码的执行效果如图 3-26 所示。在该界面中，使用键盘中的↑或↓键可以滚动屏幕，查看更多内容。输入 q，可以退出该帮助信息界面而返回命令提示符界面。

```
文件(F) 编辑(E) 查看(V) 搜索(S) 终端(T) 帮助(H)
UNAME(1)                      User Commands                      UNAME(1)

NAME
       uname - print system information

SYNOPSIS
       uname [OPTION]...

DESCRIPTION
       Print  certain  system  information.  With no OPTION, same as
       -s.

       -a, --all
              print all information, in the following order,  except
              omit -p and -i if unknown:

 Manual page uname(1) line 1 (press h for help or q to quit)
```

图 3-26 使用 man 命令获取帮助信息

3.6.2 使用 info 命令获取帮助

info 文档是 Linux 操作系统提供的另一种格式的文档。与 man 手册相比，info 文档具有更强的交互性。info

命令的基本格式如下：

```
info 命令名称
```

【实例 3-27】 使用 info 命令获取帮助信息。

输入“info uname”可以获取 uname 的帮助信息。输入如下指令：

```
zp@lab:~$ info uname
```

以上指令的执行效果如图 3-27 所示。在界面中输入 q 后，可以退回命令行界面。

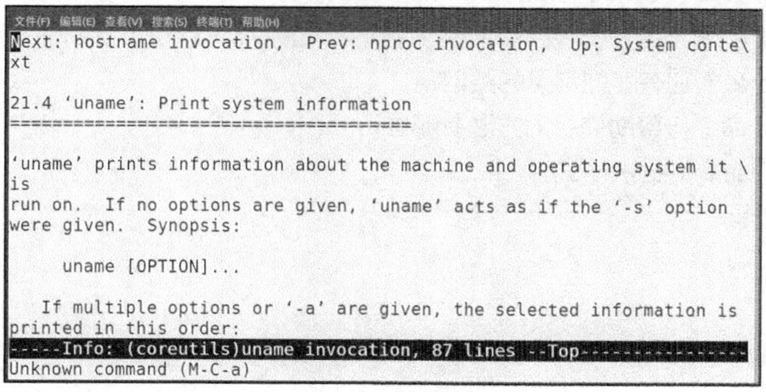

```
文件(F) 编辑(E) 查看(V) 搜索(S) 终端(T) 帮助(H)
Next: hostname invocation,  Prev: nproc invocation,  Up: System conte\
xt

21.4 'uname': Print system information
======================================

'uname' prints information about the machine and operating system it \
is
run on.  If no options are given, 'uname' acts as if the '-s' option
were given.  Synopsis:

     uname [OPTION]...

   If multiple options or '-a' are given, the selected information is
printed in this order:
-----Info: (coreutils)uname invocation, 87 lines --Top---------------
Unknown command (M-C-a)
```

图 3-27　使用 info 命令获取帮助信息

3.6.3　使用--help 选项获取帮助

使用--help 选项可以显示命令的使用方法和命令选项的含义。只要在所需要显示的命令后面输入--help 选项，就可以看到所查命令的帮助内容了。基本格式如下：

```
命令名称 --help
```

与前两个帮助系统不同，使用--help 选项获取到的帮助信息会直接在所输入的指令的下一行开始显示，并且光标将停留在新的命令行提示符之后。在该界面中，使用鼠标中键（滚轮键）可以向上/下滚动屏幕，查看更多内容。

【实例 3-28】 使用--help 选项获取帮助信息。

输入如下指令。

```
zp@lab:~$ uname --help
```

以上指令的执行效果如图 3-28 所示。

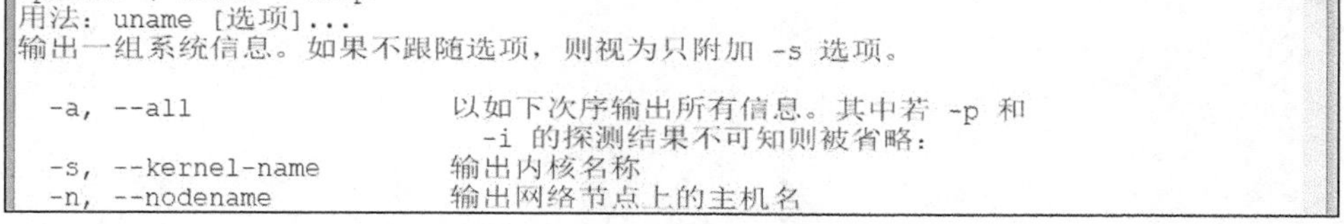

```
zp@lab:~$ uname --help
用法：uname [选项]...
输出一组系统信息。如果不跟随选项，则视为只附加 -s 选项。

  -a, --all                  以如下次序输出所有信息。其中若 -p 和
                               -i 的探测结果不可知则被省略：
  -s, --kernel-name          输出内核名称
  -n, --nodename             输出网络节点上的主机名
```

图 3-28　使用--help 选项获取帮助信息

3.7　本章小结

本章介绍了命令行的基础知识。Linux 提供了大量的命令，用于完成不同的任务。为了通过实例展示这些基础知识，编者特意引入了许多常用的 Linux 命令。限于篇幅，本章对这些命令的用法并没有进行详细介绍。

在后续章节中，本书将分主题地对它们进行详细介绍。建议读者在学习的过程中，有意识地对这些指令加以记忆和应用。

习 题 3

1. 什么是 Shell？它有什么作用？
2. 为什么要学习 Linux 命令行？
3. 简述管道的用途。
4. 重定向是什么？它有哪些常见的类型？
5. 获取 Linux 命令行帮助信息的方法有哪些？
6. 简述命令行命令的语法格式。

第二部分

系统管理篇

内容概览

- ■ 第 4 章　文件和目录管理
- ■ 第 5 章　用户和组管理
- ■ 第 6 章　磁盘存储管理
- ■ 第 7 章　进程管理
- ■ 第 8 章　软件包管理

内容导读

Linux 操作系统的专业性较强，Linux 操作系统与读者常用的 Windows 操作系统，存在诸多显著的差异，其管理和维护过程也有较大不同。本部分内容旨在介绍 Linux 操作系统管理和维护过程中所涉及的基本技术和方法，以帮助读者全面掌握管理和维护 Linux 操作系统所需要的基本知识。

本部分将从文件和目录管理、用户和组管理、磁盘存储管理、进程管理、软件包管理 5 个方面展开介绍，除了会介绍基础性原理外，还将结合具体实例来讲解各类相关知识点。

通过学习本部分的内容，读者可以掌握 Linux 操作系统中文件与目录管理方法、用户和组管理方法、磁盘存储管理方法、进程状态监测与控制方法、Linux 环境下软件安装与软件包管理方法等。

CHAPTER04

第4章

文件和目录管理

读者在使用 Linux 操作系统进行管理和维护时，经常需要对文件和目录进行管理。本章将对 Linux 文件与目录的基本知识，以及文件管理操作中的一些重要或者常见的命令进行系统介绍，以使读者掌握文件与目录管理的基本技巧。

4.1 Linux 文件基础

在 Linux 操作系统中，一切都是文件。这个理念由 UNIX 传承而来。UNIX 系统把一切资源都看作文件。例如，UNIX 系统把每个硬件都看作一个文件，通常称之为设备文件，这样用户就可以用读/写文件的方式实现对硬件的访问。

Linux 与 Windows 的文件系统存在较大的区别，主要体现在以下几个方面。

（1）Linux 中文件名是区分大小写的，所有的 UNIX 系列操作系统都遵循这个规则。

（2）Linux 文件通常没有扩展名。用户给 Linux 文件设置扩展名通常是为了方便使用。Linux 文件的扩展名和它的种类没有任何关系。例如，zp.exe 可以是文本文件，而 zp.txt 可以是可执行文件。

（3）Linux 中没有盘符的概念（如 Windows 下的 C 盘）。Linux 的目录结构为树状结构，顶级的目录为根目录“/”。其他目录通过挂载可以被添加到目录树中。例如，文件 zp.txt 在 Linux 中的绝对路径可能是 /home/john/zp.txt，而在 Windows 中的绝对路径可能是 E:\document\zp.txt。

4.2 Linux 文件类型

Linux 文件可以分为不同类型，如常规文件、目录文件、链接文件、设备文件、管道文件和套接字等。其中设备文件又可以分为块设备文件和字符设备文件。Linux 文件的类型可以通过其文件属性标志进行区分，可以通过 ls -l 命令查看文件的属性标志。

【实例 4-1】 查看文件类型（设备文件）。

例如，输入如下指令：

```
zp@lab:~$ ls -l /dev
```

其中，ls 是用于显示文件内容的指令，-l 表示以长格式显示文件的详细信息。/dev 是路径，该路径下保存的是系统各类设备文件信息。执行效果如图 4-1 所示。

```
zp@lab:~$ ls -l /dev
总用量 0
crw-------  1 root root     10, 175 5月  15 10:32 agpgart
crw-r--r--  1 root root     10, 235 5月  15 10:32 autofs
drwxr-xr-x  2 root root         300 5月  15 10:32 block
drwxr-xr-x  2 root root          80 5月  15 10:32 bsg
crw-------  1 root root     10, 234 5月  15 10:32 btrfs-control
drwxr-xr-x  3 root root          60 5月  15 10:32 bus
lrwxrwxrwx  1 root root           3 5月  15 10:32 cdrom -> sr0
lrwxrwxrwx  1 root root           3 5月  15 10:32 cdrw -> sr0
drwxr-xr-x  2 root root        3700 5月  15 10:32 char
```

图 4-1 查看文件类型（设备文件）

图 4-1 所示的列表中，最左侧的 10 个字符表示文件的属性。例如 block 文件的最左侧 10 个字符为 drwxr-xr-x。最左侧的 10 个字符的含义依次如下。

第 1 个字符：代表文件类型。

第 2～4 个字符：代表用户的权限。

第 5～7 个字符：代表用户组的权限。

第 8～10 个字符：代表其他用户的权限。

其中最左侧第一个字符的含义，如表 4-1 所示。第 2～10 个字符中的 r 代表可读，w 代表可写，x 代表可执行，-代表没有该权限。

表 4-1　Linux 常见的 7 种文件类型

属性	文件类型
-	常规文件
d	目录文件
b	块设备（block device）文件，如硬盘。支持以块为单位进行随机访问
c	字符设备（character device）文件，如键盘。支持以字符为单位进行线性访问
l	符号链接（symbolic link）文件，又称为软链接文件
p	命名管道（pipe）文件
s	套接字（socket），用于实现两个进程间的通信

在【实例 4-1】中，我们使用 ls -l 查看的是/dev 下的文件详细信息，由于这个目录包括的是设备类文件，查看的结果与其他文件路径下的列表结果会略有不同。通常情况下，在使用 ls -l 后的第 5 列会显示当前文件的大小，但设备类文件会有两个以逗号隔开的数字。其中第一个数字为主设备号，用于区分设备类型，进而确定所需要加载设备的驱动程序。不同类型设备的主设备号不同。第二个数字为次设备号，用于区分同一种类型设备的不同设备。

【实例 4-2】 查看文件类型（非设备文件）。

作为与【实例 4-1】的对比，请读者输入如下指令：

```
zp@lab:~$ ls -l /etc
```

以上指令的执行效果如图 4-2 所示。

```
zp@lab:~$ ls -l /etc/
总用量 1100
drwxr-xr-x  3 root root    4096 4月   23 15:38 acpi
-rw-r--r--  1 root root    3028 4月   23 15:32 adduser.conf
drwxr-xr-x  3 root root    4096 4月   23 15:34 alsa
drwxr-xr-x  2 root root    4096 4月   27 09:43 alternatives
```

图 4-2　查看文件类型（非设备文件）

【实例 4-3】 查看详细的文件类型信息。

读者可以使用 file 查看详细的文件类型信息。输入如下指令：

```
zp@lab:~$ file /dev                #目录文件
zp@lab:~$ file /dev/fb0            #字符设备文件
zp@lab:~$ file /dev/sda            #块设备文件
zp@lab:~$ file /etc/bash.bashrc    #文本文件
zp@lab:~$ file /dev/cdrom          #链接文件
```

以上指令的执行效果如图 4-3 所示。

```
zp@lab:~$ file /dev
/dev: directory
zp@lab:~$
zp@lab:~$ file /dev/fb0
/dev/fb0: character special (29/0)
zp@lab:~$
zp@lab:~$ file /dev/sda
/dev/sda: block special (8/0)
zp@lab:~$
zp@lab:~$ file /etc/bash.bashrc
/etc/bash.bashrc: ASCII text
zp@lab:~$
zp@lab:~$ file /dev/cdrom
/dev/cdrom: symbolic link to sr0
```

图 4-3　查看详细的文件类型信息

4.3 Linux 目录基础

Linux 操作系统以目录的方式来组织和管理系统中的所有文件。所谓目录，就是将所有文件的说明信息采用树状结构组织起来。各个目录节点之下会有一些文件和子目录。Linux 目录结构遵循 FHS（filesystem hierarchy standard，文件系统层次结构标准），因此不同 Linux 操作系统的目录结构基本类似。Linux 中没有盘符的概念（如 Windows 下的 C 盘、D 盘），不同的硬盘分区是被挂载在不同目录下的。需要注意的是，目录也是一种文件类型。

下面介绍一些常见的术语。

（1）根目录。Linux 的根目录（/）是 Linux 操作系统中最特殊的目录。每一个文件和目录都从这里开始。注意，尽管 root 的中文含义是根，但根目录和/root 目录不同。/root 目录是 root 用户的主目录。

（2）路径。路径是指从树状目录中的某个目录层次到某个文件的一条道路。路径又可以分为相对路径和绝对路径。绝对路径从根目录开始，相对路径从当前目录开始。

（3）用户主目录。用户主目录是系统管理员增加用户时建立起来的（以后也可以根据实际情况改变），每个用户都有自己的主目录，不同用户的主目录一般互不相同。用户打开终端或者远程登录 Linux 操作系统时，通常会先进入自己的子目录。不同用户的主目录位于/home 目录之下。例如，在本书编写过程中，使用 zp 和 john 两个用户名。它们的主目录分别是/home/zp 和/home/john。Linux 用户主目录用“~”表示，例如读者可以使用“cd ~”快速切换到当前用户的主目录。需要注意的是，root 用户的主目录一般位于“/root”。

（4）当前目录和上层目录。当前目录用“.”表示，当前目录的上级目录用“..”表示。例如，输入“cd ..”可以进入上一级目录。

（5）工作目录。用户在操作过程中会经常切换目录，但用户每时每刻都处在某个目录之中，此目录被称作工作目录（working directory）或当前目录。pwd 命令可以查看用户的当前目录。

4.4 文件操作命令

4.4.1 创建空文件命令 touch

命令功能：touch 命令用于创建空文件，也可用于更改 UNIX 和 Linux 操作系统上现有文件的时间戳。这里所说的更改时间戳表示更新文件和目录的访问时间以及修改时间。

命令语法：

```
touch [选项] [文件]
```

主要参数：在该命令中，选项的主要参数的含义如表 4-2 所示。

表 4-2 touch 命令选项主要参数含义

选项	参数含义
-a	只更改访问时间
-m	只更改修改时间
-c	假如目的档案不存在，则不会建立新的档案
-t	使用指定时间，而不是当前时间
-r	把指定的文件或目录时间设置为和参考文件或目录的时间相同

【实例 4-4】 创建空文件。

在 Linux 系统上使用 touch 命令创建空文件，须输入 touch +文件名。执行如下指令：

```
zp@lab:~$ touch zp.txt
zp@lab:~$ ls -l zp.txt
zp@lab:~$ stat zp.txt   #读者可以使用stat查看文件更详细的状态信息。
```

以上指令的执行效果如图 4-4 所示。

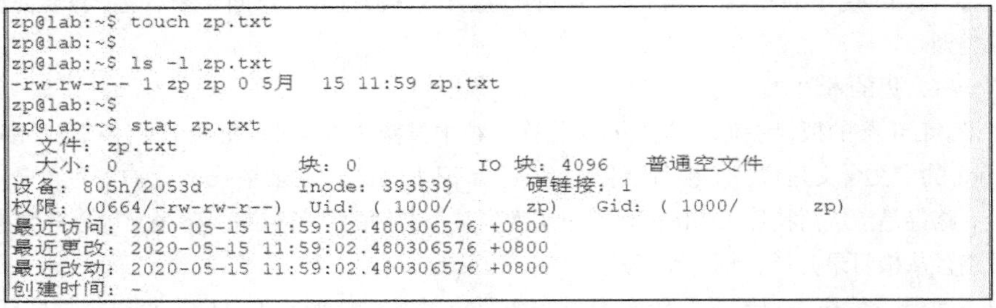

```
zp@lab:~$ touch zp.txt
zp@lab:~$
zp@lab:~$ ls -l zp.txt
-rw-rw-r-- 1 zp zp 0 5月  15 11:59 zp.txt
zp@lab:~$
zp@lab:~$ stat zp.txt
  文件: zp.txt
  大小: 0               块: 0          IO 块: 4096   普通空文件
设备: 805h/2053d        Inode: 393539      硬链接: 1
权限: (0664/-rw-rw-r--)  Uid: ( 1000/      zp)   Gid: ( 1000/      zp)
最近访问: 2020-05-15 11:59:02.480306576 +0800
最近更改: 2020-05-15 11:59:02.480306576 +0800
最近改动: 2020-05-15 11:59:02.480306576 +0800
创建时间: -
```

图 4-4 touch 实例 1

【实例 4-5】 更新文件和目录的修改时间。

我们可以使用系统当前时间来更新文件和目录的修改时间，在 touch 命令中使用-m 选项即可。上一个实例执行完后，请等待一定的时间，再输入如下指令：

```
zp@lab:~$ touch -m zp.txt
zp@lab:~$ stat zp.txt
```

以上指令的执行效果如图 4-5 所示。

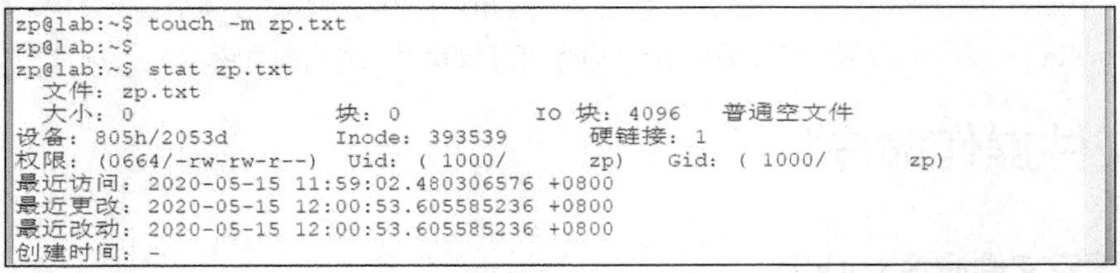

```
zp@lab:~$ touch -m zp.txt
zp@lab:~$
zp@lab:~$ stat zp.txt
  文件: zp.txt
  大小: 0               块: 0          IO 块: 4096   普通空文件
设备: 805h/2053d        Inode: 393539      硬链接: 1
权限: (0664/-rw-rw-r--)  Uid: ( 1000/      zp)   Gid: ( 1000/      zp)
最近访问: 2020-05-15 11:59:02.480306576 +0800
最近更改: 2020-05-15 12:00:53.605585236 +0800
最近改动: 2020-05-15 12:00:53.605585236 +0800
创建时间: -
```

图 4-5 touch 实例 2

【实例 4-6】 更改文件和目录的访问和修改时间。

默认情况下，touch 命令使用系统当前时间来更改文件和目录的访问和修改时间。假设我们要将其设置为特定的日期和时间，则可以使用-t 选项来实现。输入如下指令：

```
zp@lab:~$ touch -c -t 199812121234 zp.txt #指定了年月日和时间信息
zp@lab:~$ stat zp.txt
```

以上指令的执行效果如图 4-6 所示。

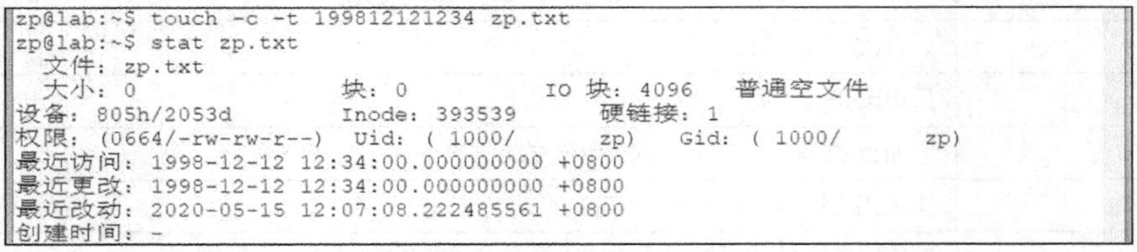

```
zp@lab:~$ touch -c -t 199812121234 zp.txt
zp@lab:~$ stat zp.txt
  文件: zp.txt
  大小: 0               块: 0          IO 块: 4096   普通空文件
设备: 805h/2053d        Inode: 393539      硬链接: 1
权限: (0664/-rw-rw-r--)  Uid: ( 1000/      zp)   Gid: ( 1000/      zp)
最近访问: 1998-12-12 12:34:00.000000000 +0800
最近更改: 1998-12-12 12:34:00.000000000 +0800
最近改动: 2020-05-15 12:07:08.222485561 +0800
创建时间: -
```

图 4-6 touch 实例 3

【实例 4-7】 创建具有特定时间记录信息的文件。

创建新文件 john.txt，其时间记录与 zp.txt 的相同。输入如下指令：

```
zp@lab:~$ touch -r zp.txt john.txt
#john.txt是新创建的文件
zp@lab:~$ stat john.txt
#查看并对比两个文件的状态信息
zp@lab:~$ stat zp.txt
```

以上指令的执行效果如图 4-7 所示。

```
zp@lab:~$ stat zp.txt
  文件: zp.txt
  大小: 0               块: 0          IO 块: 4096   普通空文件
设备: 805h/2053d        Inode: 393539      硬链接: 1
权限: (0664/-rw-rw-r--)  Uid: ( 1000/       zp)   Gid: ( 1000/       zp)
最近访问: 1998-12-12 12:34:00.000000000 +0800
最近更改: 1998-12-12 12:34:00.000000000 +0800
最近改动: 2020-05-15 12:07:08.222485561 +0800
创建时间: -
zp@lab:~$ touch -r zp.txt john.txt
zp@lab:~$ stat john.txt
  文件: john.txt
  大小: 0               块: 0          IO 块: 4096   普通空文件
设备: 805h/2053d        Inode: 394142      硬链接: 1
权限: (0664/-rw-rw-r--)  Uid: ( 1000/       zp)   Gid: ( 1000/       zp)
最近访问: 1998-12-12 12:34:00.000000000 +0800
最近更改: 1998-12-12 12:34:00.000000000 +0800
最近改动: 2020-05-15 12:16:22.658443513 +0800
创建时间: -
```

图 4-7　touch 实例 4

4.4.2　文件复制命令 cp

命令功能：cp 指令用于复制文件或目录。若同时指定两个以上的文件或目录，且最后的目的地是一个已经存在的目录，则它会把前面指定的所有文件或目录复制到此目录中。若同时指定多个文件或目录，而目的地并非一个已存在的目录，则会出现错误信息。

命令语法：

```
cp [options] source dest
```

主要参数：在该命令中，选项的主要参数的含义如表 4-3 所示。

表 4-3　cp 命令选项主要参数含义

选项	参数含义
-f	覆盖已经存在的目标文件而不给出提示
-i	与-f 选项相反，在覆盖目标文件之前给出提示，要求用户确认是否覆盖。当回答为 y 时，目标文件将被覆盖
-p	除复制文件的内容外，还会把修改时间和访问权限也复制到新文件中
-r	递归复制目录及其子目录内的所有内容
-l	不复制文件，只生成硬链接文件（hard link files）
-s	只创建符号链接而不复制文件

【实例 4-8】 复制文件。

复制文件 zp.txt 到 zp1。假定读者依次完成了本章的实验，那么此时，在当前目录下存在一个名为 zp.txt 的文件。输入如下指令：

```
zp@lab:~$ cp zp.txt zp1
zp@lab:~$ ls -l zp*
```

以上指令的执行效果如图 4-8 所示。注意：zp1 的时间是当前系统的时间。

```
zp@lab:~$ cp zp.txt zp1
zp@lab:~$ ls -l zp*
-rw-rw-r-- 1 zp zp 0 5月  15 12:31 zp1
-rw-rw-r-- 1 zp zp 0 12月 12  1998 zp.txt
```

图 4-8　cp 实例 1

【实例 4-9】 复制文件，且保留时间信息。

如果把修改时间等信息也复制到新文件中，则需要使用-p 参数。输入如下指令：

```
zp@lab:~$ cp -p zp.txt zp2
zp@lab:~$ ls -l zp*
```

以上指令的执行效果如图 4-9 所示。

```
zp@lab:~$ cp -p zp.txt zp2
zp@lab:~$ ls -l zp*
-rw-rw-r-- 1 zp zp 0 5月  15 12:31 zp1
-rw-rw-r-- 1 zp zp 0 12月 12  1998 zp2
-rw-rw-r-- 1 zp zp 0 12月 12  1998 zp.txt
zp@lab:~$ _
```

图 4-9　cp 实例 2

【实例 4-10】 同时复制多个文件到指定目录。

首先使用 mkdir 创建目录 dir1，然后将 3 个文件复制到该目录中。输入如下指令：

```
zp@lab:~$ mkdir dir1
zp@lab:~$ cp john.txt zp.txt zp1 dir1/
zp@lab:~$ ls dir1/
zp@lab:~$ ll dir1/
#注意：下面指令会报错，因为zp1并不是一个目录
zp@lab:~$ cp john.txt zp.txt zp1
```

以上指令的执行效果如图 4-10 所示。

```
zp@lab:~$ mkdir dir1
zp@lab:~$ cp john.txt zp.txt zp1 dir1/
zp@lab:~$ ls dir1/
john.txt  zp1  zp.txt
zp@lab:~$
zp@lab:~$ ll dir1/
总用量 8
drwxrwxr-x  2 zp zp 4096 5月  15 12:40 ./
drwxr-xr-x 20 zp zp 4096 5月  15 12:39 ../
-rw-rw-r--  1 zp zp    0 5月  15 12:40 john.txt
-rw-rw-r--  1 zp zp    0 5月  15 12:40 zp1
-rw-rw-r--  1 zp zp    0 5月  15 12:40 zp.txt
zp@lab:~$
zp@lab:~$ cp john.txt zp.txt zp1
cp: 目标'zp1' 不是目录
```

图 4-10　cp 实例 3

【实例 4-11】 复制目录。

将目录 dir1 复制到目录 dir2。假定读者依次完成了本章的实验，那么此时，在当前目录下存在一个名为 dir1 的目录。输入如下指令：

```
zp@lab:~$ ll dir1
zp@lab:~$ cp dir1/ dir2
zp@lab:~$ cp -r dir1/ dir2
zp@lab:~$ ll dir2
```

以上指令的执行效果如图 4-11 所示。

注意：在第 2 条指令执行过程中会出现提醒，因为复制的是目录，需要使用-r 参数。

```
zp@lab:~$ ll dir1
总用量 8
drwxrwxr-x  2 zp zp 4096 5月  15 12:40 ./
drwxr-xr-x 20 zp zp 4096 5月  15 12:50 ../
-rw-rw-r--  1 zp zp    0 5月  15 12:40 john.txt
-rw-rw-r--  1 zp zp    0 5月  15 12:40 zp1
-rw-rw-r--  1 zp zp    0 5月  15 12:40 zp.txt
zp@lab:~$ cp dir1/ dir2
cp: 未指定 -r；略过目录'dir1/'
zp@lab:~$ cp -r dir1/ dir2
zp@lab:~$ ll dir2
总用量 8
drwxrwxr-x  2 zp zp 4096 5月  15 12:51 ./
drwxr-xr-x 21 zp zp 4096 5月  15 12:51 ../
-rw-rw-r--  1 zp zp    0 5月  15 12:51 john.txt
-rw-rw-r--  1 zp zp    0 5月  15 12:51 zp1
-rw-rw-r--  1 zp zp    0 5月  15 12:51 zp.txt
```

图 4-11　cp 实例 4

【实例 4-12】 创建链接文件。

链接文件包括硬链接文件和软链接文件两种，后者又称为符号链接。软链接文件有点类似于在 Windows 系统中给文件创建一个快捷方式，即产生一个特殊的文件来指向源文件。硬链接文件即给源文件的 inode 分配多个文件名，然后可以通过任意一个文件名来找到源文件的 inode，从而读取到源文件的信息。使用-l 参数创建硬链接文件，使用-s 参数创建软链接文件。输入如下指令：

```
zp@lab:~$ cp -l zp.txt zplink1
zp@lab:~$ cp -s zp.txt zplink2
zp@lab:~$ ll zplink*
```

以上指令的执行效果如图 4-12 所示。

```
zp@lab:~$ cp -l zp.txt zplink1
zp@lab:~$ cp -s zp.txt zplink2
zp@lab:~$ ll zplink*
-rw-rw-r-- 2 zp zp 0 12月  12  1998 zplink1
lrwxrwxrwx 1 zp zp 6 5月   15 13:08 zplink2 -> zp.txt
```

图 4-12　cp 实例 5

4.4.3　文件链接命令 ln

命令功能：使用 ln 命令可以创建链接文件（包括软链接文件和硬链接文件）。

命令语法：

```
ln [OPTION] ... [-T] TARGET LINK_NAME
```

主要参数：在该命令中，选项的主要参数的含义如表 4-4 所示。

表 4-4　ln 命令选项主要参数含义

选项	参数含义
-s	建立软链接文件
-f	强制建立链接文件，即如果目标文件已经存在，则在删除目标文件后再创建链接文件
空	建立硬链接文件
-v	执行时显示详细信息
-n	把符号链接视为一般目录
-L	引用的目标是符号链接（注意 L 为大写）

【实例 4-13】 建立一般的链接文件。

分别建立文件 john.txt 的硬链接文件 johnlnk1 和软链接文件 johnlnk2。输入如下指令：

```
zp@lab:~$ ln john.txt johnlnk1
zp@lab:~$ ll johnln*
zp@lab:~$ ln -s john.txt johnlnk2
zp@lab:~$ ll johnln*
```

以上指令的执行效果如图 4-13 所示。

```
zp@lab:~$ ln john.txt johnlnk1
zp@lab:~$ ll johnln*
-rw-rw-r-- 2 zp zp 0 12月 12  1998 johnlnk1
zp@lab:~$ ln -s john.txt johnlnk2
zp@lab:~$ ll johnln*
-rw-rw-r-- 2 zp zp 0 12月 12  1998 johnlnk1
lrwxrwxrwx 1 zp zp 8 5月  15 13:50 johnlnk2 -> john.txt
```

图 4-13 ln 实例 1

【实例 4-14】 建立指向目录的链接文件。

建立链接文件 blocklnk，使其指向/dev/block/目录，然后通过 blocklnk 直接访问/dev/block/目录中的内容。输入如下指令：

```
zp@lab:~$ ls /dev/block/
zp@lab:~$ ln -fs /dev/block/ blocklnk
zp@lab:~$ ls blocklnk
zp@lab:~$ ls -l blocklnk
zp@lab:~$ cd blocklnk
zp@lab:~/blocklnk$ pwd
zp@lab:~/blocklnk$ ls
```

以上指令的执行效果如图 4-14 所示。

```
zp@lab:~$ ls /dev/block/
11:0  7:0  7:1  7:2  7:3  7:4  7:5  7:6  7:7  8:0  8:1  8:2  8:5
zp@lab:~$ ln -fs /dev/block/ blocklnk
zp@lab:~$ ls blocklnk
11:0  7:0  7:1  7:2  7:3  7:4  7:5  7:6  7:7  8:0  8:1  8:2  8:5
zp@lab:~$ ls -l blocklnk
lrwxrwxrwx 1 zp zp 11 5月  15 14:22 blocklnk -> /dev/block/
zp@lab:~$
zp@lab:~$ cd blocklnk
zp@lab:~/blocklnk$ pwd
/home/zp/blocklnk
zp@lab:~/blocklnk$ ls
11:0  7:0  7:1  7:2  7:3  7:4  7:5  7:6  7:7  8:0  8:1  8:2  8:5
```

图 4-14 ln 实例 2

4.4.4 文件移动命令 mv

命令功能：mv 命令是 move 的缩写。mv 是 Linux 操作系统下的常用命令，经常用来备份文件或目录。用户可以使用 mv 命令将文件或目录移入其他位置。用户也可以使用 mv 命令来为文件或目录改名。

命令语法：

```
mv [选项] [源文件|目录] [目标文件|目录]
```

主要参数：在该命令中，选项的主要参数的含义如表 4-5 所示。

表 4-5 mv 命令选项主要参数含义

选项	参数含义
-f	覆盖前不询问
-i	覆盖前询问
-b	若须覆盖文件，则覆盖前先行备份
-v	显示详细的步骤

【实例 4-15】 文件重命名。

将 john.txt 改名为 john.doc。假定读者依次完成了本章的实验，那么此时，在当前目录下存在一个名为 john.txt 的文件。输入如下指令：

```
zp@lab:~$ ls john*
zp@lab:~$ mv john.txt john.doc
zp@lab:~$ ls john*
```

以上指令的执行效果如图 4-15 所示。

```
zp@lab:~$
zp@lab:~$ ls john*
johnlnk1  johnlnk2  john.txt
zp@lab:~$ mv john.txt john.doc
zp@lab:~$ ls john*
john.doc  johnlnk1  johnlnk2
```

图 4-15 mv 实例 1

【实例 4-16】 移动文件。

首先将当前目录下的 john.doc 文件移动到 dir1 目录下，然后再将 dir1 目录下的 john.doc 文件重新移动到当前目录中。输入如下指令：

```
zp@lab:~$ ls dir1/
zp@lab:~$ mv -i john.doc dir1/
#指令中的-i表示dir1中有同名文件时，将提示是否覆盖
zp@lab:~$ ls dir1/
zp@lab:~$ mv dir1/john.doc .
#上面指令中的“.”表示当前目录
zp@lab:~$ ls dir1/
zp@lab:~$ ls john*
```

以上指令的执行效果如图 4-16 所示。

```
zp@lab:~$ ls dir1/
john.txt  zp1  zp.txt
zp@lab:~$ mv -i john.doc dir1/
zp@lab:~$ ls dir1/
john.doc  john.txt  zp1  zp.txt
zp@lab:~$ mv dir1/john.doc .
zp@lab:~$ ls dir1/
john.txt  zp1  zp.txt
zp@lab:~$ ls john*
john.doc  johnlnk1  johnlnk2
```

图 4-16 mv 实例 2

【实例 4-17】 移动文件，并提示是否覆盖。

首先将当前目录下的 john.doc 文件复制到 dir1 目录中，这样，dir1 目录和当前目录中都存在了一个 john.doc 文件。假定此时修改了其中一个 john.doc 文件。然后，将当前目录中的 john.doc 文件移动到 dir1 目录中，由于此时两个 john.doc 文件内容已不同，会导致 dir1 目录中的原有文件丢失，因此，在移动文件时会提示是否覆盖。这一功能可以通过在 mv 命令中增加-i 参数来实现。先输入 y，然后继续移动并覆盖原有文件。执行如下指令：

```
zp@lab:~$ ls dir1/
zp@lab:~$ ls john*
zp@lab:~$ cp john.doc dir1/
zp@lab:~$ ls dir1
zp@lab:~$ ls john*
zp@lab:~$ mv -i john.doc dir1/
```

```
mv: 是否覆盖'dir1/john.doc'?  y
zp@lab:~$ ls john*
zp@lab:~$ ls dir1
```

以上指令的执行效果如图 4-17 所示。

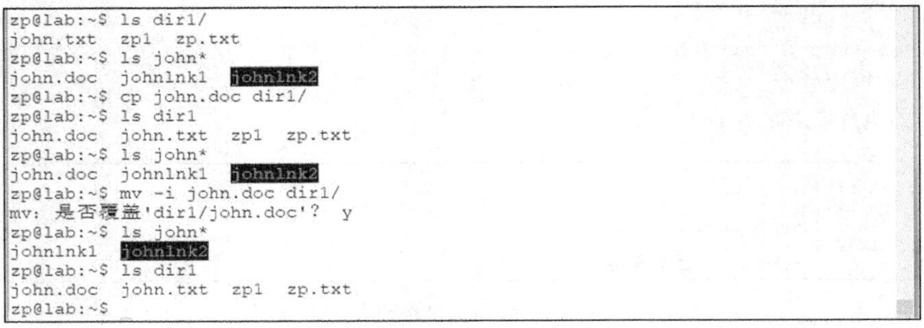

```
zp@lab:~$ ls dir1/
john.txt  zp1  zp.txt
zp@lab:~$ ls john*
john.doc  johnlnk1  johnlnk2
zp@lab:~$ cp john.doc dir1/
zp@lab:~$ ls dir1
john.doc  john.txt  zp1  zp.txt
zp@lab:~$ ls john*
john.doc  johnlnk1  johnlnk2
zp@lab:~$ mv -i john.doc dir1/
mv: 是否覆盖'dir1/john.doc'?  y
zp@lab:~$ ls john*
johnlnk1  johnlnk2
zp@lab:~$ ls dir1
john.doc  john.txt  zp1  zp.txt
zp@lab:~$
```

图 4-17　mv 实例 3

【实例 4-18】 显示详细信息。

在 mv 指令中增加-v 参数，可以显示该目录中的详细信息。假定读者依次完成了本章的实验，那么此时，在当前目录下存在一个名为 zplink1 的文件。输入如下指令：

```
zp@lab:~$ ls zplink*
zp@lab:~$ ls dir1/
zp@lab:~$ mv -v zplink1 dir1
renamed 'zplink1' -> 'dir1/zplink1'
zp@lab:~$ ls dir1/
zp@lab:~$ ls zplink*
```

以上指令的执行效果如图 4-18 所示。

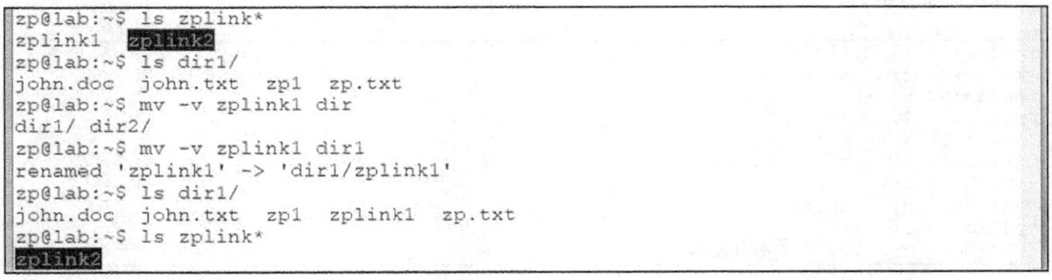

```
zp@lab:~$ ls zplink*
zplink1  zplink2
zp@lab:~$ ls dir1/
john.doc  john.txt  zp1  zp.txt
zp@lab:~$ mv -v zplink1 dir
dir1/ dir2/
zp@lab:~$ mv -v zplink1 dir1
renamed 'zplink1' -> 'dir1/zplink1'
zp@lab:~$ ls dir1/
john.doc  john.txt  zp1  zplink1  zp.txt
zp@lab:~$ ls zplink*
zplink2
```

图 4-18　mv 实例 4

【实例 4-19】 在文件被覆盖前做简单备份。

通过在 mv 指令中增加-b 参数，可以在文件被覆盖前做简单备份。首先，将 dir1 目录中的 zplink1 复制到当前目录，使当前目录和 dir1 目录中均有 zplink1 文件。然后，测试-b 参数的使用。输入如下指令：

```
zp@lab:~$ cp dir1/zplink1 . #指令中的“.”表示当前目录
zp@lab:~$ ls zplink*
zp@lab:~$ ls dir1/
#基于上面两条指令，检查发现当前目录和dir1目录中均有zplink1文件
zp@lab:~$ mv -bv zplink1 dir1/
zp@lab:~$ ls zplink*
zp@lab:~$ ls dir1/
```

以上指令的执行效果如图 4-19 所示。

```
zp@lab:~$ cp dir1/zplink1 .
zp@lab:~$ ls zplink*
zplink1  zplink2
zp@lab:~$ ls dir1/
john.doc  john.txt  zp1  zplink1  zp.txt
zp@lab:~$ mv -bv zplink1 dir1/
renamed 'zplink1' -> 'dir1/zplink1' (备份: 'dir1/zplink1~')
zp@lab:~$ ls zplink*
zplink2
zp@lab:~$ ls dir1/
john.doc  john.txt  zp1  zplink1  zplink1~  zp.txt
```

图 4-19　mv 实例 5

4.4.5　文件删除命令 rm

命令功能：rm 命令用于删除文件或者目录。rm 可以删除一个目录下的多个文件或者目录。它也可以删除某个目录及其下的所有子文件。

命令语法：

```
rm [选项] [文件|目录]
```

主要参数：在该命令中，选项的主要参数的含义如表 4-6 所示。

表 4-6　rm 命令选项主要参数含义

选项	参数含义
-i	删除文件或者目录时提示用户
-f	删除文件或者目录时不提示用户
-r	递归删除目录，包含目录下的文件或者各级目录

【实例 4-20】　删除文件之前进行确认。

删除文件 zplink2。假定读者依次完成了本章的实验，那么此时，在当前目录下存在一个名为 zplink2 的文件。输入如下指令：

```
zp@lab:~$ ls zplink*
zp@lab:~$ rm -i zplink2
zp@lab:~$ ls zplink*
zp@lab:~$ rm -i zplink2
zp@lab:~$ ls zplink*
```

以上指令的执行效果如图 4-20 所示。

```
zp@lab:~$ ls zplink*
zplink2
zp@lab:~$ rm -i zplink2
rm: 是否删除符号链接 'zplink2'? n
zp@lab:~$ ls zplink*
zplink2
zp@lab:~$ rm -i zplink2
rm: 是否删除符号链接 'zplink2'? y
zp@lab:~$ ls zplink*
ls: 无法访问'zplink*': 没有那个文件或目录
```

图 4-20　rm 实例 1

【实例 4-21】　删除目录。

删除目录 dir1。假定读者依次完成了本章的实验，那么此时，在当前目录下存在一个名为 dir1 的目录。使用-r 参数可以删除目录。输入如下指令：

```
zp@lab:~$ ls dir1/
zp@lab:~$ rm dir1
zp@lab:~$ rm -r dir1
zp@lab:~$ ls dir1
```

以上指令的执行效果如图 4-21 所示。

```
zp@lab:~$ ls dir1/
john.doc  john.txt  zp1  zplink1  zplink1~  zp.txt
zp@lab:~$ rm dir1
rm: 无法删除'dir1': 是一个目录
zp@lab:~$ rm -r dir1
zp@lab:~$ ls dir1
ls: 无法访问'dir1': 没有那个文件或目录
```

图 4-21　rm 实例 2

【实例 4-22】 强制删除目录。

一般情况下，要删除的文件或目录应当存在，否则会提示没有文件或目录。如果添加-f 参数，则不管有没有文件或目录，都会进行删除操作。假定读者依次完成了本章的实验，那么此时，在当前目录下并没有一个名为 dir1 的文件或者目录。输入如下指令：

```
zp@lab:~$ ls dir1
zp@lab:~$ rm dir1
zp@lab:~$ rm -r dir1
zp@lab:~$ rm -rf dir1
```

以上指令的执行效果如图 4-22 所示。

```
zp@lab:~$ ls dir1
ls: 无法访问'dir1': 没有那个文件或目录
zp@lab:~$ rm dir1
rm: 无法删除'dir1': 没有那个文件或目录
zp@lab:~$ rm -r dir1
rm: 无法删除'dir1': 没有那个文件或目录
zp@lab:~$ rm -rf dir1
```

图 4-22　rm 实例 3

【实例 4-23】 删除目录之前进行确认。

目录中可能存在很多文件，读者希望删除其中某几个文件但想保留其他文件，此时可使用-i 参数以交互方式删除。假定读者依次完成了本章的实验，那么此时，在当前目录下存在一个名为 dir2 的文件或目录。输入如下指令：

```
zp@lab:~$ ls dir2/
zp@lab:~$ rm -ir dir2/
#根据提示信息，输入y或者n，进而决定是否删除对应的文件或目录
zp@lab:~$ ls dir2/
zp@lab:~$ ls dir2/dir1/
```

以上指令的执行效果如图 4-23 所示。

```
zp@lab:~$
zp@lab:~$ ls dir2/
dir1  john.txt  zp1  zp.txt
zp@lab:~$
zp@lab:~$ rm -ir dir2/
rm: 是否进入目录'dir2/'? y
rm: 是否删除普通空文件 'dir2/zp1'?  y
rm: 是否进入目录'dir2/dir1'? y
rm: 是否删除普通空文件 'dir2/dir1/zp1'?  y
rm: 是否删除普通空文件 'dir2/dir1/john.txt'?  y
rm: 是否删除普通空文件 'dir2/dir1/zp.txt'?  y
rm: 是否删除目录 'dir2/dir1'?  n
rm: 是否删除普通空文件 'dir2/john.txt'?  n
rm: 是否删除普通空文件 'dir2/zp.txt'?  n
rm: 是否删除目录 'dir2/'?  n
zp@lab:~$
zp@lab:~$ ls dir2/
dir1  john.txt  zp.txt
zp@lab:~$
zp@lab:~$ ls dir2/dir1/
```

图 4-23　rm 实例 4

4.5 目录操作命令

目录也是一种文件类型。因此前面介绍的文件操作命令，通常也可以用于目录。下面介绍的是目录专用的一些操作命令。例如：显示当前路径命令 pwd，改变工作目录命令 cd，列出目录内容命令 ls，创建目录命令 mkdir，目录删除命令 rmdir。

4.5.1 显示当前路径命令 pwd

pwd（print working directory）用来显示当前工作目录的路径。该命令无参数和选项。在工作过程中，用户可以在被授权的任意目录下用 mkdir 命令创建新目录，也可以用 cd 命令从一个目录转换到另一个目录。然而，没有提示符来告知用户目前处于哪一个目录中。要想知道当前所处的目录，可以用 pwd 命令。

【实例 4-24】 pwd 命令实例。

在本案例中，用户 zp 首先位于自己的主目录/home/zp 中，然后，切换到目录/dev 中。输入如下指令：

```
zp@lab:~$ pwd
zp@lab:~$ cd /dev/
zp@lab:/dev$ pwd
```

以上指令的执行效果如图 4-24 所示。

```
zp@lab:~$
zp@lab:~$ pwd
/home/zp
zp@lab:~$ cd /dev/
zp@lab:/dev$ pwd
/dev
zp@lab:/dev$
```

图 4-24　pwd 命令实例

4.5.2 改变工作目录命令 cd

cd（change directory）命令的作用是改变工作目录，常用格式为“cd　[目录]”。指令中的目录参数可以是当前路径下的目录，也可以是其他位置的目录。对于其他位置的目录，需要给定详细的路径。路径包括绝对路径和相对路径。绝对路径是从根目录开始的，相对路径是从当前目录开始的。

描述相对路径，有 3 个比较常用的符号需要读者掌握。

（1）当前目录，用“.”表示。

（2）当前目录的父目录，用“..”表示。

（3）当前用户的主目录，用“~”表示。

【实例 4-25】 使用绝对路径进行目录切换。

输入如下指令：

```
zp@lab:~$ pwd
zp@lab:~$ cd /bin/
zp@lab:/bin$ pwd
zp@lab:/bin$ cd /etc/
zp@lab:/etc$ cd ~  #直接切换到用户主目录
zp@lab:~$ pwd
```

以上指令的执行效果如图 4-25 所示。

```
zp@lab:~$ pwd
/home/zp
zp@lab:~$ cd /bin/
zp@lab:/bin$ pwd
/bin
zp@lab:/bin$ cd /etc/
zp@lab:/etc$ cd ~
zp@lab:~$ pwd
/home/zp
```

图 4-25　cd 实例 1

【实例 4-26】 使用相对路径进行目录切换。

假定读者目前位于自己的主目录/home/zp，且已经依次完成了本章的实验，那么此时，在用户主目录下存在一个名为 dir2 的目录。

输入如下指令：

```
zp@lab:~$ pwd
zp@lab:~$ cd ..                    #切换到父目录
zp@lab:/home$ pwd
zp@lab:/home$ cd ./zp/dir2/    #该指令的功能与cd zp/dir2/的功能是一样的
zp@lab:~/dir2$ pwd
```

以上指令的执行效果如图 4-26 所示。

```
zp@lab:~$ pwd
/home/zp
zp@lab:~$ cd ..
zp@lab:/home$ pwd
/home
zp@lab:/home$ cd ./zp/dir2/
zp@lab:~/dir2$ pwd
/home/zp/dir2
zp@lab:~/dir2$
```

图 4-26　cd 实例 2

4.5.3 列出目录内容命令 ls

命令功能：列出目录下的档案或者目录等。ls 是英文单词 List 的简写，其功能为列出目录的内容。这是用户的常用命令之一，因为用户需要时不时地查看某个目录的内容。该命令类似于 DOS 中的 dir 命令。对于每个目录，该命令将列出其中所有的子目录与文件。

命令语法：

```
ls [选项] [目录或文件]
```

主要参数：在该命令中，选项的主要参数的含义如表 4-7 所示。

表 4-7　ls 命令选项主要参数含义

选项	参数含义
-a	显示所有档案与目录
-A	显示除隐藏文件 "." 和 ".." 以外的所有文件列表
-l	显示文件的详细信息

【实例 4-27】 显示当前目录下的文件以及包含 "." 开头的隐藏文件。

输入如下指令：

```
zp@lab:~$ ls #默认显示当前目录下的文件
zp@lab:~$ ls -a
#添加-a参数后，显示当前目录下的所有文件，包含"."开头的隐藏文件
```

以上指令的执行效果如图 4-27 所示。

```
zp@lab:~$ ls
公共的  视频  文档  音乐  aa     bak        dir2      johnlnk2  zp1
模板    图片  下载  桌面  a.txt  blocklnk   johnlnk1  snap      zp2
zp@lab:~$
zp@lab:~$ ls -a
.        下载          .bash_logout   dir2      .python_history          zp1
..       音乐          .bashrc        .gnupg    snap                     zp2
```

图 4-27　ls 实例 1

【实例 4-28】 显示当前目录下文件的详细信息。

输入如下指令：

```
zp@lab:~$ ls -l
#显示当前目录下文件的详细信息，如权限、文件大小、修改时间等
```

以上指令的执行效果如图 4-28 所示。

```
zp@lab:~$ ls -l
总用量 44
drwxr-xr-x 2 zp zp 4096 4月  27 09:08 公共的
drwxr-xr-x 2 zp zp 4096 4月  27 09:08 模板
drwxr-xr-x 2 zp zp 4096 4月  27 09:08 视频
drwxr-xr-x 2 zp zp 4096 4月  27 09:08 图片
```

图 4-28　ls 实例 2

【实例 4-29】 显示当前目录下所有文件或目录的详细信息。

利用组合选项 ls -a -l 可显示当前目录下所有文件或目录的详细信息。输入如下指令（下面两条指令的功能是一样的）：

```
zp@lab:~$ ls -al
zp@lab:~$ ls -l -a
```

以上指令的执行效果如图 4-29 所示。

```
zp@lab:~$ ls -l -a
总用量 160
drwxr-xr-x 20 zp   zp   4096 5月  15 18:26 .
drwxr-xr-x  3 root root 4096 4月  27 08:50 ..
drwxr-xr-x  2 zp   zp   4096 4月  27 09:08 公共的
drwxr-xr-x  2 zp   zp   4096 4月  27 09:08 模板
drwxr-xr-x  2 zp   zp   4096 4月  27 09:08 视频
drwxr-xr-x  2 zp   zp   4096 4月  27 09:08 图片
```

图 4-29　ls 实例 3

4.5.4　创建目录命令 mkdir

命令功能：mkdir 命令用来创建指定名称的目录，要求创建目录的用户在当前目录中具有写权限，并且指定的目录名不能是当前目录中已有的目录名。

命令语法：

```
mkdir [选项] 目录...
```

主要参数：在该命令中，选项的主要参数的含义如表 4-8 所示。

表 4-8　mkdir 命令选项主要参数含义

选项	参数含义
-m, --mode	设定权限<模式>（类似 chmod），而不是 rwxrwxrwx 减 umask
-p, --parents	此时若路径中的某些目录尚不存在，则加上此选项后，系统将会自动建好那些尚不存在的目录，即一次可以建立多个目录
-v, --verbose	每次创建新目录时都显示信息
--version	输出版本信息并退出

【实例 4-30】 创建新目录时显示提示信息。

在当前目录下创建一个空的目录 work，创建新目录时显示提示信息。输入如下指令：

```
zp@lab:~$ pwd #查看当前目录
zp@lab:~$ mkdir -v work
zp@lab:~$ cd work/
zp@lab:~/work$ pwd
```

以上指令的执行效果如图 4-30 所示。

```
zp@lab:~$ pwd
/home/zp
zp@lab:~$ mkdir -v work
mkdir: 已创建目录 'work'
zp@lab:~$ cd work/
zp@lab:~/work$ pwd
/home/zp/work
```

图 4-30 mkdir 实例 1

【实例 4-31】 递归创建多层目录。

使用-p 参数可以递归创建多个嵌套的目录。输入如下指令：

```
zp@lab:~/work$ pwd
zp@lab:~/work$ mkdir -pv test1/test2
zp@lab:~/work$ cd test1/test2/
zp@lab:~/work/test1/test2$ pwd
zp@lab:~/work/test1/test2$ cd ~
```

以上指令的执行效果如图 4-31 所示。

```
zp@lab:~/work$ pwd
/home/zp/work
zp@lab:~/work$ mkdir -pv test1/test2
mkdir: 已创建目录 'test1'
mkdir: 已创建目录 'test1/test2'
zp@lab:~/work$ cd test1/test2/
zp@lab:~/work/test1/test2$ pwd
/home/zp/work/test1/test2
zp@lab:~/work/test1/test2$
zp@lab:~/work/test1/test2$ cd ~
```

图 4-31 mkdir 实例 2

【实例 4-32】 一次创建多个目录。

输入如下指令：

```
zp@lab:~$ cd work
zp@lab:~/work$ ls
#检查并确认当前目录下是否存在一个名为test1的目录
zp@lab:~/work$ mkdir-v test1 test2 test3
#创建3个目录，注意test1已经存在，故将提示无法创建
zp@lab:~/work$ ls
```

以上指令的执行效果如图 4-32 所示。

```
zp@lab:~$ cd work/
zp@lab:~/work$ ls
test1
zp@lab:~/work$ mkdir -v test1 test2 test3
mkdir: 无法创建目录 "test1": 文件已存在
mkdir: 已创建目录 'test2'
mkdir: 已创建目录 'test3'
zp@lab:~/work$ ls
test1  test2  test3
```

图 4-32 mkdir 实例 3

【实例 4-33】 批量创建 10 个目录，命名顺序为 zp1 到 zp10。

输入如下指令：

```
zp@lab:~/work$ ls
zp@lab:~/work$ mkdir -v zp{1..10}
zp@lab:~/work$ ls
```

以上指令的执行效果如图 4-33 所示。

```
zp@lab:~/work$ ls
test1  test2  test3
zp@lab:~/work$
zp@lab:~/work$ mkdir -v zp{1..10}
mkdir: 已创建目录 'zp1'
mkdir: 已创建目录 'zp2'
mkdir: 已创建目录 'zp3'
mkdir: 已创建目录 'zp4'
mkdir: 已创建目录 'zp5'
mkdir: 已创建目录 'zp6'
mkdir: 已创建目录 'zp7'
mkdir: 已创建目录 'zp8'
mkdir: 已创建目录 'zp9'
mkdir: 已创建目录 'zp10'
zp@lab:~/work$ ls
test1  test2  test3  zp1  zp10  zp2  zp3  zp4  zp5  zp6  zp7  zp8  zp9
zp@lab:~/work$
```

图 4-33 mkdir 实例 4

4.5.5 删除目录命令 rmdir

命令功能：rmdir 命令用于删除目录，但是 rmdir 只能删除空目录。如果用 rmdir 删除非空目录，就会报错。同 mkdir 命令一样，删除某目录时也必须具有对其父目录的写权限。

命令语法：

```
rmdir [选项] [目录名]
```

主要参数：在该命令中，选项的主要参数的含义如表 4-9 所示。

表 4-9 rmdir 命令选项主要参数含义

选项	参数含义
-p	递归删除目录。删除目录后，若该目录的上层目录已变成空目录，则将其一并删除
-v	显示命令的详细执行过程

【实例 4-34】 删除非空目录。

输入如下指令：

```
zp@lab:~/work$ ls
zp@lab:~/work$ ls test1
zp@lab:~/work$ rmdir test1
#由于test1之下还有一个test2，因此删除test1失败
```

以上指令的执行效果如图 4-34 所示。

```
zp@lab:~/work$ ls
test1  test2  test3  zp1  zp10  zp2  zp3  zp4  zp5  zp6  zp7  zp8  zp9
zp@lab:~/work$ ls test1
test2
zp@lab:~/work$ rmdir test1
rmdir: 删除 'test1' 失败: 目录非空
```

图 4-34 rmdir 实例 1

【实例 4-35】 删除空目录。

删除空目录“./test1/test2”。输入如下指令：

```
zp@lab:~/work$ ls
zp@lab:~/work$ ls test1
zp@lab:~/work$ ls test1/test2/
#上面3条命令可以确定目录./test1/test2存在，且是空目录
zp@lab:~/work$ rmdir test1/test2/
zp@lab:~/work$ ls test1
#目录./test1/test2已被删除
zp@lab:~/work$ ls
#但是目录./test1没有被删除
```

以上指令的执行效果如图 4-35 所示。

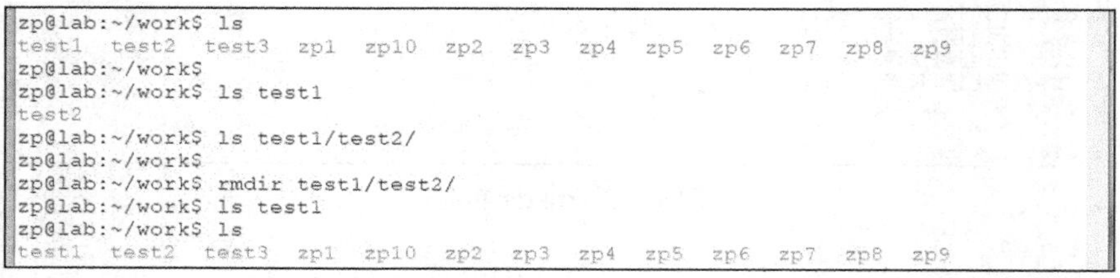

```
zp@lab:~/work$ ls
test1  test2  test3  zp1  zp10  zp2  zp3  zp4  zp5  zp6  zp7  zp8  zp9
zp@lab:~/work$
zp@lab:~/work$ ls test1
test2
zp@lab:~/work$ ls test1/test2/
zp@lab:~/work$
zp@lab:~/work$ rmdir test1/test2/
zp@lab:~/work$ ls test1
zp@lab:~/work$ ls
test1  test2  test3  zp1  zp10  zp2  zp3  zp4  zp5  zp6  zp7  zp8  zp9
```

图 4-35　rmdir 实例 2

【实例 4-36】 递归删除多层空目录。

使用-p 参数可以删除多层空目录。在删除子目录后父目录为空时，父目录被一并删除。为了跟【实例 4-35】做对比，下面先在 test1 目录下重新创建刚才被删除的 test2 目录，然后再进行后续测试。输入如下指令：

```
zp@lab:~/work$ mkdir test1/test2
zp@lab:~/work$ ls test1/test2/
zp@lab:~/work$ ls test1/
zp@lab:~/work$ rmdir -pv test1/test2/
#参数-v表示显示删除目录时的执行过程信息
#参数-p表示递归删除多层空目录
zp@lab:~/work$ ls
```

以上指令的执行效果如图 4-36 所示。

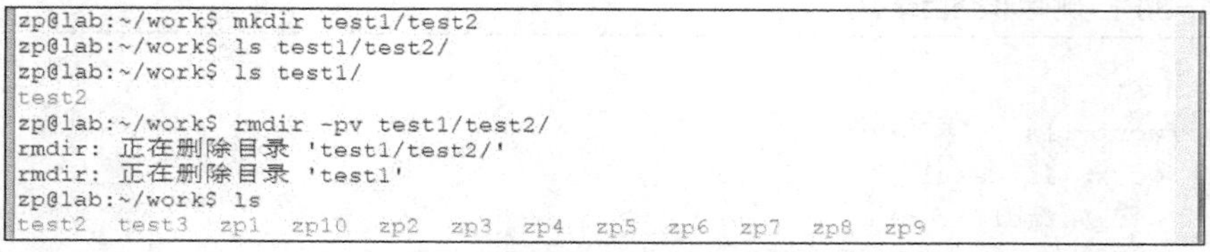

```
zp@lab:~/work$ mkdir test1/test2
zp@lab:~/work$ ls test1/test2/
zp@lab:~/work$ ls test1/
test2
zp@lab:~/work$ rmdir -pv test1/test2/
rmdir: 正在删除目录 'test1/test2/'
rmdir: 正在删除目录 'test1'
zp@lab:~/work$ ls
test2  test3  zp1  zp10  zp2  zp3  zp4  zp5  zp6  zp7  zp8  zp9
```

图 4-36　rmdir 实例 3

【实例 4-37】 批量删除符合规则的空目录。

输入如下指令：

```
zp@lab:~/work$ ls
zp@lab:~/work$ rmdir zp{1..10}
zp@lab:~/work$ ls
```

以上指令的执行效果如图4-37所示。

```
zp@lab:~/work$ ls
test2  test3  zp1  zp10  zp2  zp3  zp4  zp5  zp6  zp7  zp8  zp9
zp@lab:~/work$
zp@lab:~/work$ rmdir zp{1..10}
zp@lab:~/work$ ls
test2  test3
```

图4-37　rmdir实例4

4.6　本章小结

在Linux操作系统中，一切都是文件。这些文件可以分为不同类型，如常规文件、目录文件、链接文件、设备文件、管道文件和套接字等。Linux与Windows的文件系统存在较大的区别。Linux下没有盘符的概念，不同的硬盘分区是被挂载在不同目录下的。Linux的根目录（/）是Linux操作系统中的特殊目录，每一个文件和目录都从这里开始。Linux提供了较多的文件操作和目录操作命令，本章对其中的常见命令进行了介绍。目录也是一种文件类型，因此常见文件操作命令通常也可以用于目录操作。

习 题 4

1. 若当前目录为/home，命令ls -l将显示home目录下的（　　）。

A. 所有文件　B. 所有隐含文件　C. 所有非隐含文件　D. 文件的具体信息

2. 使用mkdir创建一个父目录中不存在的目录时，添加什么参数会创建父目录。

3. Linux操作系统中有哪些常见的文件类型？

4. 使用什么命令可以删除包含子目录的目录？

5. Linux目录结构与Windows目录结构有何不同？

6. 简述软链接文件和硬链接文件的区别。

CHAPTER05

第5章

用户和组管理

在 Linux 操作系统中，任何文件都归属于特定的用户，而任何用户都隶属于至少一个用户组。用户是否有权限对某文件进行访问、读/写以及执行，受到了系统严格的约束。正是这种清晰、严谨的用户与用户组管理系统，在很大程度上保证了 Linux 操作系统的安全性。本章将对用户和组管理的相关知识进行介绍，以使读者掌握相关的配置文件和常用命令的使用方法。

5.1 用户账户基础

5.1.1 Linux 用户账户

Linux 操作系统主要有 3 类用户，即超级用户（super user）、系统用户（system user）和普通用户（regular user）。系统为每个用户分配一个唯一的用户 ID 值——UID（用户身份证明，user identification）。UID 是一个正整数，其初始值为 0。在实际管理中，用户角色是通过 UID 来标志的。角色不同，用户的权限和所能完成的任务也不同。

1. 超级用户

超级用户即 root 用户，其 UID 为 0。root 用户具有最高的系统权限，可以执行所有任务。一般情况下，建议不要直接使用 root 用户账户。

2. 系统用户

系统用户即系统本身或应用程序使用的专门账户，其 UID 的取值范围为 1～999。系统用户通常被分为两类，一类是 Linux 操作系统在安装时自行建立的系统用户，另一类是用户自定义的系统用户。系统用户并没有特别的权限。

3. 普通用户

一般的用户通常会作为普通用户进行登录，其 UID 默认从 1000 开始顺序编号。

5.1.2 Ubuntu 用户账户

大多数 Linux 发行版在安装时会设置两个用户账户的口令：一个是 root 用户，另一个是登录系统的普通用户。Ubuntu 默认禁用 root 用户账户。读者在安装 Ubuntu 时，可以只设置一个被称为 Ubuntu 管理员的普通用户。Ubuntu 管理员是具有管理权限的普通用户，其权限比一般的普通用户高，比超级管理员则要低很多，主要进行删除用户、安装软件和驱动程序等管理工作。

许多系统配置和管理操作需要用到 root 权限。Linux 提供了两种解决方案：一种是通过 sudo 命令临时使用 root 身份运行程序，执行完毕后自动返回普通用户状态；另一种是通过执行 su 命令切换到 root 用户状态。后一种要求启用 root 用户账户。以 root 用户账户工作时，容易造成破坏性的后果。Ubuntu 不推荐启用 root 用户账户。

【实例 5-1】 使用 sudo 命令临时使用 root 身份运行程序。

在本实例中，用户准备查看/etc/shadow 文件的内容。但查看该文件要求具有 root 用户账户权限，普通用户在要求查看时，系统会提示该账户权限不够。此时可以通过 sudo 命令临时使用 root 身份。

输入如下指令：

```
zp@lab:~$ cat /etc/shadow
zp@lab:~$ sudo cat /etc/shadow
```

以上指令的执行效果如图 5-1 所示。

```
zp@lab:~$ cat /etc/shadow
cat: /etc/shadow: 权限不够
zp@lab:~$ sudo cat /etc/shadow
[sudo] zp 的密码:
root:!:18379:0:99999:7:::
daemon:*:18375:0:99999:7:::
bin:*:18375:0:99999:7:::
```

图 5-1 sudo 命令使用实例

5.2 用户配置文件

用户账户管理主要涉及/etc/passwd 和/etc/shadow 两个配置文件。

5.2.1 /etc/passwd 文件

/etc/passwd 是 Linux 操作系统关键安全文件之一。它是系统用于识别用户账户的一个重要文件，Linux 操作系统中所有的用户账户都记录在该文件中。/etc/passwd 文件的每一行保存一个用户账户的资料。每一个用户账户的数据按字段以冒号“:”分隔，每行包括 7 个字段。具体格式为：

```
username:password:uid:gid:userinfo:home:shell
```

7 个字段的含义如表 5-1 所示。

表 5-1 /etc/passwd 文件中各个字段的含义

字段	含义
username	用户账户名，在系统内，用户账户名应该具有唯一性
password	存放加密的用户密码，显示为 x，其已被映射到了/etc/shadow 文件中
uid	用户 ID，在系统内用一个整数标志用户 ID 号，每个用户的 UID 都是唯一的，root 用户的 UID 是 0，普通用户的 UID 默认从 1000 开始编号
gid	默认的用户组 ID。每个组的 GID 都是唯一的
userinfo	用户注释信息，针对用户名的描述，可以不设置
home	分配给用户的主目录，用户登录系统后首先会进入该目录
shell	用户登录默认的 shell（Linux 操作系统默认的 Shell 为/bin/bash）

用户账户名由用户自行选定，主要由方便用户记忆或者具有一定含义的字符串组成。系统为每个用户分配一个唯一的用户 ID 值（UID）。在实际管理中，用户的角色是通过 UID 来标志的。不同类型用户的 UID 有不同的取值范围。所有用户口令都是加密存放的。每个用户会分配到一个组 ID，即 GID。不同用户通常分配有不同的主目录，以避免相互干扰。当用户登录并进入系统时，系统会启动一个 Shell 程序，默认是 Bash。

【实例 5-2】 查看/etc/passwd 文件的内容。

/etc/passwd 文件的内容较多，使用 tail 命令可以查看文件最后几行的内容。执行如下指令：

```
zp@lab:~$ tail /etc/passwd
```

以上指令的执行效果如图 5-2 所示。注意，查看/etc/passwd 文件并不需要超级用户权限。从图 5-2 可以看出，当前系统中只有一个普通用户 zp，该账户的 UID 为 1000。账户的密码位置用 x 代替。当用户 zp 登录系统时，系统首先会检查/etc/passwd 文件，看是否有 zp 这个账户；然后确定用户 zp 的 UID，通过 UID 来确认用户的身份。如果存在此用户，则读取/etc/shadow 文件中所对应的密码。密码核实无误后登录系统，读取用户的配置文件。

```
zp@lab:~$ tail /etc/passwd
hplip:x:119:7:HPLIP system user,,,:/run/hplip:/bin/false
whoopsie:x:120:125::/nonexistent:/bin/false
colord:x:121:126:colord colour management daemon,,,:/var/lib/colord:/usr/sbin/no
login
geoclue:x:122:127::/var/lib/geoclue:/usr/sbin/nologin
pulse:x:123:128:PulseAudio daemon,,,:/var/run/pulse:/usr/sbin/nologin
gnome-initial-setup:x:124:65534::/run/gnome-initial-setup/:/bin/false
gdm:x:125:130:Gnome Display Manager:/var/lib/gdm3:/bin/false
zp:x:1000:1000:zp,,,:/home/zp:/bin/bash
```

图 5-2 /etc/passwd 文件实例

5.2.2 /etc/shadow 文件

/etc/shadow 是/etc/passwd 的影子文件，主要保存账户密码配置情况。每一个账户的数据按字段以冒号“:”分隔，每行包括 9 个字段。格式如下所示：

```
username:password:lastchg:min:max:warn:inactive:expire:flag
```

9 个字段的含义如表 5-2 所示。

表 5-2 /etc/shadow 文件中各个字段的含义

字段	含义
username	用户账户名。该用户账户名与/etc/passwd 中的用户账户名相同
password	加密口令。如果密码是“!”或“*”，则表示还没设置密码或者不会用这个账号来登录（通常是一些后台进程）
lastchg	用户最后一次更改密码的日期。从 1970 年 1 月 1 日到上次修改口令所经过的天数
min	密码允许更换前的天数，表示两次修改口令之间的间隔天数。如果设置为 0，则禁用此功能
max	密码需要更换的天数，表示口令有效的最大天数，如果是 99 999，则表示口令永不过期
warn	密码更换前警告的天数，表示口令失效前在多少天内系统会向用户发出警告
inactive	账户被取消激活前的天数，表示还有多少天该用户就会被禁止登录；或者说用户密码过期多少天后系统会禁用此用户，也就是说此后系统会不让此用户登录，同时不会提示用户过期，此时的禁用属于完全禁用
expire	表示用户被禁止登录的时间，指定用户账户禁用的天数（从 1970 年 1 月 1 日开始到账户被禁用时的天数），如果这个字段的值为空，则账户永久可用
flag	保留字段，用于未来扩展，暂未使用

【实例 5-3】 查看/etc/shadow 的内容。

/etc/shadow 文件的内容较多，使用 head 命令可以查看文件开始的几行内容。执行如下指令：

```
zp@lab:~$ sudo head /etc/shadow
```

以上指令的执行效果如图 5-3 所示。注意，读取和操作/etc/shadow 文件，需要用到 root 权限。如果这个文件的权限变成了其他组或用户可读，则意味着系统可能存在安全问题。由执行效果可知，root 用户的第 2 个字段为“!”。这表示 root 用户还未设置密码，不能使用。

```
zp@lab:~$ sudo head /etc/shadow
[sudo] zp 的密码:
root:!:18379:0:99999:7:::
daemon:*:18375:0:99999:7:::
bin:*:18375:0:99999:7:::
sys:*:18375:0:99999:7:::
```

图 5-3 /etc/shadow 文件实例

5.3 用户账户管理命令

5.3.1 新建用户账户命令 useradd 和 adduser

在 Ubuntu 中，新建用户账户有两个命令：useradd 和 adduser。useradd 是 Linux 通用命令。adduser 是 Ubuntu 专用命令。一般而言，在 Ubuntu 中使用 adduser 更为方便。

1. 使用 Linux 通用命令 useradd

命令功能：Linux 使用 useradd 命令新建用户账户或更新用户账户的配置信息。使用 useradd 新建的用户账户默认是被锁定的，需要使用 passwd 命令设置密码以后才能使用。

命令语法：

```
useradd [选项] [用户名]
```

主要参数：在该命令中，选项的主要参数的含义如表 5-3 所示。

表 5-3　useradd 命令选项主要参数含义

选项	参数含义
-c	加上注释信息。注释会保存在 passwd 文件的对应栏中
-d	指定用户主目录，如果此目录不存在，则同时使用-m 选项可以创建主目录
-g	指定用户所属的用户组
-G	指定用户所属的附加组
-s	指定用户的登录 Shell
-u	指定用户的用户号
-e	指定账号的有效期限，默认表示永久有效
-f	指定在密码过期后多少天关闭该账号
-r	建立系统账号

建议读者按照顺序完成本章的实例，在后面的实例中，有可能会用到前面实例的结果。若无特别说明，其他章节也建议按顺序操作。

【实例 5-4】 创建一个新用户。

使用 useradd 创建新用户 john01，不使用任何命令参数。用户 john01 目前还不能使用，后续还会对其进行配置，请注意观察。输入如下指令：

```
zp@lab:/$ sudo useradd john01               #创建新用户
zp@lab:/$ cat /etc/passwd | grep john01 #查看创建用户结果
zp@lab:~$ su john01 #尝试使用john01，失败。该账户还不能使用
zp@lab:~$ ls /home/ #查看用户主目录。用户主目录/home/john01并不存在
```

以上指令的执行效果如图 5-4 所示。第 3 步失败后，读者可以按 Ctrl+C 组合键强行结束。

```
zp@lab:~$ sudo useradd john01
[sudo] zp 的密码:
zp@lab:~$
zp@lab:~$ cat /etc/passwd | grep john01
john01:x:1003:1003::/home/john01:/bin/sh
zp@lab:~$
zp@lab:~$ su john01
密码:
^C
zp@lab:~$
zp@lab:~$ ls /home/
zp   zp01
```

图 5-4　useradd 命令实例 1

【实例 5-5】 创建一个系统用户。

使用 useradd 创建新的系统用户 john02，并检查创建效果。注意比较用户 john01 和 john02 的 UID 所处的区间范围。输入如下指令：

```
#创建一个系统用户
zp@lab:$ sudo useradd -r john02
#查看创建用户结果，注意比较john01和john02的UID
#john02的UID位于1~999之间，而普通用户的UID默认从1 000开始
zp@lab:$ cat /etc/passwd | grep john
```

以上指令的执行效果如图 5-5 所示。

```
zp@lab:~$ sudo useradd -r john02
zp@lab:~$
zp@lab:~$ cat /etc/passwd | grep john
john01:x:1003:1003::/home/ab:/bin/sh
john02:x:998:998::/home/john02:/bin/sh
```

图 5-5　useradd 命令实例 2

【实例 5-6】 创建新用户，并为新创建的用户指定相应的用户组。

本实例中指定将新用户 john03 加入 zp 组。这里假定读者的 Ubuntu 系统中存在 zp 组。该用户组是 zp 账户的同名用户组。如果读者的系统默认用户为 xx，则可以将此处的 zp 换成 xx。输入如下指令：

```
zp@lab:~$ sudo useradd -g zp john03
#查看john03的GID
#注意：john01和john02的UID与各自的GID相同
zp@lab:~$ cat /etc/passwd | grep john
#注意：john03的GID与zp的GID相同
zp@lab:~$ cat /etc/passwd | grep zp
```

以上指令的执行效果如图 5-6 所示。

```
zp@lab:~$ sudo useradd -g zp john03
zp@lab:~$
zp@lab:~$ cat /etc/passwd | grep john
john01:x:1003:1003::/home/ab:/bin/sh
john02:x:998:998::/home/john02:/bin/sh
john03:x:1004:1000::/home/john03:/bin/sh
zp@lab:~$
zp@lab:~$ cat /etc/passwd | grep zp
zp:x:1000:1000:zp,,,:/home/zp:/bin/bash
```

图 5-6　useradd 命令实例 3

【实例 5-7】 为新用户添加备注，并指定过期时间。

创建新用户，为新用户添加备注，并指定过期时间。输入如下指令：

```
zp@lab:~$ sudo  useradd -c 1天后过期  -e 1 john04
zp@lab:~$ cat /etc/passwd |grep john04        #查看备注信息
zp@lab:~$ sudo cat /etc/shadow |grep john04 #查看过期日期
```

以上指令的执行效果如图 5-7 所示。

```
zp@lab:~$ sudo  useradd -c 1天后过期  -e 1 john04
zp@lab:~$
zp@lab:~$ cat /etc/passwd |grep john04
john04:x:1005:1005:1天后过期:/home/john04:/bin/sh
zp@lab:~$
zp@lab:~$ sudo cat /etc/shadow |grep john04
john04:!:18408:0:99999:7::1:
```

图 5-7　useradd 命令实例 4

2. 使用 Ubuntu 专用命令 adduser

Ubuntu 专用命令 adduser，可用于新增用户账号或更新预设的使用者资料。adduser 命令会自动为新创建的用户指定主目录、系统 Shell 版本，也会在创建时输入用户密码。使用 adduser 添加用户会在/home 目录下

自动创建与用户组同名的用户目录，并在创建时提示输入密码，而不需要使用 passwd 命令来修改密码。adduser 命令还可以创建和管理组账户。adduser 命令比 useradd 更方便，功能也更为强大。建议读者优先考虑使用 adduser 命令。

命令语法：adduser 主要有 4 类用途，各自的语法规则描述如下。

```
#创建普通用户
adduser [--home DIR] [--shell SHELL] [--no-create-home] [--uid ID]
[--firstuid ID] [--lastuid ID] [--gecos GECOS] [--ingroup GROUP | --gid ID]
[--disabled-password] [--disabled-login] [--add_extra_groups]
[--encrypt-home] USER
#创建系统用户
adduser --system [--home DIR] [--shell SHELL] [--no-create-home] [--uid ID]
[--gecos GECOS] [--group | --ingroup GROUP | --gid ID] [--disabled-password]
[--disabled-login] [--add_extra_groups] USER
#创建用户组
adduser --group [--gid ID] GROUP
#将已存在的用户添加到指定用户组内
adduser USER GROUP
```

由于命令参数众多，各参数本身又具备自注释的特点，读者可以对照 useradd 的常见参数，推测其含义。接下来将通过几个代表性的实例，展示其用法。

【实例 5-8】 创建普通用户。

分别使用 adduser 和 useradd 创建两个用户，并比较其差异。输入如下指令：

```
zp@lab:~$ sudo adduser zp01 #使用adduser创建普通用户zp01
zp@lab:~$ sudo useradd zp02 #作为对比，使用useradd创建普通用户zp02
```

以上指令的执行效果如图 5-8 所示。使用 adduser 创建用户时，在默认情况下，系统将自动为该用户创建一个同名的组账户，并将该用户添加到该同名组账户中。同时，为该用户创建主目录，并以交互界面的方式引导用户输入密码和其他基本信息。该指令执行完后，zp01 即可正常使用。而 useradd 命令在创建了一个 zp02 账户后，并没有提供其他反馈信息。zp02 的账户目前还不能使用。

```
zp@lab:~$ sudo adduser zp01
[sudo] zp 的密码:
正在添加用户"zp01"...
正在添加新组"zp01" (1001)...
正在添加新用户"zp01" (1001) 到组"zp01"...
创建主目录"/home/zp01"...
正在从"/etc/skel"复制文件...
新的 密码:
重新输入新的 密码:
passwd: 已成功更新密码
正在改变 zp01 的用户信息
请输入新值，或直接按Enter键以使用默认值
        全名 []:
        房间号码 []:
        工作电话 []:
        家庭电话 []:
        其他 []:
这些信息是否正确? [Y/n]
```

图 5-8 adduser 命令实例 1

接下来使用 zp01 和 zp02 分别进行登录测试。输入如下指令：

```
zp@lab:~$ su zp01 #切换到zp01账户，该账户由adduser创建，成功
zp@lab:~$ su zp   #切换到默认的管理员账户（zp账户），成功
zp@lab:~$ su zp02 #切换到zp02账户，该账户由useradd创建，失败
```

以上指令的执行效果如图 5-9 所示。最后一步失败后，读者可以按 Ctrl+C 组合键强行结束。

```
zp@lab:~$ su zp01
密码:
zp01@lab:/home/zp$
zp01@lab:/home/zp$ su zp
密码:
zp@lab:~$
zp@lab:~$ su zp02
密码:

^C
```

图 5-9　adduser 和 useradd 命令对比测试

【实例 5-9】 创建系统用户。

使用--system 选项创建系统用户 zp03s，输入如下指令：

```
zp@lab:~$ sudo adduser --system zp03s
```

以上指令的执行效果如图 5-10 所示。

```
zp@lab:~$ sudo adduser --system zp03s
正在添加系统用户"zp03s" (UID 127)...
正在将新用户"zp03s" (UID 127)添加到组"nogroup"...
创建主目录"/home/zp03s"...
```

图 5-10　adduser 命令实例 2

检查用户创建情况。执行如下指令，效果如图 5-11 所示。

```
zp@lab:~$ ls /home      #查看自动生成的用户主目录
zp@lab:~$ id zp03s      #查看系统用户zp03s的信息
```

```
zp@lab:~$ ls /home/
ab  zp  zp01  zp03s
zp@lab:~$
zp@lab:~$ id zp03s
uid=127(zp03s) gid=65534(nogroup) 组=65534(nogroup)
```

图 5-11　检查用户创建情况

【实例 5-10】 使用 adduser 创建用户组。

使用 adduser 创建用户组 zpgroup。组账户将在 5.4～5.6 节深入介绍。输入如下指令：

```
zp@lab:~$ sudo adduser --group zpgroup
zp@lab:~$ grep group /etc/group   #查看创建结果
```

以上指令的执行效果如图 5-12 所示。

```
zp@lab:~$ sudo adduser --group zpgroup
正在添加组"zpgroup" (GID 1004)...
完成。
zp@lab:~$
zp@lab:~$ grep group /etc/group
nogroup:x:65534:
zpgroup:x:1004:
```

图 5-12　adduser 命令实例 3

【实例 5-11】 将用户 zp01 添加到用户组 zpgroup 中。

将用户 zp01 添加到用户组 zpgroup 中。输入如下指令：

```
zp@lab:~$ id zp01                     #查看用户zp01的信息
zp@lab:~$ sudo adduser zp01 zpgroup   #需要root权限
zp@lab:~$ id zp01                     #再次查看用户zp01的信息
```

以上指令的执行效果如图 5-13 所示。

```
zp@lab:~$ id zp01
uid=1001(zp01) gid=1001(zp01) 组=1001(zp01)
zp@lab:~$
zp@lab:~$ adduser zp01 zpgroup
adduser: 只有 root 才能将用户或组添加到系统
zp@lab:~$ sudo adduser zp01 zpgroup
正在添加用户"zp01"到"zpgroup"组...
正在将用户"zp01"加入"zpgroup"组中
完成。
zp@lab:~$
zp@lab:~$ id zp01
uid=1001(zp01) gid=1001(zp01) 组=1001(zp01),1004(zpgroup)
zp@lab:~$
```

图 5-13 adduser 命令实例 4

5.3.2 修改用户账户命令 passwd、usermod 和 chage

1. 修改用户密码命令 passwd

命令功能：passwd 命令用于设置或修改用户密码。使用 useradd 命令新建用户后，还需要使用 passwd 命令为该新用户设置密码。passwd 命令也可用于修改用户密码。普通用户和超级权限用户都可以运行 passwd，但普通用户只能修改自己的用户密码，root 用户可以设置或修改任何用户的密码。如果 passwd 命令后面不接任何选项或用户名，则表示修改当前用户的密码。

命令语法：

```
passwd [选项] [用户名]
```

主要参数：在该命令中，选项的主要参数的含义如表 5-4 所示。

表 5-4 passwd 命令选项主要参数含义

选项	参数含义
-d，--delete	删除指定账户的密码
-e，--expire	强制使指定账户的密码过期
-l，--lock	锁定指定的账户
-k，--keep-tokens	仅在过期后修改密码
-i，--inactive INACTIVE	密码过期后设置密码不活动为 INACTIVE
-u，--unlock	解锁指定的账户
-n，--mindays MIN_DAYS	设置到下次修改密码所须等待的最短天数为 MIN_DAYS
-S，--status	报告指定账户密码的状态
-q，--quiet	安静模式

【实例 5-12】 使用 passwd 为用户设置密码。

输入如下指令：

```
#检查john01的密码信息，可以发现密码一栏为“!”，即还没有设置密码
zp@lab:~$ sudo cat /etc/shadow | grep john01
zp@lab:~$ sudo passwd john01 #为用户设置密码
#再次检查john01的密码信息，可以发现密码一栏变为一串加密数据
zp@lab:~$ sudo cat /etc/shadow | grep john01
```

以上指令的执行效果如图 5-14 所示。

```
zp@lab:~$ sudo cat /etc/shadow | grep john01
john01:!:18408:0:99999:7:::
zp@lab:~$
zp@lab:~$ sudo passwd john01
新的 密码：
重新输入新的 密码：
passwd：已成功更新密码
zp@lab:~$
zp@lab:~$ sudo cat /etc/shadow | grep john01
john01:$6$ozk47uQP3wOvUpJf$CNZgFdfjkfNsx55W.Qxihlm9UNMH6j0tkUMkxlnx83FyUEr5xppqO
.b5QbihGXhDlUGpxcZiBVjaTkbaPeEsN.:18408:0:99999:7:::
```

图 5-14　passwd 命令实例 1

【实例 5-13】 使用 passwd 为用户删除密码。

输入如下指令：

```
zp@lab:~$ su zp01                              #切换成zp01账户成功，表明该账户正常
zp01@lab:/home/zp$ su zp
#检查zp01的密码信息，发现密码用户已经设置密码
zp@lab:~$ cat /etc/shadow | grep zp01          #提示权限不够
zp@lab:~$ sudo cat /etc/shadow | grep zp01
zp@lab:~$ sudo passwd -d zp01                  #为用户zp01删除密码
#再次检查zp01的密码信息，发现密码一栏为空。注意，不是“!”
zp@lab:~$ sudo cat /etc/shadow | grep zp01
zp@lab:~$ su zp01                              #再次使用zp01切换成功，但是没有提示输入密码
zp01@lab:/home/zp$ su zp                       #切换到默认账户
```

以上指令的执行效果如图 5-15 所示。

```
zp@lab:~$ su zp01
密码：
zp01@lab:/home/zp$
zp01@lab:/home/zp$ su zp
密码：
zp@lab:~$
zp@lab:~$ cat /etc/shadow | grep zp01
cat: /etc/shadow: 权限不够
zp@lab:~$ sudo cat /etc/shadow | grep zp01
[sudo] zp 的密码：
zp01:$6$5VXee.K2HDF9KEdx$YoX2U9Tmo2clAY5D5sY5m2uaFUPPlAI71LkLJ/TnnDlgdDlORUGEj8k
uhK9aqvzn2X/PnFWGAhM9dYjht7RP.0:18408:0:99999:7:::
zp@lab:~$
zp@lab:~$ sudo passwd -d zp01
passwd：密码过期信息已更改。
zp@lab:~$
zp@lab:~$ sudo cat /etc/shadow | grep zp01
zp01::18408:0:99999:7:::
zp@lab:~$
zp@lab:~$ su zp01
zp01@lab:/home/zp$
zp01@lab:/home/zp$ su zp
```

图 5-15　passwd 命令实例 2

2. 修改用户账户信息命令 usermod

命令功能：使用 usermod 命令可以更改用户 Shell 类型、所属组、密码有效期等信息。

命令语法：

```
usermod [选项] [用户名]
```

主要参数：在该命令中，选项的主要参数的含义如表 5-5 所示。

表 5-5　usermod 命令选项主要参数含义

选项	参数含义
-c <备注>	修改用户账号的备注，备注文字会保存在 passwd 的备注栏中

续表

选项	参数含义
-d <登入目录>	修改用户登入时的目录，即用户主目录
-e <有效期限>	修改账号的有效期限
-f <缓冲天数>	密码过期多少天后，关闭该账号
-l <账号名称>	修改用户账号名称
-L	锁定用户密码，以使密码无效
-u <uid>	修改用户 ID
-U	解除密码锁定

【实例 5-14】 使用 usermod 为用户指定主目录。

输入如下指令：

```
#作为对照，查看john01用户的当前主目录
zp@lab:$ cat /etc/passwd | grep john01
#手动创建/home/ab目录，这样，用户john01才可以使用该主目录
zp@lab:$ sudo mkdir /home/ab
zp@lab:~$ ls /home/ab   #确认目录创建成功
#修改john01的主目录为/home/ab
zp@lab:$ sudo usermod -d /home/ab john01
#检查修改后的用户主目录
zp@lab:$ cat /etc/passwd | grep john01
```

以上指令的执行效果如图 5-16 所示。

```
zp@lab:~$ cat /etc/passwd | grep john01
john01:x:1003:1003::/home/john01:/bin/sh
zp@lab:~$
zp@lab:~$ sudo mkdir /home/ab
zp@lab:~$ ls /home/ab
zp@lab:~$
zp@lab:~$ sudo usermod -d /home/ab john01
zp@lab:~$
zp@lab:~$ cat /etc/passwd | grep john01
john01:x:1003:1003::/home/ab:/bin/sh
```

图 5-16　usermod 命令实例 1

【实例 5-15】 修改用户 UID。

输入如下指令：

```
#检查修改前的用户UID
zp@lab:/$ cat /etc/passwd | grep john02
zp@lab:~$ usermod john02 -u 1200   #提示权限不够
#通过-u<uid>来修改用户UID
zp@lab:~$ sudo usermod john02 -u 1200
#检查修改后的用户UID
zp@lab:~$ cat /etc/passwd | grep john02
```

以上指令的执行效果如图 5-17 所示。

【实例 5-16】 修改用户账号名称。

使用-l<账号名称>选项，可以修改用户账号名称。输入如下指令：

```
#检查修改前的用户列表，UID为1004的用户，其账号名称为john03
zp@lab:~$ cat /etc/passwd | grep john
#使用-l<账号名称>修改用户账号名称
zp@lab:~$ sudo usermod john03 -l john03new
#检查修改后的用户列表
#UID为1004的用户，其账号名称变为john03new
zp@lab:~$ cat /etc/passwd | grep john
```

以上指令的执行效果如图 5-18 所示。

```
zp@lab:~$ cat /etc/passwd | grep john02
john02:x:998:998::/home/john02:/bin/sh
zp@lab:~$
zp@lab:~$ usermod john02 -u 1200
usermod: Permission denied.
usermod: 无法锁定 /etc/passwd，请稍后再试。
zp@lab:~$ sudo usermod john02 -u 1200
zp@lab:~$
zp@lab:~$ cat /etc/passwd | grep john02
john02:x:1200:998::/home/john02:/bin/sh
```

图 5-17 usermod 命令实例 2

```
zp@lab:~$ cat /etc/passwd | grep john
john01:x:1003:1003::/home/ab:/bin/sh
john02:x:1200:998::/home/john02:/bin/sh
john03:x:1004:1000::/home/john03:/bin/sh
john04:x:1005:1005:1天后过期:/home/john04:/bin/sh
zp@lab:~$
zp@lab:~$ sudo usermod john03 -l john03new
zp@lab:~$
zp@lab:~$ cat /etc/passwd | grep john
john01:x:1003:1003::/home/ab:/bin/sh
john02:x:1200:998::/home/john02:/bin/sh
john04:x:1005:1005:1天后过期:/home/john04:/bin/sh
john03new:x:1004:1000::/home/john03:/bin/sh
```

图 5-18 usermod 命令实例 3

【实例 5-17】 用户密码锁定和解锁。

输入如下指令：

```
zp@lab:~$ su zp01                  #切换zp01账户成功，表明该账户正常
zp01@lab:/home/zp$ su zp
zp@lab:~$ sudo usermod zp01 -L #锁定zp01的密码
zp@lab:~$ su zp01                  #再次使用zp01登录失败
#使用-U参数解除锁定。前面的实例中已将zp01的密码删除，导致解锁失败
zp@lab:~$ sudo usermod zp01 -U
zp@lab:~$ sudo passwd zp01         #为zp01设置密码
zp@lab:~$ sudo usermod zp01 -U #再次解锁，成功
zp@lab:~$ su zp01                  #切换到zp01
zp01@lab:/home/zp$ su zp           #切换到默认账户
```

以上指令的执行效果如图 5-19 所示。

3. 修改用户密码过期信息命令 chage

命令功能：chage 命令用于密码时效管理，可用来修改账号和密码的有效期限。它可以修改用户密码过期信息。

命令语法：

```
chage [选项] [用户名]
```

主要参数：在该命令中，选项的主要参数的含义如表 5-6 所示。

```
zp@lab:~$ su zp01
zp01@lab:/home/zp$ su zp
密码:
zp@lab:~$
zp@lab:~$ sudo usermod zp01 -L
zp@lab:~$
zp@lab:~$ su zp01
密码:
^C
zp@lab:~$
zp@lab:~$ sudo usermod zp01 -U
usermod: 解锁用户密码将产生没有密码的账户
您应该使用 usermod -p 设置密码并解锁用户密码
zp@lab:~$
zp@lab:~$ sudo passwd zp01
新的 密码:
重新输入新的 密码:
passwd: 已成功更新密码
zp@lab:~$
zp@lab:~$ sudo usermod zp01 -U
zp@lab:~$
zp@lab:~$ su zp01
密码:
zp01@lab:/home/zp$
zp01@lab:/home/zp$ su zp
```

图 5-19 usermod 命令实例 4

表 5-6 chage 命令选项主要参数含义

选项	参数含义
-d	指定密码最后修改日期
-E	指定密码过期日期：0 表示马上过期，-1 表示永不过期
-h	显示帮助信息并退出
-I	密码过期后，锁定账号的天数
-l	列出用户以及密码的有效期
-m	两次改变密码之间相距的最小天数，天数为 0 代表任何时候都可以更改密码
-M	密码保持有效的最大天数
-W	密码过期前，提前收到警告信息的天数

【实例 5-18】 使用-l 参数查看用户账户及密码的有效期信息。

输入如下指令：

```
zp@lab:~$ sudo chage john01 -l
```

以上指令的执行效果如图 5-20 所示。

```
zp@lab:~$ sudo chage john01 -l
最近一次密码修改时间                                  : 5月 26, 2020
密码过期时间                                  : 从不
密码失效时间                                  : 从不
帐户过期时间                                          : 从不
两次改变密码之间相距的最小天数                : 0
两次改变密码之间相距的最大天数                : 99999
在密码过期之前警告的天数              : 7
```

图 5-20 chage 命令实例 1

【实例 5-19】 一次使用多个参数修改账户的有效期信息。

修改账户的有效期信息。输入如下指令：

```
zp@lab:~$ sudo chage john01 -m 6 -M 35 -W 5
#查看修改结果。读者可以将本实例的结果与【实例5-18】的结果进行对比
```

```
zp@lab:~$ sudo chage john01 -l
```

以上指令的执行效果如图 5-21 所示。

```
zp@lab:~$
zp@lab:~$ sudo chage john01 -M 35 -m 6 -W 5
zp@lab:~$
zp@lab:~$ sudo chage john01 -l
最近一次密码修改时间                                    : 5月 26, 2020
密码过期时间                                    : 6月 30, 2020
密码失效时间                                    : 从不
帐户过期时间                                            : 从不
两次改变密码之间相距的最小天数              : 6
两次改变密码之间相距的最大天数              : 35
在密码过期之前提前收到警告的天数: 5
```

图 5-21 chage 命令实例 2

【实例 5-20】 使用交互方式修改账户的有效期信息。

chage 参数众多，记忆起来较为困难，为此，读者可以直接使用交互方式修改相关信息。对于不打算修改的选项，按 Enter 键跳过即可。输入如下指令：

```
zp@lab:~$ sudo chage john01
#查看修改结果。读者可以将本实例的结果与【实例5-19】的结果进行对比
zp@lab:~$ sudo chage john01 -l
```

以上指令的执行效果如图 5-22 所示。

```
zp@lab:~$ sudo chage john01
正在为 john01 修改年龄信息
请输入新值，或直接敲回车键以使用默认值

        最小密码年龄 [6]: 3
        最大密码年龄 [35]: 55
        最近一次密码修改时间 (YYYY-MM-DD) [2020-05-26]: 2020-04-12
        密码过期警告 [5]: 8
        密码失效 [-1]:
        帐户过期时间 (YYYY-MM-DD) [-1]:
zp@lab:~$
zp@lab:~$ sudo chage john01 -l
最近一次密码修改时间                                    : 4月 12, 2020
密码过期时间                                    : 6月 06, 2020
密码失效时间                                    : 从不
帐户过期时间                                            : 从不
两次改变密码之间相距的最小天数              : 3
两次改变密码之间相距的最大天数              : 55
在密码过期之前提前收到警告的天数: 8
```

图 5-22 chage 命令实例 3

5.3.3 删除用户账户命令 userdel 和 deluser

1. 使用 userdel 命令删除用户账户

命令功能：使用 userdel 命令可删除用户账号与相关的文件，甚至可以连用户的主目录一起删除。若不加参数，则仅删除用户账号，而不删除相关文件。

命令语法：

```
userdel [选项] [用户名]
```

主要参数：在该命令中，选项的主要参数的含义如表 5-7 所示。

表 5-7 userdel 命令选项主要参数含义

选项	参数含义
-r	删除用户主目录以及目录中的所有文件
-f	强制删除用户（不管用户是否登录系统）

【实例 5-21】 使用-r 参数删除用户主目录以及目录中的所有文件。

输入如下指令：

```
#查看/etc/passwd文件，验证存在john04账户
zp@lab:~$ tail /etc/passwd
#删除该账户主目录以及目录中的所有文件
zp@lab:~$ sudo userdel -r john04
#再次查看/etc/passwd文件，发现john04账户消失
zp@lab:~$ tail /etc/passwd
```

以上指令的执行效果如图 5-23 所示。

```
zp@lab:~$ tail /etc/passwd
zp:x:1000:1000:zp,,,:/home/zp:/bin/bash
systemd-coredump:x:999:999:systemd Core Dumper:/:/usr/sbin/nologin
sshd:x:126:65534::/run/sshd:/usr/sbin/nologin
zp01:x:1001:1001:,,,:/home/zp01:/bin/bash
zp02:x:1002:1002::/home/zp02:/bin/sh
john01:x:1003:1003::/home/ab:/bin/sh
john02:x:1200:998::/home/john02:/bin/sh
john04:x:1005:1005:1天后过期:/home/john04:/bin/sh
zp03s:x:127:65534::/home/zp03s:/usr/sbin/nologin
john03new:x:1004:1000::/home/john03:/bin/sh
zp@lab:~$
zp@lab:~$ sudo userdel -r john04
[sudo] zp 的密码:
userdel: john04 信件池 (/var/mail/john04) 未找到
userdel: 未找到 john04 的主目录"/home/john04"
zp@lab:~$
zp@lab:~$ tail /etc/passwd
```

图 5-23 userdel 命令实例 1

【实例 5-22】 使用-f 参数强制删除用户，而不管用户是否登录系统。

输入如下指令：

```
#查看/etc/passwd，确认存在zp01账户
zp@lab:~$ tail /etc/passwd #执行效果中未出现返行指令，读者可不执行这行指令
#打开一个新的连接，并使用zp01账户登录
#然后回到zp登录的这个终端，执行不带-f参数的删除指令
#系统提示zp01正在被使用
zp@lab:~$ sudo userdel -r zp01
#执行带-f参数的删除指令
zp@lab:~$ sudo userdel -r -f zp01
#查看/etc/passwd，确认zp01账户已被删除
zp@lab:~$ tail /etc/passwd | grep zp01
zp@lab:~$ cat /etc/passwd | grep zp01
```

以上指令的执行效果如图 5-24 所示。

```
zp@lab:~$ sudo userdel -r zp01
userdel: user zp01 is currently used by process 9394
zp@lab:~$
zp@lab:~$ sudo userdel -r -f zp01
userdel: user zp01 is currently used by process 9394
userdel: zp01 信件池 (/var/mail/zp01) 未找到
zp@lab:~$
zp@lab:~$ tail /etc/passwd | grep zp01
zp@lab:~$
zp@lab:~$ cat /etc/passwd | grep zp01
zp@lab:~$
```

图 5-24 userdel 命令实例 2

2. 使用 deluser 命令删除用户或组

删除用户除了可以使用 userdel 命令，还可以使用 deluser 命令。deluser 功能较多，除了可以删除用户账户外，也可以用来删除组账户，甚至可以用来将用户从组中删除。

deluser 有 3 种常见的用法。分别介绍如下：

```
#①删除普通用户
deluser USER
```

例如：deluser john01

其参数意义如下。

--remove-home	删除用户的主目录和邮箱。
--remove-all-files	删除用户拥有的所有文件。
--backup	删除前将文件备份。
--backup-to <DIR>	备份的目标目录，默认是当前目录。
--system	只有当该用户是系统用户时才删除。

```
#②删除系统用户
deluser USER GROUP
```

例如：deluser john01 students

```
#③删除用户组
delgroup GROUP
deluser --group GROUP
```

例如：deluser --group students

其参数意义如下。

--system	只有当该用户组是系统用户组时才删除。
--only-if-empty	只有当该用户组中无成员时才删除。

【实例 5-23】 删除普通用户。

输入如下指令：

```
zp@lab:~$ sudo useradd john010  #创建一个普通用户
zp@lab:~$ id john010            #查看用户是否创建成功
zp@lab:~$ deluser john010       #提示权限不够，删除失败
zp@lab:~$ sudo deluser john010  #删除用户john010
zp@lab:~$ id john010            #查看用户是否删除完成
```

以上指令的执行效果如图 5-25 所示。

```
zp@lab:~$ sudo useradd john010
[sudo] zp 的密码：
zp@lab:~$
zp@lab:~$ id john010
uid=1201(john010) gid=1201(john010) 组=1201(john010)
zp@lab:~$
zp@lab:~$ deluser john010
/usr/sbin/deluser: 只有 root 才能从系统中删除用户或组。
zp@lab:~$ sudo deluser john010
正在删除用户 'john010'...
警告：组"john010"没有其他成员了。
完成。
zp@lab:~$
zp@lab:~$ id john010
id: "john010": 无此用户
```

图 5-25 deluser 命令实例 1

【实例 5-24】 删除系统用户。

输入如下指令：

```
zp@lab:~$ sudo adduser --system john011    #创建系统用户john011
zp@lab:~$ id john011                       #查看用户
zp@lab:~$ sudo deluser --system john011    #删除系统用户
zp@lab:~$ sudo useradd john012             #创建一个普通用户john012
zp@lab:~$ deluser --system john012         #提示权限不够
zp@lab:~$ sudo deluser --system john012    #非系统用户不能被删除
zp@lab:~$ id john012                       #该用户仍然存在
```

以上指令的执行效果如图 5-26 所示。

```
zp@lab:~$ sudo adduser --system john011
正在添加系统用户"john011" (UID 128)...
正在将新用户"john011" (UID 128)添加到组"nogroup"...
创建主目录"/home/john011"...
zp@lab:~$
zp@lab:~$ id john011
uid=128(john011) gid=65534(nogroup) 组=65534(nogroup)
zp@lab:~$
zp@lab:~$ sudo deluser --system john011
正在删除用户 'john011'...
警告: 组"nogroup"没有其他成员了。
完成。
zp@lab:~$
zp@lab:~$ sudo useradd john012
zp@lab:~$
zp@lab:~$ deluser --system john012
/usr/sbin/deluser: 只有 root 才能从系统中删除用户或组。
zp@lab:~$
zp@lab:~$ sudo deluser --system john012
用户"john012"不是系统用户。退出。
zp@lab:~$
zp@lab:~$ ^C
zp@lab:~$ id john012
uid=1201(john012) gid=1201(john012) 组=1201(john012)
```

图 5-26 deluser 命令实例 2

【实例 5-25】 删除用户组。

输入如下指令：

```
zp@lab:~$ sudo addgroup johngroup01           #添加组账户johngroup01
zp@lab:~$ grep johngroup01 /etc/group         #查看用户组是否添加成功
zp@lab:~$ sudo deluser --group johngroup01    #删除用户组
zp@lab:~$ grep johngroup01 /etc/group         #查看用户组是否已被删除
```

以上指令的执行效果如图 5-27 所示。

```
zp@lab:~$ sudo addgroup johngroup01
正在添加组"johngroup01" (GID 1001)...
完成。
zp@lab:~$
zp@lab:~$  grep johngroup01 /etc/group
johngroup01:x:1001:
zp@lab:~$
zp@lab:~$ sudo deluser --group johngroup01
正在删除组 'johngroup01'...
完成。
zp@lab:~$
zp@lab:~$ grep johngroup01 /etc/group
```

图 5-27 deluser 命令实例 3

5.4 组账户基础

组账户是一类特殊账户，是指具有相同或者相似特性的用户集合。通过组账户可以集中设置访问权限和分配管理任务。例如，可以向一组用户而不是每一个用户分配权限。用户与组属于多对多的关系。一个用户可以同时属于多个组。组账户分为超级用户组（superuser group）、系统组（system group）和普通用户组。

5.5 组账户配置文件

组账户配置主要涉及/etc/group 和/etc/gshadow 两个文件。

5.5.1 /etc/group 文件

文件/etc/group 是组账户的配置文件，内容包括用户和组，并且能显示出用户归属哪个组或哪几个组。一个用户可以归属一个或多个不同的组，同一组的用户之间具有相似的特征。比如把某一用户加入 root 组，那么这个用户默认可以浏览 root 用户主目录的文件，如果 root 用户把某个文件的读/写执行权限向同组用户开放，则 root 组的所有用户都具备该权限。文件/etc/group 的内容包括组名、组密码、GID 及该组所包含的用户，每个组对应一条记录。每条记录有 4 个字段，字段间用“:”分隔，具体格式如下所示：

```
group_name:group_password:group_id:group_members
```

4 个字段的含义如表 5-8 所示。

表 5-8 /etc/group 文件中各字段的含义

字段	含义
group_name	组账户名
group_password	加密后的组账户密码，显示为 x，其已被映射到了/etc/gshadow 文件中
group_id	用户组 ID（组账户 GID），在系统内用一个整数标志组账户 GID，每个组账户 GID 都是唯一的，默认普通组账户 GID 从 1 000 开始，root 组账户 GID 是 0
group_members	以逗号分隔的成员用户清单

组账户 GID 和 UID 类似，是一个从 0 开始的正整数，GID 为 0 的组账户是 root 组账户。Linux 操作系统会预留 GID 号 1 ~ 999 给系统虚拟组账户使用。普通用户组 GID 是从 1 000 开始的。通过/etc/login.defs 可以查看系统创建组账户默认的 GID 范围，分别对应文件中的 GID_MIN 和 GID_MAX。

【实例 5-26】 查看/etc/group 文件的内容。

/etc/group 文件的内容较多，用 tail 命令可查看文件最后几行的内容。输入如下指令：

```
zp@lab:~$ tail /etc/group
```

以上指令的执行效果如图 5-28 所示。由图可知，系统中存在一个 zp 的组账户，其 GID 号为 1000。该账户是系统安装时自动创建的。

```
zp@lab:~$ tail /etc/group
whoopsie:x:125:
colord:x:126:
geoclue:x:127:
pulse:x:128:
pulse-access:x:129:
gdm:x:130:
lxd:x:131:zp
zp:x:1000:
```

图 5-28 /etc/group 文件实例

5.5.2 /etc/gshadow 文件

/etc/gshadow 文件是/etc/group 文件的组账户影子文件。/etc/gshadow 文件中的每个组账户对应一行记录。

每行有 4 个字段，字段之间用 “:” 分隔。格式如下：

```
group_name:group_password:group_id:group_members
```

4 个字段的含义如表 5-9 所示。

表 5-9　/etc/gshadow 文件中各字段的含义

字段	含义
group_name	用户组名
group_password	加密后的用户组密码。如果有些组在这里显示的是 “!”，则表示这个组没有密码。一般不需要设置
group_id	用户组 ID（GID）
group_members	以逗号分隔的成员用户清单，属于该组的用户成员列表

【实例 5-27】 查看/etc/gshadow 文件的内容。

注意，查看/etc/gshadow 文件的内容，需要 root 权限。当/etc/gshadow 文件的内容较多时，可用 tail 命令查看文件最后几行的内容。输入如下指令：

```
zp@lab:~$ sudo tail /etc/gshadow
```

以上指令的执行效果如图 5-29 所示。

```
zp@lab:~$ sudo tail /etc/gshadow
[sudo] zp 的密码:
whoopsie:!::
colord:!::
geoclue:!::
pulse:!::
pulse-access:!::
gdm:!::
lxd:!::zp
zp:!::
sambashare:!::zp
systemd-coredump:!!::
```

图 5-29　/etc/gshadow 文件实例

5.6　组账户管理命令

5.6.1　创建组账户命令 groupadd 和 addgroup

1. 使用 Linux 通用命令 groupadd

命令功能：创建一个新的组账户。这是 Linux 通用命令。

命令语法：

```
groupadd [选项] [组名]
```

主要参数：在该命令中，选项的主要参数的含义如表 5-10 所示。

表 5-10　groupadd 命令选项主要参数含义

选项	参数含义
-f	如果组已经存在，则此选项失效并以成功状态退出；如果 GID 已被使用，则取消-g
-g	指定新组使用的 GID。GID 必须是唯一的且非负，除非使用-o 选项。默认使用大于或等于 GID_MIN 的最小值，并且大于每个其他组的 GID

续表

选项	参数含义
-K	不使用/etc/login.defs 中的默认值（如 GID_MIN、GID_MAX 等）
-o	允许创建有重复 GID 的组
-r	创建一个系统组账户。GID 小于 1000；若不带此选项，则创建普通组

【实例 5-28】 创建一个用户组并设置其 GID 为 1010。

输入如下指令：

```
zp@lab:~$ sudo groupadd zpg01           #创建用户组并指定GID
zp@lab:~$ sudo groupadd zpg02 -g 1010 #创建用户组
#查看创建的用户组。其中，zpg02的GID是确定的，zpg01的GID是自动分配的
zp@lab:~$ grep zpg /etc/group
```

以上指令的执行效果如图 5-30 所示。

```
zp@lab:~$
zp@lab:~$ sudo groupadd zpg01
[sudo] zp 的密码：
zp@lab:~$ sudo groupadd zpg02 -g 1010
zp@lab:~$
zp@lab:~$ grep zpg /etc/group
zpgroup:x:1004:
zpg01:x:1202:
zpg02:x:1010:
zp@lab:~$
```

图 5-30　groupadd 命令实例 1

【实例 5-29】 创建 GID 重复的用户组。

输入如下指令：

```
#创建用户组zpg03，并指定重复GID：1010
zp@lab:~$ sudo groupadd zpg03 -g 1010
#创建用户组，并指定重复GID和-o参数
zp@lab:~$ sudo groupadd zpg03 -o -g 1010
#查看zpg02和zpg03的GID
#两者GID相同
zp@lab:~$ grep zpg0 /etc/group
```

以上指令的执行效果如图 5-31 所示。

```
zp@lab:~$ sudo groupadd zpg03 -g 1010
groupadd: GID "1010"已经存在
zp@lab:~$
zp@lab:~$ sudo groupadd zpg03 -o -g 1010
zp@lab:~$
zp@lab:~$ grep zpg0 /etc/group
zpg01:x:1202:
zpg02:x:1010:
zpg03:x:1010:
```

图 5-31　groupadd 命令实例 2

【实例 5-30】 创建一个系统账户。

输入如下指令：

```
#使用groupadd的参数-r创建系统账户zpg04
zp@lab:~$ sudo groupadd -r zpg04
#查看系统账户zpg04，注意与其他非系统账户的GID进行对比
```

```
zp@lab:~$ grep zpg04 /etc/group
zp@lab:~$ grep zpg03 /etc/group
zp@lab:~$ grep zpg0 /etc/group          #可直接使用这条指令替换上面两条指令
```

以上指令的执行效果如图 5-32 所示。

```
zp@lab:~$ sudo groupadd -r zpg04
zp@lab:~$
zp@lab:~$ grep zpg04 /etc/group
zpg04:x:997:
zp@lab:~$
zp@lab:~$ grep zpg03 /etc/group
zpg03:x:1010:
zp@lab:~$
zp@lab:~$ grep zpg0 /etc/group
zpg01:x:1202:
zpg02:x:1010:
zpg03:x:1010:
zpg04:x:997:
```

图 5-32 groupadd 命令实例 3

【实例 5-31】 参数-f 的使用。

输入如下指令：

```
zp@lab:~$ sudo groupadd zpg05           #创建组账户zpg05
zp@lab:~$ sudo groupadd zpg05           #再次创建组账户zpg05，提示已存在
zp@lab:~$ sudo groupadd -f zpg05        #再次创建zpg05，增加-f，直接退出
zp@lab:~$ grep zpg0 /etc/group          #查看创建结果
#指定新组zpg06的GID为1010，该GID已存在
zp@lab:~$ sudo groupadd -f zpg06 -g 1010
zp@lab:~$ grep zpg0 /etc/group          #查看结果，注意zpg06的GID
```

以上指令的执行效果如图 5-33 所示。

```
zp@lab:~$ sudo groupadd zpg05
[sudo] zp 的密码：
zp@lab:~$ sudo groupadd zpg05
groupadd: "zpg05"组已存在
zp@lab:~$
zp@lab:~$ sudo groupadd -f zpg05
zp@lab:~$
zp@lab:~$ grep zpg0 /etc/group
zpg01:x:1202:
zpg02:x:1010:
zpg03:x:1010:
zpg04:x:997:
zpg05:x:1203:
zp@lab:~$
zp@lab:~$ sudo groupadd -f zpg06 -g 1010
zp@lab:~$
zp@lab:~$ grep zpg0 /etc/group
zpg01:x:1202:
zpg02:x:1010:
zpg03:x:1010:
zpg04:x:997:
zpg05:x:1203:
zpg06:x:1204:
```

图 5-33 groupadd 命令实例 4

2. 使用 Ubuntu 专用命令 addgroup

命令功能：使用 Ubuntu 专用命令 addgroup 创建组账户。

命令语法：

```
addgroup [--gid ID] GROUP               #创建普通用户组账户
```

或

```
addgroup --system [--gid ID] GROUP     #创建系统用户组账户
```

其中，GROUP 为组用户名，ID 为 GID。

【实例 5-32】 创建普通组。

输入如下指令：

```
zp@lab:~$ addgroup g01                    #提示权限不够
zp@lab:~$ sudo addgroup g01               #建立一个普通组
zp@lab:~$ sudo addgroup g02 --gid 1020    #设置组ID
zp@lab:~$ grep g0 /etc/group              #查看创建的用户组；注意对比两者的GID
```

以上指令的执行效果如图 5-34 所示。

```
zp@lab:~$ addgroup g01
addgroup: 只有 root 才能将用户或组添加到系统。
zp@lab:~$
zp@lab:~$ sudo addgroup g01
正在添加组"g01" (GID 1001)...
完成。
zp@lab:~$
zp@lab:~$ sudo addgroup g02 --gid 1020
正在添加组"g02" (GID 1020)...
完成。
zp@lab:~$
zp@lab:~$ grep g0 /etc/group
zpg01:x:1202:
zpg02:x:1010:
zpg03:x:1010:
zpg04:x:997:
zpg05:x:1203:
zpg06:x:1204:
g01:x:1001:
g02:x:1020:
```

图 5-34 addgroup 命令实例 1

【实例 5-33】 创建系统组。

输入如下指令：

```
zp@lab:~$ sudo addgroup --system g03             #创建一个系统组
zp@lab:~$ sudo addgroup --system g04 --gid 320   #设置组ID
#查看创建的系统组；注意对比两者的GID
#同时注意与g01和g02比较GID的区间范围
#g01和g02的GID位于1000之后
zp@lab:~$ grep g0 /etc/group
```

以上指令的执行效果如图 5-35 所示。

```
zp@lab:~$ sudo addgroup --system g03
正在添加组"g03" (GID 133)...
完成。
zp@lab:~$
zp@lab:~$ sudo addgroup --system g04 --gid 320
正在添加组"g04" (GID 320)...
完成。
zp@lab:~$
zp@lab:~$ grep g0 /etc/group
zpg01:x:1202:
zpg02:x:1010:
zpg03:x:1010:
zpg04:x:997:
zpg05:x:1203:
zpg06:x:1204:
g01:x:1001:
g02:x:1020:
g03:x:133:
g04:x:320:
```

图 5-35 addgroup 命令实例 2

5.6.2 修改组账户属性命令 groupmod

命令功能：使用 groupmod 命令可以修改用户组属性信息，如组账户名称、GID 等。

命令语法：

```
groupmod [选项][组账户名]
```

主要参数：在该命令中，选项的主要参数的含义如表 5-11 所示。

表 5-11 groupmod 命令选项主要参数含义

选项	参数含义
-g	修改用户组的 GID
-n	修改用户组名
-o	允许使用重复的 GID

【实例 5-34】 修改系统组账户的 GID。

输入如下指令：

```
zp@lab:~$ grep g02 /etc/group                #查看用户组g02的GID
#使用-g参数修改用户组g02的GID
zp@lab:~$ sudo groupmod g02 -g 1021
zp@lab:~$ tail -3 /etc/group                 #查看修改结果
```

以上指令的执行效果如图 5-36 所示。

```
zp@lab:~$ grep g02 /etc/group
zpg02:x:1010:
g02:x:1020:
zp@lab:~$
zp@lab:~$ sudo groupmod g02 -g 1021
[sudo] zp 的密码:
zp@lab:~$
zp@lab:~$ tail -3 /etc/group
g02:x:1021:
g03:x:133:
g04:x:320:
```

图 5-36 groupmod 命令实例 1

【实例 5-35】 修改系统组账户的组名。

输入如下指令：

```
zp@lab:~$ grep g02 /etc/group                #查看用户组g02的组名
zp@lab:~$ sudo groupmod -n g02new g02        #修改组名
zp@lab:~$ grep g02 /etc/group                #查看修改结果
```

以上指令的执行效果如图 5-37 所示。

```
zp@lab:~$ grep g02 /etc/group
zpg02:x:1010:
g02:x:1021:
zp@lab:~$
zp@lab:~$ sudo groupmod -n g02new g02
zp@lab:~$
zp@lab:~$ grep g02 /etc/group
zpg02:x:1010:
g02new:x:1021:
```

图 5-37 groupmod 命令实例 2

【实例 5-36】 使用重复的 GID。

输入如下指令：

```
#查看用户组zpg02和g02new的GID
zp@lab:~$ grep g02 /etc/group
#修改用户组zpg02的GID，使其与g02new的GID一致，失败
zp@lab:~$ sudo groupmod zpg02 -g 1021
#修改用户组zpg02的GID，使其与g02new的GID一致，成功
zp@lab:~$ sudo groupmod zpg02 -o -g 1021
#查看修改的GID是否一致
zp@lab:~$ grep g02 /etc/group
```

以上指令的执行效果如图 5-38 所示。

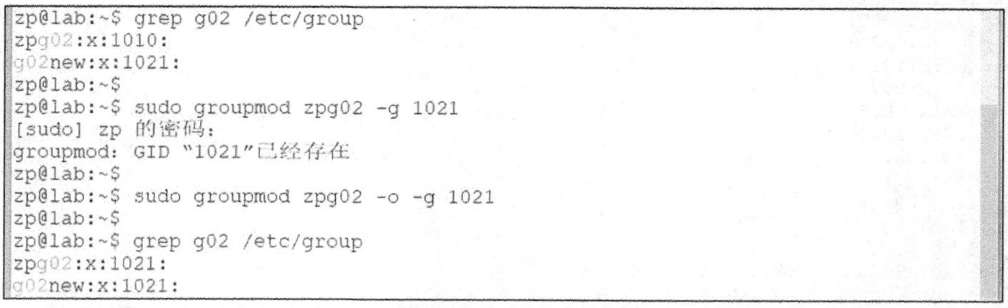

```
zp@lab:~$ grep g02 /etc/group
zpg02:x:1010:
g02new:x:1021:
zp@lab:~$
zp@lab:~$ sudo groupmod zpg02 -g 1021
[sudo] zp 的密码：
groupmod: GID “1021”已经存在
zp@lab:~$
zp@lab:~$ sudo groupmod zpg02 -o -g 1021
zp@lab:~$
zp@lab:~$ grep g02 /etc/group
zpg02:x:1021:
g02new:x:1021:
```

图 5-38　groupmod 命令实例 3

5.6.3　删除组账户

1. 使用 groupdel 命令

命令功能：使用 groupdel 命令可以在 Linux 操作系统中删除组账户。如果该组中仍然包括某些用户，那么应当先从该组账户中删除这些用户，然后才能删除该组。使用该命令时要先确认待删除的用户组存在。

命令语法：

```
groupdel[组名]
```

【实例 5-37】 删除普通用户组。

输入如下指令：

```
zp@lab:~$ grep g0 /etc/group     #查看已有用户组列表
zp@lab:~$ sudo groupdel g02new #删除用户组
zp@lab:~$ sudo groupdel g02new #再次删除该用户组，组不存在
zp@lab:~$ grep g0 /etc/group     #查看是否删除成功
```

以上指令的执行效果如图 5-39 所示。

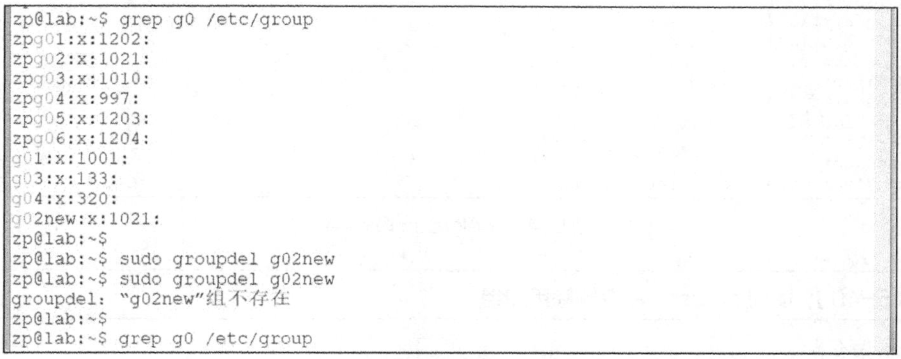

```
zp@lab:~$ grep g0 /etc/group
zpg01:x:1202:
zpg02:x:1021:
zpg03:x:1010:
zpg04:x:997:
zpg05:x:1203:
zpg06:x:1204:
g01:x:1001:
g03:x:133:
g04:x:320:
g02new:x:1021:
zp@lab:~$
zp@lab:~$ sudo groupdel g02new
zp@lab:~$ sudo groupdel g02new
groupdel: “g02new”组不存在
zp@lab:~$
zp@lab:~$ grep g0 /etc/group
```

图 5-39　groupdel 命令实例 1

【实例 5-38】 删除系统用户组。

输入如下指令：

```
zp@lab:~$ grep g0 /etc/group   #查看已有用户组列表
#删除系统用户组，注意g04的GID处于系统组的GID范围内
zp@lab:~$ sudo groupdel g04
zp@lab:~$ grep g0 /etc/group   #查看是否删除成功
```

以上指令的执行效果如图 5-40 所示。

```
zp@lab:~$ grep g0 /etc/group
zpg01:x:1202:
zpg02:x:1021:
zpg03:x:1010:
zpg04:x:997:
zpg05:x:1203:
zpg06:x:1204:
g01:x:1001:
g03:x:133:
g04:x:320:
zp@lab:~$
zp@lab:~$
zp@lab:~$ sudo groupdel g04
zp@lab:~$ grep g0 /etc/group
```

图 5-40 groupdel 命令实例 2

2. 使用 delgroup 命令或者 deluser 命令

命令功能：Ubuntu 用户可以使用 delgroup 命令删除组账户，使用 deluser 命令从系统中删除用户组。

命令语法：

```
delgroup[组名]
deluser --group[组名]
```

【实例 5-39】 使用 delgroup 命令删除用户组。

输入如下指令：

```
zp@lab:~$ grep zpg0 /etc/group #查看已有用户组列表
zp@lab:~$ sudo delgroup zpg06  #删除用户组
zp@lab:~$ grep zpg0 /etc/group #查看是否删除成功
```

以上指令的执行效果如图 5-41 所示。

```
zp@lab:~$ grep zpg0 /etc/group
zpg01:x:1202:
zpg02:x:1021:
zpg03:x:1010:
zpg04:x:997:
zpg05:x:1203:
zpg06:x:1204:
zp@lab:~$
zp@lab:~$ sudo delgroup zpg06
[sudo] zp 的密码:
正在删除组 'zpg06'...
完成。
zp@lab:~$
zp@lab:~$ grep zpg0 /etc/group
```

图 5-41 delgroup 命令实例

【实例 5-40】 使用 deluser 命令删除用户组。

输入如下指令：

```
zp@lab:~$ grep zpg0 /etc/group #查看已有用户组列表
```

```
zp@lab:~$ sudo deluser --group zpg05 #删除用户组
zp@lab:~$ grep zpg0 /etc/group        #查看是否删除成功
```

以上指令的执行效果如图 5-42 所示。

```
zp@lab:~$ grep zpg0 /etc/group
zpg01:x:1202:
zpg02:x:1021:
zpg03:x:1010:
zpg04:x:997:
zpg05:x:1203:
zp@lab:~$
zp@lab:~$ sudo deluser --group zpg05
正在删除组 'zpg05'...
完成。
zp@lab:~$
zp@lab:~$ grep zpg0 /etc/group
```

图 5-42 deluser 命令实例

5.6.4 管理组账户命令 gpasswd

命令功能：使用 gpasswd 命令可以管理组账户，可将已存在的用户添加到另一用户组中，也可对用户执行删除账户或密码、指定用户管理员等操作。

命令语法：

```
gpasswd [选项][组名]
```

主要参数：在该命令中，选项的主要参数的含义如表 5-12 所示。

表 5-12 gpasswd 命令选项主要参数含义

选项	参数含义
-a	添加用户到组
-d	删除用户组中的某一用户
-A	指定管理员
-M	指定组成员
-r	删除密码
-R	限制用户登入组，只有组中的成员才能用 newgrp 命令加入该组

【实例 5-41】 将用户添加到组中。

输入如下指令：

```
#查看用户和组账户情况
zp@lab:~$ tail -5 /etc/passwd
zp@lab:~$ id john01
zp@lab:~$ sudo gpasswd -a john01 zpg01 #向zpg01中添加用户john01
zp@lab:~$ id john01                    #再次查看用户所在组
```

以上指令的执行效果如图 5-43 所示。

【实例 5-42】 删除用户组中的用户。

输入如下指令：

```
zp@lab:~$ id john01                    #查看john01的所有用户组
#将用户john01从zpg01中删除
zp@lab:~$ sudo gpasswd -d john01 zpg01
zp@lab:~$ id john01                    #确认删除结果
```

```
zp@lab:~$ tail -5 /etc/passwd
john01:x:1003:1003::/home/ab:/bin/sh
john02:x:1200:998::/home/john02:/bin/sh
zp03s:x:127:65534::/home/zp03s:/usr/sbin/nologin
john03new:x:1004:1000::/home/john03:/bin/sh
john012:x:1201:1201::/home/john012:/bin/sh
zp@lab:~$
zp@lab:~$ id john01
uid=1003(john01) gid=1003(john01) 组=1003(john01)
zp@lab:~$
zp@lab:~$ sudo gpasswd -a john01 zpg01
[sudo] zp 的密码:
正在将用户"john01"加入"zpg01"组中
zp@lab:~$
zp@lab:~$ id john01
uid=1003(john01) gid=1003(john01) 组=1003(john01),1202(zpg01)
```

图 5-43　gpasswd 命令实例 1

以上指令的执行效果如图 5-44 所示。

```
zp@lab:~$  id john01
uid=1003(john01) gid=1003(john01) 组=1003(john01),1202(zpg01)
zp@lab:~$
zp@lab:~$ sudo gpasswd -d john01 zpg01
正在将用户"john01"从"zpg01"组中删除
zp@lab:~$
zp@lab:~$  id john01
uid=1003(john01) gid=1003(john01) 组=1003(john01)
```

图 5-44　gpasswd 命令实例 2

【实例 5-43】 设置和删除密码。

输入如下指令：

```
#查看组账户zpg02
zp@lab:~$ sudo cat /etc/gshadow |grep zpg02
#设置组账户的密码
zp@lab:~$ gpasswd zpg02 #提示权限不够
zp@lab:~$ sudo gpasswd zpg02
#查看组账户zpg02的信息，密码设置成功
zp@lab:~$ sudo cat /etc/gshadow |grep zpg02
#删除组账户的密码
zp@lab:~$ sudo gpasswd zpg02 -r
#查看密码删除结果
zp@lab:~$ sudo cat /etc/gshadow |grep zpg02
```

以上指令的执行效果如图 5-45 所示。

```
zp@lab:~$ sudo cat /etc/gshadow |grep zpg02
zpg02:!::
zp@lab:~$
zp@lab:~$ gpasswd zpg02
gpasswd: 没有权限。
zp@lab:~$ sudo gpasswd zpg02
正在修改 zpg02 组的密码
新密码:
请重新输入新密码:
zp@lab:~$
zp@lab:~$ sudo cat /etc/gshadow |grep zpg02
zpg02:$6$HKc6kn0d$viKBex3xuCVzmHkKihwvJjXtrhmtiYUdTXcW/xsPRQb7bLzncYUzx9mSDnav1
fznNHWDCJbAJjHfFdWGPKNEr1::
zp@lab:~$
zp@lab:~$ sudo gpasswd zpg02 -r
zp@lab:~$
zp@lab:~$ sudo cat /etc/gshadow |grep zpg02
zpg02:::
```

图 5-45　gpasswd 命令实例 3

5.7 本章小结

Linux 是多用户操作系统，支持多个用户同时登录系统，并能响应每个用户的需求。用户的身份决定了其访问资源的权限。用户账户用于实现资源访问权限管理、用户操作审核等过程。系统通过对权限相似的用户进行分组，可以简化管理工作。本章对用户账户和组账户的基本知识进行了介绍，并对常见的用户和组管理的相关命令进行了介绍和实例展示。

习 题 5

1. 常见的 Linux 文件类型有哪些？
2. 用户账户的配置文件有哪些？它们各自有什么用途？
3. 简述用户账户配置文件的记录格式。
4. 简述 Ubuntu 管理员与普通用户的区别。
5. 组账户的配置文件有哪些？它们各自有什么用途？
6. 简述组账户配置文件的记录格式。

CHAPTER06

第6章

磁盘存储管理

磁盘作为存储数据的重要载体，在Linux 操作系统中扮演着十分重要的角色。本章将对 Linux 文件系统的概念以及磁盘存储管理的基本方法进行介绍，以使读者掌握 Linux 操作系统中磁盘存储管理的基本理论和方法技巧。

6.1 磁盘存储管理概述

6.1.1 磁盘分区简介

磁盘分区（partition）是指将一个磁盘驱动器分成若干个逻辑驱动器。磁盘分区是对磁盘物理介质的逻辑划分，不同的磁盘分区对应不同的逻辑边界。

通常建议将磁盘分成多个分区，不同分区可以用于不同用途。通过分区，可以将用户数据和系统数据分开。用户数据和系统文件位于不同的分区，可以避免用户数据激增而填满整个磁盘进而导致系统挂起。通过将磁盘进行分区，还可以将不同用途的文件存储于不同的区，这有利于文件的管理和使用。不同的分区可以建立不同的文件系统。如果读者想在同一台计算机上安装多个操作系统，则不论这些操作系统是否支持相同的文件系统，都需要将它们安装在不同的磁盘分区上。

磁盘的分区信息保存在分区表中。分区表是一个磁盘分区的索引。分区表有两种常见的格式：MBR（master boot record，主分区引导记录）与GPT（globally unique identifier partition table，也叫作GUID分区表）。GPT相对于MBR较突出的优势是GPT可管理的空间大、支持的分区数量多。然而，GPT的优势只有在存储规模较大的情况下才能体现。对于个人用户，磁盘数量和空间有限，因此选择MBR还是GPT，影响并不大。

6.1.2 格式化简介

磁盘分区只是对磁盘上的磁盘空间进行逻辑划分，并不产生任何文件系统。磁盘经过分区之后，并不能直接使用，还必须对磁盘分区进行格式化（即创建文件系统）。格式化是对磁盘分区进行初始化的一种操作。通俗地理解，格式化过程就是按照指定的规则，把磁盘划分成一个个小区域并编号，以方便计算机存储和读取数据。格式化的动作通常会在磁盘中写入启动扇区的数据、记录磁盘卷标、为文件分配表保留一些空间，同时还会检查磁盘上是否有损坏的扇区。如果有，则在文件分配表中标上损毁的记号，以表示该扇区并不用来存储数据。格式化操作通常会导致现有分区中的所有数据均被清除。

6.2 Linux磁盘分区管理

6.2.1 磁盘及磁盘分区命名规则

Linux操作系统把每个硬件都看作一个文件，通常称为设备文件。Linux内核在探测到硬件设备后，会在/dev目录中为其创建对应的设备文件。此设备文件将关联该设备的驱动程序，通过访问此文件即可访问到文件所关联到的设备。每个设备包括主设备号（major number）和次设备号（minor number）。主设备号用于标志设备类型，进而确定需要加载的驱动程序。次设备号用于标志同一类型中的不同设备。Linux设备可以分为块（block）设备和字符（char）设备。块设备的存取单位为“块”，可进行随机访问。代表性的块设备包括磁盘、优盘、SD卡（secure digital memory card）等。字符设备的存取单位为“字符”，是顺序访问设备。代表性的字符设备包括键盘、打印机等。

磁盘作为存储数据的重要设备，在系统中也有与之对应的设备文件。代表性的磁盘设备接口类型有IDE、SCSI、SATA等。基于不同接口类型的设备，磁盘设备文件的命名方式也不同。常见的Linux磁盘分区的命名规则为hdXY（或sdXY），其中X为小写拉丁字母，Y为阿拉伯数字。例如，hda1表示第一个IDE接口磁盘的第一个分区。

Linux将各种IDE设备映射到以hd为前缀的设备文件。PC通常有两个IDE通道，每个IDE通道可以分别连接两个设备，即主设备（master）和从设备（slave）。因此，IDE最多可以接4个设备。不同的IDE设备的命名根据其内部连接方式来确定。其中 hda 表示第一个 IDE 通道（IDE1）的主设备，hdb 表示 IDE1 的从设备，而 hdc 和 hdd 分别表示 IDE2 的主设备和从设备。

Linux 将 SCSI、SATA 等设备映射到以 sd 为前缀组成的设备文件。这类设备的命名依赖磁盘设备 ID。例如，假定系统现有此类设备 3 台，设备 ID 分别为 “1” “3” “5”。那么，这些设备将按照 ID 号从小到大的顺序依次被命名为 sda、sdb、sdc 等。如果此时系统增加了一台 ID 号为 4 的设备，则新增的设备将被命名为 sdc，而原来的 ID 为 5 的设备将被重新命名为 sdd。读者务必对这一特征加以重视。在实践中，新增磁盘设备的 ID 有可能小于现有磁盘设备的 ID，这会导致系统磁盘文件命名发生变化。请务必在增/减磁盘时谨慎操作，确保所使用的设备名称与拟操作的磁盘设备一致，以免造成数据丢失。

本章实例涉及两个磁盘设备，其中一个安装有 Ubuntu 操作系统，另一个磁盘设备为新增加的磁盘设备。对于使用 VMware 虚拟机安装 Ubuntu 的读者，可以在 “虚拟机设置” 对话框的 “硬件” 页面中单击 “添加” 按钮，依照提示添加一个新的 “硬盘”，所有参数保持默认值即可（建议读者将磁盘大小从默认值修改成 2GB，以与本书保持一致）。对于使用 VirtualBox 的读者，也可以采用类似的方式添加新的磁盘设备。

【实例 6-1】 查看设备文件列表。

Linux 操作系统的设备文件位于/dev 目录。输入如下指令：

```
zp@lab:~$ ls /dev/sd*
```

以上指令的执行效果如图 6-1 所示。

图 6-1 当前系统的设备清单

编者当前计算机有两个磁盘设备文件，文件名分别为 sda 和 sdb。其中磁盘设备 sda 有 3 个磁盘分区文件，分别是 sda1、sda2 和 sda5。编者的 Linux 操作系统安装在磁盘设备 sda 中。而 sdb 为新磁盘设备，尚未使用。

由于本章指令中的许多参数会导致磁盘原有数据丢失，请读者务必谨慎操作。在本章实例中，所有会导致磁盘丢失的操作将仅在新磁盘设备 sdb 中执行。编者对 sda 只进行信息查看类型的操作，而不进行任何改动。

6.2.2 磁盘分区管理命令 fdisk

对于一个新磁盘，首先需要对其进行分区。Linux 下用于磁盘分区管理的常用工具是命令 fdisk。它与 DOS、Windows 环境下经典的分区工具同名，但内容并不相同。它采用传统的问答式界面，除此之外还可以用来查看磁盘分区的详细信息，也可以为每个分区指定分区类型。除了 fdisk 命令，也可以通过 cfdisk、parted 等可视化工具进行分区。由于磁盘分区操作可能造成数据损失，因此，读者在操作时必须谨慎。

1. fdisk 命令语法规则

命令功能：分区管理工具。使用 fdisk 命令，可以查看磁盘使用情况，将磁盘划分成为若干个区，还能为每个分区指定不同的文件系统。

命令语法：

```
fdisk [选项] [设备]
```

主要参数：在该命令中，参数主要包括两类。第一类是命令行参数，即命令语法中的[选项]。选项的主要参数的含义如表 6-1 所示。

表 6-1 fdisk 命令选项主要参数含义

选项	参数含义
-h	显示帮助信息
-l	列出指定的磁盘设备的分区表状态

续表

选项	参数含义
-u	改变分区大小的显示方式
-s	以扇区为单位，显示分区大小
-b	显示扇区计数及大小
-v	显示版本信息

第二类是交互界面参数，也就是进入磁盘分区模式时使用的交互命令。主要参数的含义如表 6-2 所示。

表 6-2　fdisk 命令交互界面主要参数含义

选项	参数含义
p	打印该磁盘的分区表，显示磁盘分区信息
n	创建一个新分区
d	删除磁盘分区
e	创建扩展分区
m	打印 fdisk 命令帮助信息，显示所有能在 fdisk 命令中使用的子命令
t	改变分区的类型
w	保存磁盘分区设置并退出 fdisk 命令
q	直接退出 fdisk 命令，不保存磁盘分区设置

2. fdisk 命令行参数使用实例

【实例 6-2】 查看已分区磁盘的基本信息。

本实例仅涉及数据查看，不会导致磁盘中的数据丢失。输入如下指令：

```
zp@lab:~$ sudo fdisk -l /dev/sda
```

以上指令的执行效果如图 6-2 所示。

```
zp@lab:~$ sudo fdisk -l /dev/sda
Disk /dev/sda: 20 GiB, 21474836480 字节, 41943040 个扇区
Disk model: VMware Virtual S
单元: 扇区 / 1 * 512 = 512 字节
扇区大小(逻辑/物理): 512 字节 / 512 字节
I/O 大小(最小/最佳): 512 字节 / 512 字节
磁盘标签类型: dos
磁盘标识符: 0x5c3ee2ca


/dev/sda1  *        2048  1050623  1048576  512MB  b W95 FAT32
/dev/sda2        1052670 41940991 40888322 19.5GB  5 扩展
/dev/sda5        1052672 41940991 40888320 19.5GB 83 Linux
zp@lab:~$
```

图 6-2　查看已分区磁盘的基本信息

图 6-2 中的信息表明，当前查看的磁盘文件名称为/dev/sda，磁盘大小为 20GB，图中还列出了以字节和扇区形式表示的磁盘大小信息，最后 3 行是该磁盘的分区列表信息。第 1 列是各个分区的设备文件名；第 2 列是启动分区的标志；第 3 列和第 4 列分别是该分区的起始位置和结束位置；第 5 列是扇区数；第 6 列是分区的大小；最后 2 列分别是分区的 ID 和分区类型。

细心的读者会发现，图中的/dev/sda2 和/dev/sda5 的大小和起始位置非常相似。这是因为/dev/sda2 是一个扩展分区。前面已经介绍过，扩展分区本质上只是用于装载分区的容器。在本实例中，扩展分区/dev/sda2 只装载了一个逻辑分区/dev/sda5。该逻辑分区/dev/sda5 独占了/dev/sda2 的所有空间。

【实例 6-3】 查看未分区磁盘的基本信息。

本实例仅涉及数据查看，不会导致磁盘中的数据丢失。输入如下指令：

```
zp@lab:~$ sudo fdisk -l /dev/sdb
```

以上指令的执行效果如图 6-3 所示。

```
zp@lab:~$ sudo fdisk -l /dev/sdb
Disk /dev/sdb: 1 GiB, 1073741824 字节, 2097152 个扇区
Disk model: VMware Virtual S
单元: 扇区 / 1 * 512 = 512 字节
扇区大小(逻辑/物理): 512 字节 / 512 字节
I/O 大小(最小/最佳): 512 字节 / 512 字节
```

图 6-3 查看未分区磁盘的基本信息

与【实例 6-2】相比，本实例中的磁盘没有分区，因此显示的信息更为简单，没有包括磁盘分区列表信息。

3. fdisk 交互界面命令使用实例

【实例 6-4】 使用交互操作界面查看已分区磁盘信息。

本实例仅涉及数据查看，不会导致磁盘中的数据丢失。输入如下指令：

```
zp@lab:~$ sudo fdisk /dev/sda
```

以上指令的执行效果如图 6-4 所示。

```
zp@lab:~$ sudo fdisk /dev/sda

欢迎使用 fdisk (util-linux 2.34)。
更改将停留在内存中，直到您决定将更改写入磁盘。
使用写入命令前请三思。


命令(输入 m 获取帮助):
```

图 6-4 进入交互操作界面（基于已分区磁盘）

图 6-4 中出现安全提示信息：“更改将停留在内存中，直到您决定将更改写入磁盘。”“使用写入命令前请三思。”图 6-4 中最后一行为“命令（输入 m 获取帮助）:”。读者可以在光标位置输入交互命令。输入命令 m 可获取交互命令列表，执行效果如图 6-5 所示。

```
命令(输入 m 获取帮助): m

帮助:


  a   开关 可启动 标志
  b   编辑嵌套的 BSD 磁盘标签
  c   开关 dos 兼容性标志


  d   删除分区
  F   列出未分区的空闲区
  l   列出已知分区类型
  n   添加新分区
  p   打印分区表
```

图 6-5 fdisk 的交互命令列表（部分）

列表内容较多，图 6-5 只显示了前面几项。一般而言，图 6-5 中包含“删除”“更改”“新建”等字样的命令（如 d、t、n 等）都有可能导致磁盘数据丢失，请读者谨慎操作。包含“打印”“列出”等字样的命令（如 p、F 等）较为常用。编者仅对常用的指令进行介绍。

在交互界面中输入命令 p，可以打印分区表，执行效果如图 6-6 所示。该界面给出的信息与【实例 6-2】类似。

在交互界面中输入命令 i，可以进一步查看某个分区的详细信息，执行效果如图 6-7 所示。该界面要求用户

进一步指定具体的分区号。该分区号就是对应分区设备文件名末尾的数字。本实例中，编者输入的分区号为 1。

```
命令(输入 m 获取帮助)： p
Disk /dev/sda: 20 GiB, 21474836480 字节, 41943040 个扇区
Disk model: VMware Virtual S
单元: 扇区 / 1 * 512 = 512 字节
扇区大小(逻辑/物理): 512 字节 / 512 字节
I/O 大小(最小/最佳): 512 字节 / 512 字节
磁盘标签类型: dos
磁盘标识符: 0x5c3ee2ca


/dev/sda1  *       2048  1050623  1048576  512M  b W95 FAT32
/dev/sda2       1052670 41940991 40888322 19.5G  5 扩展
/dev/sda5       1052672 41940991 40888320 19.5G 83 Linux
```

图 6-6 打印分区表

```
命令(输入 m 获取帮助)： i
分区号 (1,2,5, 默认 5): 1

         Device: /dev/sda1
           Boot: *
          Start: 2048
            End: 1050623
        Sectors: 1048576
      Cylinders: 2057
```

图 6-7 打印分区的详细信息（部分）

在交互界面中输入命令 F，可以列出未分区的空闲区，执行效果如图 6-8 所示。磁盘/dev/sda 的所有空间都被使用，因此没有空闲区。

```
命令(输入 m 获取帮助)： F

单元: 扇区 / 1 * 512 = 512 字节
扇区大小(逻辑/物理): 512 字节 / 512 字节
```

图 6-8 列出未分区的空闲区

在交互界面中输入命令 w 或者 q 可以退出交互操作界面。输入命令 w，则在退出之前将分区表写入磁盘，使分区操作或修改操作生效，这有可能导致原来的磁盘文件丢失。输入命令 q，则直接退出而不保存更改。在本实例中，我们输入命令 q，直接退出而不保存更改，执行效果如图 6-9 所示。

```
   w   将分区表写入磁盘并退出
   q   退出而不保存更改


   g   新建一份 GPT 分区表
   G   新建一份空 GPT (IRIX) 分区表
   o   新建一份的空 DOS 分区表
   s   新建一份空 Sun 分区表


命令(输入 m 获取帮助)： q

zp@lab:~$
```

图 6-9 直接退出而不保存更改

【实例 6-5】 对新磁盘进行分区。

本实例会导致磁盘中的原有数据丢失，请谨慎操作。本实例中将对磁盘进行分区操作，分区规划如表 6-3 所示。我们将/dev/sdb 分割成 4 个大小接近的空间，每个空间的大小约为总空间的 25%。4 个空间对应两个主分区和两个逻辑分区，两个逻辑分区位于同一个扩展分区中。各分区的名称由系统自动分配。

表 6-3　分区规划

分区类型		分区占比	分区命名
主分区 1		25%	sdb1
主分区 2		25%	sdb2
扩展分区 1（sdb3）	逻辑分区 1	25%	sdb5
	逻辑分区 2	25%	sdb6

下面介绍具体的分区操作过程。

（1）在交互界面输入如下指令：

```
zp@lab:~$ sudo fdisk /dev/sdb
```

以上指令的执行效果如图 6-10 所示。

```
zp@lab:~$ sudo fdisk /dev/sdb

欢迎使用 fdisk (util-linux 2.34)。
更改将停留在内存中，直到您决定将更改写入磁盘。
使用写入命令前请三思。

设备不包含可识别的分区表。
创建了一个磁盘标识符为 0x2dde0f53 的新 DOS 磁盘标签。
```

图 6-10　进入交互界面

（2）在交互界面中输入命令 F，列出未分区的空闲区，执行效果如图 6-11 所示。磁盘/dev/sdb 目前有约 1GB 的空闲区。

```
命令(输入 m 获取帮助)： F

单元：扇区 / 1 * 512 = 512 字节
扇区大小(逻辑/物理)：512 字节 / 512 字节

起点    末尾    扇区  大小
2048 2097151 2095104 1023M
```

图 6-11　列出未分区的空闲区

（3）在交互界面中输入命令 n，创建一个新的主分区，执行效果如图 6-12 所示。在创建新分区时，需要设置分区类型、分区号、分区的起始和结束位置。本实例中，前 3 项内容均使用默认值，即直接按 Enter 键即可。在本实例结束位置，编者输入 500000，执行效果如图 6-12 所示。

```
命令(输入 m 获取帮助)： n
分区类型
   p   主分区 (0个主分区，0个扩展分区，4空闲)
   e   扩展分区 (逻辑分区容器)
选择 (默认 p)：

将使用默认回应 p。
分区号 (1-4, 默认  1)：
第一个扇区 (2048-2097151, 默认 2048)：
Last sector, +/-sectors or +/-size{K,M,G,T,P} (2048-2097151, 默认 2097151): 500
000

创建了一个新分区 1，类型为"Linux"，大小为 243.1 MiB。
```

图 6-12　创建一个新的主分区

（4）在交互界面中输入命令 p，可以打印分区表，验证分区创建情况，执行效果如图 6-13 所示。该界面信息表明：主分区 sdb1 创建成功。

```
命令(输入 m 获取帮助): p


Disk model: VMware Virtual S
单元: 扇区 / 1 * 512 = 512 字节
扇区大小(逻辑/物理): 512 字节 / 512 字节
I/O 大小(最小/最佳): 512 字节 / 512 字节
磁盘标签类型: dos
磁盘标识符: 0x2dde0f53

设备        启动  起点   末尾   扇区    大小 Id 类型
/dev/sdb1         2048 500000 497953 243.1M 83 Linux
```

图 6-13　验证分区创建情况 1

（5）在交互界面中输入命令 n，创建第二个主分区。同样，对于分区类型、分区号、分区的起始位置这 3 项内容，编者均采用默认值，即直接按 Enter 键即可。在结束位置编者输入 1000000，执行效果如图 6-14 所示。

```
命令(输入 m 获取帮助): n
分区类型
   p   主分区 (1个主分区, 0个扩展分区, 3空闲)
   e   扩展分区 (逻辑分区容器)
选择 (默认 p):

将使用默认回应 p。
分区号 (2-4, 默认 2):
第一个扇区 (500001-2097151, 默认 501760):
Last sector, +/-sectors or +/-size{K,M,G,T,P} (501760-2097151, 默认 2097151): 1
000000

创建了一个新分区 2, 类型为"Linux", 大小为 243.3 MiB。
```

图 6-14　创建第二个主分区

（6）在交互界面中输入命令 p，可以打印分区表，验证分区创建情况，执行效果如图 6-15 所示。该界面信息表明：主分区 sdb2 创建成功。

```
命令(输入 m 获取帮助): p


Disk model: VMware Virtual S
单元: 扇区 / 1 * 512 = 512 字节
扇区大小(逻辑/物理): 512 字节 / 512 字节
I/O 大小(最小/最佳): 512 字节 / 512 字节
磁盘标签类型: dos
磁盘标识符: 0x2dde0f53


/dev/sdb1          2048  500000 497953 243.1M 83 Linux
/dev/sdb2        501760 1000000 498241 243.3M 83 Linux
```

图 6-15　验证分区创建情况 2

（7）在交互界面中输入命令 n，创建扩展分区。依次设置分区类型、分区号、分区的起始和结束位置。编者仅须在第一步的分区类型中输入命令 e，即可选择新建扩展分区。后续 3 步均使用默认值，执行效果如图 6-16 所示。

```
命令(输入 m 获取帮助): n
分区类型
   p   主分区 (2个主分区, 0个扩展分区, 2空闲)
   e   扩展分区 (逻辑分区容器)
选择 (默认 p): e
分区号 (3,4, 默认 3):
第一个扇区 (500001-2097151, 默认 1001472):
Last sector, +/-sectors or +/-size{K,M,G,T,P} (1001472-2097151, 默认 2097151):

创建了一个新分区 3, 类型为"Extended", 大小为 535 MiB。
```

图 6-16　创建扩展分区

（8）在交互界面中输入命令 p，打印分区表，验证分区创建情况，执行效果如图 6-17 所示。该界面信息表明：扩展分区 sdb3 创建成功。

```
/dev/sdb1          2048  500000  497953 243.1M 83 Linux
/dev/sdb2        501760 1000000  498241 243.3M 83 Linux
/dev/sdb3       1001472 2097151 1095680   535M  5 扩展
```

图 6-17　验证分区创建情况 3

（9）在交互界面中输入 n，创建分区。由于所有主分区的空间都在使用中，系统将自动添加逻辑分区 5。在本步骤中，需要依次设置分区的起始和结束位置。编者将起始位置设置为默认值，在结束位置输入 1500000。执行效果如图 6-18 所示。

```
命令(输入 m 获取帮助)： n

所有主分区的空间都在使用中。
添加逻辑分区 5
第一个扇区 (1003520-2097151, 默认 1003520):
Last sector, +/-sectors or +/-size{K,M,G,T,P} (1003520-2097151, 默认 2097151):
1500000

创建了一个新分区 5，类型为"Linux"，大小为 242.4 MiB。
```

图 6-18　添加逻辑分区 5

（10）在交互界面中输入命令 p，打印分区表，验证分区创建情况，执行效果如图 6-19 所示。该界面信息表明：逻辑分区 sdb5 创建成功。

```
/dev/sdb1          2048  500000  497953 243.1M 83 Linux
/dev/sdb2        501760 1000000  498241 243.3M 83 Linux
/dev/sdb3       1001472 2097151 1095680   535M  5 扩展
/dev/sdb5       1003520 1500000  496481 242.4M 83 Linux

命令(输入 m 获取帮助)：
```

图 6-19　验证分区创建情况 4

（11）在交互界面中输入命令 n，创建分区。由于所有主分区的空间都在使用中，因此，系统将自动添加逻辑分区 6。在本步骤中，需要依次设置分区的起始和结束位置。编者将起始位置和结束位置均设置为默认值，执行效果如图 6-20 所示。

```
命令(输入 m 获取帮助)： n

所有主分区的空间都在使用中。
添加逻辑分区 6
第一个扇区 (1502049-2097151, 默认 1503232):
Last sector, +/-sectors or +/-size{K,M,G,T,P} (1503232-2097151, 默认 2097151):

创建了一个新分区 6，类型为"Linux"，大小为 290 MiB。
```

图 6-20　添加逻辑分区 6

（12）在交互界面中输入命令 p，打印分区表，验证分区创建情况，执行效果如图 6-21 所示。该界面信息表明：逻辑分区 sdb6 创建成功。

至此，所有分区创建完毕。为使分区操作生效，需要将分区表写入磁盘。在交互界面输入命令 w，将分区表写入磁盘并退出。系统将保存分区表调整结果，并自动调用 ioctl()来重新读分区表，以完成磁盘同步。至此，分区成功并生效，而且不需要重新启动系统，执行效果如图 6-22 所示。

在命令行中输入如下指令，即可查看各个新建分区的设备文件。

```
zp@lab:~$ ls /dev/sdb*
```

以上指令的执行效果如图 6-23 所示。

```
命令(输入 m 获取帮助): p


Disk model: VMware Virtual S
单元: 扇区 / 1 * 512 = 512 字节
扇区大小(逻辑/物理): 512 字节 / 512 字节
I/O 大小(最小/最佳): 512 字节 / 512 字节
磁盘标签类型: dos
磁盘标识符: 0x2dde0f53


/dev/sdb1          2048  500000  497953 243.1M 83 Linux
/dev/sdb2        501760 1000000  498241 243.3M 83 Linux
/dev/sdb3       1001472 2097151 1095680   535M  5 扩展
/dev/sdb5       1003520 1500000  496481 242.4M 83 Linux
/dev/sdb6       1503232 2097151  593920   290M 83 Linux
```

图 6-21 所有分区创建完毕

```
命令(输入 m 获取帮助): w

分区表已调整。
将调用 ioctl() 来重新读分区表。
正在同步磁盘。
```

图 6-22 将分区表写入磁盘并退出

```
zp@lab:~$ ls /dev/sdb*
/dev/sdb  /dev/sdb1  /dev/sdb2  /dev/sdb3  /dev/sdb5  /dev/sdb6
zp@lab:~$
```

图 6-23 查看各个新建分区的设备文件

【实例 6-6】 修改磁盘分区。

本实例会导致磁盘中的原有数据丢失，请谨慎操作。在本实例中，将对磁盘进行分区操作，分区规划如表 6-4 所示。

表 6-4 分区修改方案

分区类型		分区占比	分区命名
主分区 1		25%	sdb1
扩展分区 1 （sdb2）	逻辑分区 1	50%	sdb5
	逻辑分区 2	25%	Sdb6

下面介绍修改磁盘分区的具体操作过程。

（1）在交互操作界面，输入如下指令：

```
zp@lab:~$ sudo fdisk /dev/sdb
```

以上指令的执行效果如图 6-24 所示。

```
zp@lab:~$ sudo fdisk /dev/sdb

欢迎使用 fdisk (util-linux 2.34)。
更改将停留在内存中，直到您决定将更改写入磁盘。
使用写入命令前请三思。
```

图 6-24 进入交互操作界面

（2）在交互界面中输入命令 p，可以查看现有分区情况，执行效果如图 6-25 所示。

```
/dev/sdb1          2048  500000  497953 243.1M 83 Linux
/dev/sdb2        501760 1000000  498241 243.3M 83 Linux
/dev/sdb3       1001472 2097151 1095680   535M  5 扩展
/dev/sdb5       1003520 1500000  496481 242.4M 83 Linux
/dev/sdb6       1503232 2097151  593920   290M 83 Linux
```

图 6-25　查看现有分区情况

（3）对比表 6-3 和表 6-4 的分区方案可知，我们至少需要删除现有的 sdb2、sdb3、sdb5、sdb6 这 4 个分区。在交互界面中输入命令 d，删除分区，系统会列出所有分区的分区号，并将最后一个分区号列为默认的分区号，执行效果如图 6-26 所示。按 Enter 键，删除默认的分区 sdb6。接着，在交互界面中输入命令 p，查看分区变化情况。结果表明：删除成功，sdb6 已经在新的分区列表中消失。

```
命令(输入 m 获取帮助)： d
分区号 (1-3,5,6, 默认  6):

分区 6 已删除。

命令(输入 m 获取帮助)： p

Disk model: VMware Virtual S
单元：扇区 / 1 * 512 = 512 字节
扇区大小(逻辑/物理)： 512 字节 / 512 字节
I/O 大小(最小/最佳)： 512 字节 / 512 字节
磁盘标签类型：dos
磁盘标识符：0x2dde0f53


/dev/sdb1          2048  500000  497953 243.1M 83 Linux
/dev/sdb2        501760 1000000  498241 243.3M 83 Linux
/dev/sdb3       1001472 2097151 1095680   535M  5 扩展
/dev/sdb5       1003520 1500000  496481 242.4M 83 Linux
```

图 6-26　删除分区 sdb6

（4）采用类似的流程，删除分区 sdb5、sdb3 和 sdb2。删除后的效果如图 6-27 所示。

```
命令(输入 m 获取帮助)： d
分区号 (1,2, 默认  2):

分区 2 已删除。

命令(输入 m 获取帮助)： p

Disk model: VMware Virtual S
单元：扇区 / 1 * 512 = 512 字节
扇区大小(逻辑/物理)： 512 字节 / 512 字节
I/O 大小(最小/最佳)： 512 字节 / 512 字节
磁盘标签类型：dos
磁盘标识符：0x2dde0f53


/dev/sdb1          2048 500000 497953 243.1M 83 Linux
```

图 6-27　删除分区 sdb5、sdb3 和 sdb2

（5）在交互界面中输入命令 n，创建扩展分区 sdb2。在分区类型选择位置处输入 e，创建扩展分区。本步骤中的分区号、分区的起始位置和结束位置，编者可以均采用默认值，即直接按 Enter 键，执行效果如图 6-28 所示。

```
命令(输入 m 获取帮助)： n
分区类型
   p   主分区 (1个主分区，0个扩展分区，3空闲)
   e   扩展分区 (逻辑分区容器)
选择 (默认 p)： e
分区号 (2-4, 默认  2):
第一个扇区 (500001-2097151, 默认 501760):
Last sector, +/-sectors or +/-size{K,M,G,T,P} (501760-2097151, 默认 2097151):

创建了一个新分区 2，类型为"Extended"，大小为 779 MiB。
```

图 6-28　创建扩展分区 sdb2

（6）在交互界面中输入命令 p，打印分区表，验证分区创建情况，执行效果如图 6-29 所示。该界面信息表明：扩展分区 sdb2 创建成功。

```
/dev/sdb1          2048  500000  497953 243.1M 83 Linux
/dev/sdb2        501760 2097151 1595392   779M  5 扩展
```

图 6-29　扩展分区 sdb2 创建成功

（7）在交互界面中输入命令 n，创建分区。由于所有主分区空间都在使用中，因此，系统将不再提示分区类型选择，而会自动创建逻辑分区并分配分区号。对于分区的起始位置，编者可以均使用默认值。结束位置指定为 1500000，执行效果如图 6-30 所示。

```
命令(输入 m 获取帮助): n
所有主分区的空间都在使用中。
添加逻辑分区 5
第一个扇区 (503808-2097151, 默认 503808):
Last sector, +/-sectors or +/-size{K,M,G,T,P} (503808-2097151, 默认 2097151): 15
00000

创建了一个新分区 5，类型为"Linux"，大小为 486.4 MiB。
```

图 6-30　创建逻辑分区 sdb5

（8）在交互界面中输入命令 p，打印分区表，验证分区创建情况，执行效果如图 6-31 所示。该界面信息表明：逻辑分区 sdb5 创建成功。

```
/dev/sdb1          2048  500000  497953 243.1M 83 Linux
/dev/sdb2        501760 2097151 1595392   779M  5 扩展
/dev/sdb5        503808 1500000  996193 486.4M 83 Linux
```

图 6-31　逻辑分区 sdb5 创建成功

（9）在交互界面中输入命令 n，创建分区。同理，系统会自动创建逻辑分区并分配分区号。对于分区的起始位置和结束位置，编者依然使用默认值即可。执行效果如图 6-32 所示。

```
命令(输入 m 获取帮助): n

所有主分区的空间都在使用中。
添加逻辑分区 6
第一个扇区 (1502049-2097151, 默认 1503232):
Last sector, +/-sectors or +/-size{K,M,G,T,P} (1503232-2097151, 默认 2097151):

创建了一个新分区 6，类型为"Linux"，大小为 290 MiB。
```

图 6-32　创建逻辑分区 sdb6

（10）在交互界面中输入命令 p，打印分区表，验证分区创建情况，执行效果如图 6-33 所示。至此，所有分区创建完成。

```
命令(输入 m 获取帮助): p


Disk model: VMware Virtual S
单元: 扇区 / 1 * 512 = 512 字节
扇区大小(逻辑/物理): 512 字节 / 512 字节
I/O 大小(最小/最佳): 512 字节 / 512 字节
磁盘标签类型: dos
磁盘标识符: 0x2dde0f53


/dev/sdb1          2048  500000  497953 243.1M 83 Linux
/dev/sdb2        501760 2097151 1595392   779M  5 扩展
/dev/sdb5        503808 1500000  996193 486.4M 83 Linux
/dev/sdb6       1503232 2097151  593920   290M 83 Linux

命令(输入 m 获取帮助):
```

图 6-33　所有分区创建完成

（11）在交互界面中输入命令 w，将分区表写入磁盘并退出。系统将保存分区表调整结果，并自动调用 ioctl( ) 来读分区表，完成磁盘同步。执行效果如图 6-34 所示。

```
命令(输入 m 获取帮助)： w

分区表已调整。
将调用 ioctl() 来重新读分区表。
正在同步磁盘。
```

图 6-34　将分区表写入磁盘并退出

（12）在交互界面中，输入如下指令，查看各个新建分区的设备文件。

```
zp@lab:~$ ls /dev/sdb*
```

以上指令的执行效果如图 6-35 所示。

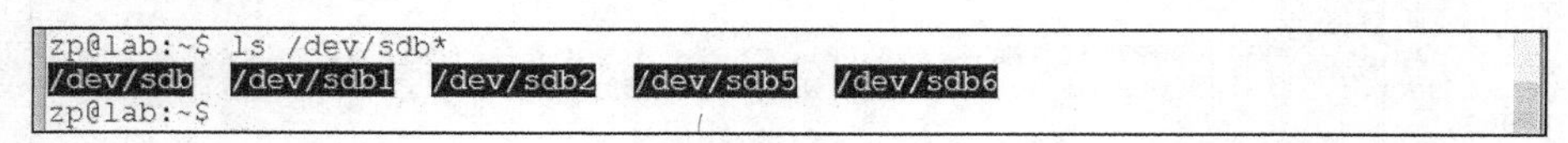
```
zp@lab:~$ ls /dev/sdb*
/dev/sdb  /dev/sdb1  /dev/sdb2  /dev/sdb5  /dev/sdb6
zp@lab:~$
```

图 6-35　查看各个新建分区的设备文件

6.3 Linux 文件系统管理

文件系统（file system）是 Linux 操作系统的核心模块。文件系统提供了存储和组织计算机数据的方法，它使得文件访问和查找变得便捷。文件系统使用文件和树状目录的抽象逻辑概念，代替了磁盘和光盘等物理设备使用数据块的概念。用户使用文件系统来保存数据，不必关心数据实际保存在磁盘（或者光盘）地址为多少的数据块上，只需要记住这个文件的所属目录和文件名。在写入新数据之前，用户不必关心磁盘上的哪些块没有被使用。磁盘上的存储空间管理（分配和释放）功能由文件系统自动完成。

6.3.1 Linux 支持的文件系统格式

文件系统是一种计算机数据的组织管理方式。文件系统种类繁多，不同文件系统的具体实现方式各不相同。Linux 首选的文件系统格式是 ext，主要有 ext2、ext3、ext4 等。Ubuntu 使用 ext4 作为其默认文件系统。

【实例 6-7】 查看 Linux 支持的文件系统类型。

Linux 支持众多文件系统类型，查看/lib/modules/KERNEL_VERSION/kernel/fs 目录可获取相关信息。输入如下指令：

```
zp@lab:~$ ls /lib/modules/$(uname -r)/kernel/fs
```

以上指令的执行效果如图 6-36 所示。

```
zp@lab:~$ ls /lib/modules/$(uname -r)/kernel/fs
9p      binfmt_misc.ko  efs       hfs      nfs         orangefs   shiftfs.ko
adfs    btrfs           erofs     hfsplus  nfs_common  overlayfs  sysv
affs    cachefiles      f2fs      hpfs     nfsd        pstore     ubifs
afs     ceph            fat       isofs    nilfs2      qnx4       udf
aufs    cifs            freevxfs  jffs2    nls         qnx6       ufs
autofs  coda            fscache   jfs      ntfs        quota      xfs
befs    cramfs          fuse      lockd    ocfs2       reiserfs
bfs     dlm             gfs2      minix    omfs        romfs
```

图 6-36　查看当前 Linux 操作系统支撑的文件系统类型

6.3.2 创建文件系统命令 mkfs

命令功能：mkfs 命令被用来在指定的设备上创建 Linux 文件系统。mkfs 命令仅是一个前端工具，它根据

“-t”选项的值调用真正的创建文件系统命令。只有创建文件系统后的磁盘分区才能真正被用来保存文件。在一个已经创建过文件系统的磁盘分区上执行 mkfs 命令，会导致此磁盘分区上的所有数据被删除。注意：创建文件系统时必须保证此文件系统没有被加载（mount），否则可能导致发生严重错误。

命令语法：

```
mkfs [选项] [-t <类型>] [文件系统选项] <设备> [<大小>]
```

主要参数：在该命令中，选项的主要参数的含义如表 6-5 所示。

表 6-5　mkfs 命令选项主要参数含义

选项	参数含义
-V	详细显示模式，解释正在进行的操作
-c	在建立文件系统前检查该 partition（分组）是否有坏道
-t	指定文件系统的类型，若不指定，则使用预设值 ext2
<大小>	要使用设备上的块数
<设备>	要使用设备的路径
-v	显示版本信息

【实例 6-8】创建默认的文件系统。

如果未指定文件系统类型，则 Linux 将自动创建默认的文件系统，其类型为 ext2。输入如下指令：

```
zp@lab:~$ sudo mkfs /dev/sdb1
```

以上指令的执行效果如图 6-37 所示。

```
zp@lab:~$ sudo mkfs /dev/sdb1
[sudo] zp 的密码：
mke2fs 1.45.5 (07-Jan-2020)
创建含有 62244 个块（每块 4k）和 62272 个inode的文件系统
文件系统UUID：c2629538-75d1-4077-900c-581bd20416da
超级块的备份存储于下列块：
        32768

正在分配组表： 完成
正在写入inode表： 完成
写入超级块和文件系统账户统计信息： 已完成
```

图 6-37　创建默认的文件系统

接下来，查看该文件系统的类型。输入如下指令：

```
zp@lab:~$ sudo file -s /dev/sdb1
```

以上指令的执行效果如图 6-38 所示。结果表明，该文件系统的类型确实为 ext2。

```
zp@lab:~$ sudo file -s /dev/sdb1
/dev/sdb1: Linux rev 1.0 ext2 filesystem data, UUID=c2629538-75d1-4077-900c-581b
d20416da (large files)
```

图 6-38　查看文件系统类型

【实例 6-9】创建指定类型的文件系统。

在分区/dev/sdb6 上建立 ext4 文件系统。输入如下指令：

```
zp@lab:~$ sudo mkfs -t ext4 /dev/sdb6
zp@lab:~$ sudo file -s /dev/sdb6
```

以上指令的执行效果如图 6-39 所示。

```
zp@lab:~$ sudo mkfs -t ext4 /dev/sdb6
mke2fs 1.45.5 (07-Jan-2020)
创建含有 74240 个块（每块 4k）和 74304 个inode的文件系统
文件系统UUID: 374f9818-30ac-491a-8c0e-e51bc28d029b
超级块的备份存储于下列块:
        32768

正在分配组表: 完成
正在写入inode表: 完成
创建日志（4096 个块）完成
写入超级块和文件系统账户统计信息: 已完成

zp@lab:~$
zp@lab:~$ sudo file -s /dev/sdb6
/dev/sdb6: Linux rev 1.0 ext4 filesystem data, UUID=374f9818-30ac-491a-8c0e-e51b
c28d029b (extents) (64bit) (large files) (huge files)
```

图 6-39　创建指定类型的文件系统

【实例 6-10】 将创建文件系统的详细过程列示出来。

通过-t 参数，指定在/dev/sdb5 上创建一个 msdos 文件系统。通过-V 参数，将详细的创建过程列示出来。输入如下指令：

```
zp@lab:~$ sudo mkfs /dev/sdb5 -V -t msdos
zp@lab:~$ sudo file -s /dev/sdb5
```

以上指令的执行效果如图 6-40 所示。

```
zp@lab:~$ sudo mkfs /dev/sdb5 -V -t msdos
mkfs, 来自 util-linux 2.34
mkfs.msdos /dev/sdb5
mkfs.fat 4.1 (2017-01-24)
zp@lab:~$
zp@lab:~$ sudo file -s /dev/sdb5
/dev/sdb5: DOS/MBR boot sector, code offset 0x3c+2, OEM-ID "mkfs.fat", sectors/c
luster 16, reserved sectors 16, root entries 512, Media descriptor 0xf8, sectors
/FAT 256, sectors/track 63, heads 255, hidden sectors 503808, sectors 996193 (vo
lumes > 32 MB), serial number 0x5241cbc2, unlabeled, FAT (16 bit)
```

图 6-40　将详细的创建过程列示出来

6.3.3　创建文件系统的其他工具

创建文件系统的其他（命令行）工具还包括 mke2fs、mkfs.ext2、mkfs.ext3、mkfs.ext4、mkfs.msdos 等。这些命令行工具的功能都非常强大，适合于有特殊定制需求的场合。

【实例 6-11】 mke2fs 命令使用实例。

本实例通过 mke2fs 命令对/dev/sdb5 进行格式化。输入如下指令：

```
zp@lab:~$ sudo mke2fs -j /dev/sdb5 #对/dev/sdb5进行格式化
zp@lab:~$ sudo file -s /dev/sdb5   #查看文件系统的类型
```

以上指令的执行效果分别如图 6-41 和图 6-42 所示。

```
zp@lab:~$ sudo mke2fs -j /dev/sdb5
mke2fs 1.45.5 (07-Jan-2020)
/dev/sdb5 有一个 vfat 文件系统
无论如何也要继续? (y,N) y
创建含有 124524 个块（每块 4k）和 124544 个inode的文件系统
文件系统UUID: e07642b7-13da-4293-89cb-cba68e0ccf21
超级块的备份存储于下列块:
        32768, 98304
```

图 6-41　mke2fs 命令使用实例

```
zp@lab:~$ sudo file -s /dev/sdb5
/dev/sdb5: Linux rev 1.0 ext3 filesystem data, UUID=e07642b7-13da-4293-89cb-cba6
8e0ccf21 (large files)
```

图 6-42 查看文件系统类型

【实例 6-12】 mkfs.ext3 命令使用实例。

本实例通过 mkfs.ext3 命令对/dev/sdb6 进行格式化。输入如下指令：

```
zp@lab:~$ sudo mkfs.ext3 /dev/sdb6
zp@lab:~$ sudo file -s /dev/sdb6
```

以上指令的执行效果如图 6-43 所示。

```
zp@lab:~$ sudo mkfs.ext3 /dev/sdb6
mke2fs 1.45.5 (07-Jan-2020)
/dev/sdb6 有一个 ext4 文件系统
        创建于 Thu Jun  4 16:49:47 2020
无论如何也要继续？(y,N) y
创建含有 74240 个块（每块 4k）和 74304 个inode的文件系统
文件系统UUID: 2db20419-4df8-4149-9ef5-e196738cedd3
超级块的备份存储于下列块：
        32768

正在分配组表： 完成
正在写入inode表： 完成
创建日志（4096 个块） 完成
写入超级块和文件系统账户统计信息： 已完成

zp@lab:~$
zp@lab:~$ sudo file -s /dev/sdb6
/dev/sdb6: Linux rev 1.0 ext3 filesystem data, UUID=2db20419-4df8-4149-9ef5-e196
738cedd3 (large files)
```

图 6-43 mkfs.ext3 命令使用实例

6.4 文件系统的挂载和卸载

要使用磁盘分区，需要先挂载该分区，其命令为 mount。挂载磁盘分区时，指定需要挂载的设备和挂载目录（该目录也称为挂载点）。当该磁盘分区不再使用时，可以将其从系统中卸载。卸载磁盘分区的命令为 umount。读者可以类比在 Windows 环境中插入和弹出光盘，或者插入和弹出优盘的过程，来理解挂载和卸载。不过 Linux 的挂载和卸载功能更为强大、操作更加灵活。例如，在 Linux 环境中，读者可以将磁盘分区、光盘镜像、USB 设备等挂载到任何合适的路径下。

6.4.1 挂载磁盘分区命令 mount

命令功能：mount 命令用于加载文件系统到指定的挂载点。在这里需要注意，挂载点必须是一个已经存在的目录，这个目录可以不为空，但挂载后，这个目录下以前的内容将不可用，在 umount 卸载以后其才会恢复正常。只有目录才能被用作挂载点，文件不可用作挂载点。如果挂载在非空的系统目录下，可能会导致系统异常。对于经常使用的设备，可写入文件/etc/fstab，以使系统在每次开机时自动加载。用 mount 命令加载设备的信息被记录在了/etc/mtab 文件中，卸载清除记录可使用 umount 命令。

命令语法：

```
mount [-t 文件系统类型] [-L 卷标][-o 挂载选项] 设备名 挂载点
```

主要参数：mount 命令主要参数含义如表 6-6 所示。

表 6-6 mount 命令主要参数含义

参数	参数含义
-t	指定文件系统的类型，通常不必指定，mount 会自动选择正确的类型
-o	主要用来描述设备或文件的挂载方式 loop：用来把一个文件当成磁盘分区挂载到系统上 ro：采用只读方式挂载设备 rw：采用读/写方式挂载设备 iocharset：指定访问文件系统所用的字符集

【实例 6-13】 显示当前所挂载的文件系统信息。

输入不带任何选项和参数的 mount 命令，将显示当前所挂载的文件系统信息，执行效果如图 6-44 所示。该命令输出的内容较多，这里编者只截取了部分结果。

```
zp@lab:~$ mount
sysfs on /sys type sysfs (rw,nosuid,nodev,noexec,relatime)
proc on /proc type proc (rw,nosuid,nodev,noexec,relatime)
udev on /dev type devtmpfs (rw,nosuid,noexec,relatime,size=1973040k,nr_inodes=49
3260,mode=755)
devpts on /dev/pts type devpts (rw,nosuid,noexec,relatime,gid=5,mode=620,ptmxmod
e=000)
tmpfs on /run type tmpfs (rw,nosuid,nodev,noexec,relatime,size=400228k,mode=755)
/dev/sda5 on / type ext4 (rw,relatime,errors=remount-ro)
securityfs on /sys/kernel/security type securityfs (rw,nosuid,nodev,noexec,relat
ime)
```

图 6-44 当前所挂载的文件系统信息（部分）

【实例 6-14】 挂载文件系统到指定目录。

本实例将/dev/sdb1 挂载到了目录 zp 之上。输入如下指令：

```
#创建挂载点目录zp
zp@lab:~$ mkdir zp
#将/dev/sdb1挂载到zp目录时，提示需要root权限
zp@lab:~$ mount /dev/sdb1 zp
#将/dev/sdb1挂载到zp目录上
zp@lab:~$ sudo mount /dev/sdb1 zp
```

以上指令的执行效果如图 6-45 所示。

```
zp@lab:~$ mkdir zp
zp@lab:~$ ls zp
zp@lab:~$
zp@lab:~$ mount /dev/sdb1 zp
mount: 只有 root 能执行该操作
zp@lab:~$
zp@lab:~$ sudo mount /dev/sdb1 zp
```

图 6-45 挂载文件系统到指定目录

若要查看文件系统挂载结果，则可输入如下指令：

```
zp@lab:~$ mount |grep zp
```

以上指令的执行效果如图 6-46 所示。结果表明文件系统挂载成功。

```
zp@lab:~$ mount |grep zp
/dev/sr0 on /media/zp/Ubuntu 20.04 LTS amd64 type iso9660 (ro,nosuid,nodev,relat
ime,nojoliet,check=s,map=n,blocksize=2048,uid=1000,gid=1000,dmode=500,fmode=400,
uhelper=udisks2)
/dev/sdb1 on /home/zp/zp type ext2 (rw,relatime)
```

图 6-46 查看文件系统挂载结果

【实例 6-15】 将文件系统挂载到某个文件上。

文件系统的挂载点应当是一个目录。不能将文件系统挂载到某个文件上，否则会报错。本实例的目的就是展示此类错误操作的效果。输入如下指令：

```
#创建文件file1
zp@lab:~$ touch file1
#将文件file1作为挂载点会导致挂载失败
zp@lab:~$ sudo mount /dev/sdb1 file1
```

以上指令的执行效果如图 6-47 所示。

```
zp@lab:~$ touch file1
zp@lab:~$ sudo mount /dev/sdb1 file1
mount: /home/zp/file1: mount point is not a directory.
```

图 6-47 将文件系统挂载到某个文件上

6.4.2 卸载磁盘分区命令 umount

命令功能：使用命令 umount 可以卸载文件系统。要想移除移动磁盘设备（如 USB 设备、光盘等）或者某一磁盘分区，则须先将其卸载。

命令语法：

```
umount [选项] <源> | <目录>
```

主要参数：在该命令中，选项的主要参数的含义如表 6-7 所示。

表 6-7 umount 命令选项主要参数含义

选项	参数含义
-a	卸载/etc/mtab 中记录的所有文件系统
-n	卸载时不要将信息存入/etc/mtab 文件中
-r	若无法成功卸载，则尝试以只读的方式重新挂入文件系统
-t	<文件系统类型>仅卸载选项中所指定的文件系统
-v	执行时显示详细的信息

【实例 6-16】 卸载所有文件系统。

使用-a 选项，umount 指令将尝试卸载所有文件系统。如果某个文件系统正在使用，则对应的卸载操作将不会成功。输入如下指令：

```
zp@lab:~$ sudo umount -a
```

以上指令的执行效果如图 6-48 所示。

```
zp@lab:~$ sudo umount -a
umount: /snap/snapd/7777: target is busy.
umount: /run/user/1000: target is busy.
umount: /run/vmblock-fuse: target is busy.
umount: /sys/fs/cgroup/unified: target is busy.
umount: /sys/fs/cgroup: target is busy.
umount: /run/lock: target is busy.
umount: /: target is busy.
umount: /run: target is busy.
umount: /dev: target is busy.
```

图 6-48 卸载所有文件系统

【实例 6-17】 通过挂载点名称卸载文件系统。

读者可以直接通过挂载点名称来卸载文件系统。假定读者依次完成了本章的实例，则目前 sdb1 处于挂载状态。输入如下指令：

```
zp@lab:~$ mount |grep sdb1        #查看sdb1的挂载点名称
zp@lab:~$ sudo umount zp          #通过挂载点名称卸载文件系统
zp@lab:~$ mount |grep sdb1        #查看卸载结果
```

以上指令的执行效果如图 6-49 所示。

```
zp@lab:~$ mount |grep sdb1
/dev/sdb1 on /home/zp/zp type ext2 (rw,relatime)
zp@lab:~$
zp@lab:~$ sudo umount zp
zp@lab:~$
zp@lab:~$ mount |grep sdb1
zp@lab:~$
```

图 6-49 通过挂载点名称卸载文件系统

【实例 6-18】 通过设备名称卸载文件系统。

通过设备名称可卸载指定的文件系统。输入如下指令：

```
zp@lab:~$ sudo mount /dev/sdb5 zp #挂载sdb5
zp@lab:~$ mount |grep sdb5          #查看sdb5的挂载结果
zp@lab:~$ sudo umount /dev/sdb5     #通过设备名称卸载文件系统
zp@lab:~$ mount |grep sdb5          #查看卸载结果
```

以上指令的执行效果如图 6-50 所示。

```
zp@lab:~$ sudo mount /dev/sdb5 zp
zp@lab:~$
zp@lab:~$ mount |grep sdb5
/dev/sdb5 on /home/zp/zp type ext3 (rw,relatime)
zp@lab:~$
zp@lab:~$ sudo umount /dev/sdb5
zp@lab:~$
zp@lab:~$ mount |grep sdb5
```

图 6-50 通过设备名称卸载文件系统

【实例 6-19】 将文件系统挂载到当前用户的主目录。

本实例的目的在于展示 mount 命令的特征。挂载之后，该目录的原有文件将不可访问，一般不建议将分区挂载到已经使用的目录。特别是不能将文件系统挂载在重要系统文件所在的目录，否则可能会导致发生严重错误。输入如下指令：

```
#作为对比，查看未挂载之前用户主目录的文件列表
zp@lab:~$ ls ~
#将文件系统挂载到当前用户的主目录
zp@lab:~$ sudo mount /dev/sdb5 ~
#查看挂载之后用户主目录的文件列表
zp@lab:~$ ls ~
#检查挂载信息，确定挂载成功
zp@lab:~$ mount |grep sdb5
```

以上指令的执行效果如图 6-51 所示。

在卸载文件系统时，请读者注意对比卸载前后挂载点的目录内容有何变化。输入如下指令：

```
zp@lab:~$ sudo umount /dev/sdb5     #卸载文件系统
zp@lab:~$ mount |grep sdb5          #检查挂载信息，确定卸载成功
#查看挂载之后的文件列表，用户主目录中的原有文件重新出现
zp@lab:~$ ls ~
```

以上指令的执行效果如图 6-52 所示。

```
zp@lab:~$ ls ~
公共的  桌面                     a.txt          httpd-2.4.43.tar.bz2   snap
模板    aa                       bak            johnlnk1               work
视频    apr-1.7.0                blocklnk       johnlnk2               zp
图片    apr-1.7.0.tar.bz2        c              nohup.out              zp1
文档    apr-1.7.0.tar.bz2.1      dir2           pcre2-10.35            zp2
下载    apr-util-1.6.1           file1          pcre2-10.35.tar.bz2
音乐    apr-util-1.6.1.tar.bz2   httpd-2.4.43   shell
zp@lab:~$
zp@lab:~$ sudo mount /dev/sdb5 ~
zp@lab:~$
zp@lab:~$ ls ~
lost+found
zp@lab:~$
zp@lab:~$ mount |grep sdb5
/dev/sdb5 on /home/zp type ext3 (rw,relatime)
```

图 6-51　将文件系统挂载到当前用户的主目录

```
zp@lab:~$ sudo umount /dev/sdb5
zp@lab:~$
zp@lab:~$ mount |grep sdb5
zp@lab:~$
zp@lab:~$ ls ~
公共的  桌面                     a.txt          httpd-2.4.43.tar.bz2   snap
模板    aa                       bak            johnlnk1               work
视频    apr-1.7.0                blocklnk       johnlnk2               zp
图片    apr-1.7.0.tar.bz2        c              nohup.out              zp1
```

图 6-52　查看未分区磁盘的基本信息

6.5　文件系统检查维护命令

6.5.1　文件系统的检查和修复命令 fsck

命令功能：使用 fsck 命令可以检查和修复受损的文件系统。

命令语法：

```
fsck ［选项］［设备名］
```

主要参数：在该命令中，选项的主要参数的含义如表 6-8 所示。

表 6-8　fsck 命令选项主要参数含义

选项	参数含义
-p	不提示用户直接修复
-c	检查可能的坏块，并将它们加入坏块列表
-f	强制进行检查（即使文件系统被标记为“没有问题”）
-n	只检查，不修复
-v	显示更多信息
-y	对所有询问都回答“是”

【实例 6-20】 检查文件系统。

本实例使用 fsck 命令对 sdb5 分区的文件系统进行检查。输入如下指令：

```
zp@lab:~$ sudo fsck /dev/sdb5
```

以上指令的执行效果如图 6-53 所示。由于该分区的文件系统被标记为“没有问题”，因此直接返回结果。

【实例 6-21】 强制检查文件系统。

使用 fsck 命令的-f 选项可以强制检查文件系统。读者要注意与【实例 6-20】的结果进行比较。输入如下指令：

```
zp@lab:~$ sudo fsck /dev/sdb5 -f
```

以上指令的执行效果如图 6-54 所示。

```
zp@lab:~$ sudo fsck /dev/sdb5
fsck，来自 util-linux 2.34
e2fsck 1.45.5 (07-Jan-2020)
/dev/sdb5: 没有问题，11/124544 文件，8103/124524 块
```

图 6-53　检查文件系统

```
zp@lab:~$ sudo fsck /dev/sdb5 -f
fsck，来自 util-linux 2.34
e2fsck 1.45.5 (07-Jan-2020)
第 1 步: 检查inode、块和大小
第 2 步: 检查目录结构
第 3 步: 检查目录连接性
第 4 步: 检查引用计数
第 5 步: 检查组概要信息
/dev/sdb5: 11/124544 文件 (0.0% 为非连续的)， 8103/124524 块
```

图 6-54　强制检查文件系统

【实例 6-22】 检查已经挂载的文件系统。

这里先使用 mount 命令挂载/dev/sdb5，确认挂载成功后，再输入如下指令：

```
zp@lab:~$ sudo fsck /dev/sdb5
zp@lab:~$ sudo fsck /dev/sdb5 -f
```

以上指令的执行效果如图 6-55 所示。由于此时/dev/sdb5 已被挂载，上述两条 fsck 指令都被自动终止。

```
zp@lab:~$ sudo fsck /dev/sda5
fsck，来自 util-linux 2.34
e2fsck 1.45.5 (07-Jan-2020)
/dev/sda5 已挂载。
e2fsck: 无法继续，已中止。


zp@lab:~$ sudo fsck /dev/sda5 -f
fsck，来自 util-linux 2.34
e2fsck 1.45.5 (07-Jan-2020)
/dev/sda5 已挂载。
e2fsck: 无法继续，已中止。
```

图 6-55　检查已经挂载的文件系统

6.5.2　查看磁盘使用情况命令 df

命令功能：使用 df 命令可以检查文件系统的磁盘占用情况。如果没有文件名被指定，则所有当前被挂载的文件系统的可用空间都将被显示。在默认情况下，磁盘空间将以 1KB 为单位进行显示，除非环境变量 POSIXLY_CORRECT 被指定，此时将以 512B 为单位进行显示。

命令语法：

```
df [选项] [文件名]
```

主要参数：在该命令中，选项的主要参数的含义如表 6-9 所示。

表 6-9　df 命令选项主要参数含义

选项	参数含义
-a	查看全部文件系统的使用情况
-H	以方便阅读的方式显示大小，1kB=1 000B
-h	以方便阅读的方式显示大小，1KB=1 024B
-i	显示 inode 信息而非块使用量

续表

选项	参数含义
-k	区块为 1 024B
-l	只显示本地文件系统
-T	输出文件系统类型
-t	只显示选定文件系统的磁盘信息
-x	不显示选定文件系统的磁盘信息

【实例 6-23】 显示磁盘使用情况。

输入不带任何参数的 df 命令，可以查看所有分区的磁盘使用情况。输入如下指令：

```
zp@lab:~$ df
```

以上指令的执行效果如图 6-56 所示。

```
zp@lab:~$ df
文件系统           1K-块      已用     可用  已用% 挂载点
udev            1973040        0 1973040    0% /dev
tmpfs            400228     1888  398340    1% /run
/dev/sda5      19992176 11699060 7254524   62% /
tmpfs              5120        4    5116    1% /run/lock
tmpfs           2001124        0 2001124    0% /sys/fs/cgroup
tmpfs            400224       28  400196    1% /run/user/1000
/dev/loop8        31104    31104       0  100% /snap/snapd/7777
```

图 6-56　显示磁盘使用情况

【实例 6-24】 以易读的方式显示磁盘空间使用情况。

使用-h 参数，可以在输出结果中使用 GB、MB 等易读的格式显示文件系统的大小。指令输出结果的第一个字段及最后一个字段分别是文件系统及其挂载点。输入如下指令：

```
zp@lab:~$ df -h
```

以上指令的执行效果如图 6-57 所示。

```
zp@lab:~$ df -h
文件系统          容量  已用  可用 已用% 挂载点
udev             1.9G     0  1.9G    0% /dev
tmpfs            391M  1.9M  390M    1% /run
/dev/sda5         20G   12G  7.0G   62% /
tmpfs            5.0M  4.0K  5.0M    1% /run/lock
tmpfs            2.0G     0  2.0G    0% /sys/fs/cgroup
tmpfs            391M   28K  391M    1% /run/user/1000
/dev/loop8        31M   31M     0  100% /snap/snapd/7777
```

图 6-57　以易读的方式显示磁盘空间使用情况

【实例 6-25】 以 inode 模式来显示磁盘使用情况。

文件数据都存储在“块”中。除此之外，我们还必须找到一个地方来存储文件的“元信息”，比如文件的创建者、文件的创建日期、文件的大小等。这种存储文件元信息的区域就叫作 inode，中文译名为“索引节点”。显然，inode 也会消耗磁盘空间。在磁盘格式化的时候，操作系统自动将磁盘分成两个区域。一个是数据区，存放文件数据；另一个是 inode 区（inode table），存放 inode 所包含的信息。每一个文件都有对应的 inode，里面包含了与该文件有关的一些信息。有的时候，虽然文件系统还有空间，但若没有足够的 inode 来存放文件的信息，则同样不能增加新的文件。

使用参数–i 可查看目前档案系统 inode 的使用情况。此时 df 命令将显示 inode 信息而非块使用量。输入如下指令：

```
zp@lab:~$ df -i
```

以上指令的执行效果如图 6-58 所示。从图中可以看到，udev 文件系统已经使用的 inode 是 492，一共是 493260，因此剩下可用的 inode 是 492768。

```
zp@lab:~$ df -i
文件系统          Inode 已用(I) 可用(I) 已用(I)% 挂载点
udev             493260     492  492768       1% /dev
tmpfs            500281     957  499324       1% /run
/dev/sda5       1277952  281285  996667      23% /
```

图 6-58　以 inode 模式来显示磁盘使用情况

【实例 6-26】　列出文件系统的类型。

使用-T 参数，可列出不同文件系统的类型。输入如下指令：

```
zp@lab:~$ df -T
```

以上指令的执行效果如图 6-59 所示。

```
zp@lab:~$ df -T
文件系统       类型          1K-块     已用    可用 已用% 挂载点
udev           devtmpfs   1973040        0 1973040    0% /dev
tmpfs          tmpfs       400228     1888  398340    1% /run
/dev/sda5      ext4      19992176 11699064 7254520   62% /
```

图 6-59　查看文件系统的类型

【实例 6-27】　列出所有文件系统的 inode 使用情况。

使用-a 参数，可以查看所有文件系统的 inode 使用情况。输入如下指令：

```
zp@lab:~$ df -ia
```

以上指令的执行效果如图 6-60 所示。

```
zp@lab:~$ df -ai
文件系统          Inode 已用(I) 可用(I) 已用(I)% 挂载点
sysfs                 0       0       0        - /sys
proc                  0       0       0        - /proc
udev             493260     492  492768       1% /dev
```

图 6-60　列出所有文件系统的 inode 使用情况

6.5.3　查看文件和目录的磁盘使用情况命令 du

命令功能：查看文件和目录的磁盘使用情况。与 df 命令不同，du 命令是用来查看文件和目录占用磁盘空间的情况的，而 df 命令是用来查看文件系统的磁盘占用情况的。

命令语法：

```
du [选项][文件]
```

主要参数：在该命令中，选项的主要参数的含义如表 6-10 所示。

表 6-10　du 命令选项主要参数含义

选项	参数含义
a	显示全部目录以及它们的子目录下的每个文件所占的磁盘空间
b	大小用 bytes 来表示，默认值为 K bytes
h	以 KB、MB、GB 为单位，提高信息的可读性
s	仅显示总计，即最后加总的值
l	重复计算硬链接文件

【实例 6-28】 显示目录和文件所占空间大小。

直接输入不带任何参数的 du 命令，即可显示所有的目录和文件的磁盘空间占用情况。输入如下指令：

```
zp@lab:~$ du
```

以上指令的执行效果如图 6-61 所示。

```
zp@lab:~$ du
11228   ./.keras/datasets
11236   ./.keras
4       ./.config/matplotlib
8       ./.config/gtk-3.0
4       ./.config/gnome-session/saved-session
8       ./.config/gnome-session
```

图 6-61 显示目录和文件所占空间大小

【实例 6-29】 查看指定文件所占空间大小。

使用文件名作为 du 命令参数，可查看该文件的大小。输入如下指令：

```
zp@lab:~$ du /boot/initrd.img-5.4.0-33-generic
zp@lab:~$ du /boot/vmlinuz-5.4.0-33-generic
```

以上指令的执行效果如图 6-62 所示。

```
zp@lab:~$ du /boot/initrd.img-5.4.0-33-generic
48212   /boot/initrd.img-5.4.0-33-generic
zp@lab:~$
zp@lab:~$ du /boot/vmlinuz-5.4.0-33-generic
11392   /boot/vmlinuz-5.4.0-33-generic
```

图 6-62 查看指定文件所占空间大小

【实例 6-30】 查看指定目录所占空间大小。

使用目录作为 du 命令参数，可查看该目录所占用的空间大小。输入如下指令：

```
zp@lab:~$ du /boot/
zp@lab:~$ du /boot/ -s
zp@lab:~$ du /boot/ -h
```

以上指令的执行效果如图 6-63 所示。

```
zp@lab:~$ du /boot/
4       /boot/efi
2344    /boot/grub/fonts
2516    /boot/grub/i386-pc
7224    /boot/grub
136812  /boot/
zp@lab:~$
zp@lab:~$ du /boot/ -s
136812  /boot/
zp@lab:~$
zp@lab:~$ du /boot/ -h
4.0K    /boot/efi
2.3M    /boot/grub/fonts
2.5M    /boot/grub/i386-pc
```

图 6-63 查看指定目录所占空间大小

【实例 6-31】 以更易读的方式显示结果。

使用-a 参数可显示全部目录以及它们的子目录下的每个文件所占的磁盘空间；使用-h 作为参数，能以更易读的方式显示结果。输入如下指令：

```
zp@lab:~$ du -ah /boot/
```

以上指令的执行效果如图 6-64 所示。

```
zp@lab:~$ du -ah /boot/
0       /boot/vmlinuz.old
0       /boot/initrd.img
4.6M    /boot/System.map-5.4.0-33-generic
184K    /boot/memtest86+.elf
236K    /boot/config-5.4.0-31-generic
236K    /boot/config-5.4.0-33-generic
4.0K    /boot/efi
12M     /boot/vmlinuz-5.4.0-33-generic
184K    /boot/memtest86+ multiboot.bin
```

图 6-64 以更易读的方式显示结果

【实例 6-32】 只显示磁盘空间占用总计大小。

使用-s 参数，可查看指定目录的磁盘空间占用总计大小。输入如下指令：

```
zp@lab:~$ sudo du /etc/ -s
```

以上指令的执行效果如图 6-65 所示。读者还可以去掉-s 参数，对比执行效果。

```
zp@lab:~$ sudo du /etc/ -s
[sudo] zp 的密码：
12592   /etc/
zp@lab:~$
```

图 6-65 查看指定目录的磁盘空间占用总计大小

如果不指定目录，则会显示整个系统空间的占用情况。输入如下指令：

```
zp@lab:~$ sudo du -sh
```

以上指令的执行效果如图 6-66 所示。

```
zp@lab:~$ du -sh
3.5G    .
```

图 6-66 显示整个系统空间占用情况

6.6 本章小结

磁盘分区是对磁盘物理介质的逻辑划分。通过分区，可以将用户数据和系统数据分开，还可以将不同用途的文件置于不同分区，这有利于文件的管理和使用。fdisk 命令是 Linux 操作系统用于磁盘分区管理的常用命令之一。磁盘分区完毕后，还需要对分区进行格式化操作，以创建指定类型的文件系统。Linux 支持的文件系统类型众多，Ubuntu 以 ext4 为其默认文件系统。要想使用磁盘分区，就需要挂载该分区，其命令是 mount。挂载磁盘分区时，需要指定挂载设备和挂载目录（该目录也称为挂载点）。该磁盘分区不再使用时，可以将其从系统中卸载。卸载磁盘分区的命令为 umount。Linux 提供了众多磁盘分区管理的命令和方法，本章对较为常用的命令进行了介绍。

习 题 6

1. 请解释磁盘分区的含义。
2. 请解释格式化的含义。
3. 新磁盘在可以进行文件存取之前需要经过哪些操作?
4. 简述 Linux 磁盘设备命名方法。
5. 简述 Linux 磁盘分区命令方法。
6. 简述 MBR 和 GPT 的区别。

CHAPTER07

第7章

进程管理

Linux 是一种动态系统，能够适应不断变化的计算需求。Linux 以进程这一抽象概念为基础，可以完成对动态计算过程的管理。进程管理是 Linux 操作系统管理的重要内容。本章将对进程管理的相关知识进行介绍，以使读者掌握进程状态监测与控制等技巧。

7.1 Linux 进程概述

7.1.1 进程的概念

进程（process）是计算机中的程序基于某数据集合的一次运行活动，是系统进行资源分配和调度的基本单位，是操作系统结构的基础。进程可以是短期的（如在命令行执行一个普通命令），也可以是长期的（如网络服务进程）。在用户空间，进程是由进程标识符（PID）表示的。每个新进程分配一个唯一的 PID，满足安全跟踪等需要。从用户的角度来看，一个 PID 是一个数字值，可唯一地标志一个进程。一个 PID 在进程的整个生命期间不会更改，但 PID 可以在进程销毁后被重新使用。

任何进程都可以创建子进程，所有进程都是第一个系统进程的后代。在用户空间，创建进程有多种方式。可以直接执行一个程序，以创建新进程；也可以在程序内，通过 fork 或 exec 调用，创建新进程。通过 fork 调用，父进程会复制自己的地址空间以创建一个新的子进程结构，而 exec 调用则会用新程序代替当前进程的上/下文。在程序内发起 fork 或 exec 调用，已经超出本门课程的知识范围，这里不展开介绍。

7.1.2 程序和进程

程序和进程是两个非常相似的概念，初学者容易混淆。

- 程序：这是一个静态概念，代表一个可执行的二进制文件。例如：/bin/date、/bin/bash、/usr/sbin/sshd 等都是 Linux 下可执行的二进制文件。
- 进程：这是一个动态概念，代表程序运行的过程。进程有生命周期及运行状态。

7.1.3 进程的状态

进程在其整个生命周期内状态会发生变化。进程的状态通常分为如下 3 种。

- 运行（running）态：进程占有处理器而正在运行。
- 就绪（ready）态：进程具备运行条件，等待系统分配处理器以便运行。
- 等待（wait）态：又称为阻塞（blocked）态或睡眠（sleep）态，指进程不具备运行条件，且正在等待某个事件的完成。

7.1.4 进程的分类

进程有许多不同种类，下面介绍常见的几类。

- 僵尸进程：一个进程使用 fork 调用创建子进程；如果子进程退出而父进程并没有调用 wait 或 waitpid 以获取子进程的状态信息，那么子进程的进程描述符就仍会保存在系统中。此时，子进程不再由父进程管理，因此就变成了僵尸进程。
- 交互进程：通常是由终端启动的进程。交互进程既可以在前台运行，也可以在后台运行。
- 批量处理进程：是一个进程序列，通常和终端没什么联系。
- 守护进程（daemon）：是一类在后台运行的特殊进程，用于执行特定的系统任务。通常在系统引导的时候启动，并且会一直运行到系统关闭。但也有一些守护进程只在需要的时候才启动，完成任务后就会自动结束。

7.1.5 进程优先级

优先级是指对 CPU 的优先使用级别。优先级打破了“先来后到”这一规则。在可抢占的操作系统中，高优先级的进程可以在“后来”的情况下优先抢占 CPU 的使用权，而低优先级的进程只能选择被动让出 CPU 的使用权。优先级概念的具体含义与调度算法有关。进程调度是 Linux 中非常重要的概念，Linux 内核通过复杂的调度机制实现 CPU 效率的极大化。进程调度算法以进程的优先级为基础。用户通过调整进程的优先级，实现对进程的细粒度控制，从而满足特定的需求。例如，用户可能希望与工作相关的软件运行得更加流畅，操作体验更好。通过改变这些进程的优先级，操作系统可为其分配更多的 CPU 资源。Linux 操作系统调度算法通常包括实时调度算法、非实时调度算法等。从内核角度来分，优先级可以分为动态优先级、静态优先级、归一化优先级等。Linux 进程的优先级概念随着调度算法的发展而在不断发展。

7.2　进程状态监测

7.2.1　静态监控：查看当前进程状态的命令 ps

命令功能：ps 是 process status 的缩写。ps 命令是最常用的监控进程的命令，用于查看进程的状态信息。进程的大部分信息可以通过执行该命令得到。

命令语法：

```
ps [参数]
```

主要参数：在该命令中，选项的主要参数的含义如表 7-1 所示。ps 命令的参数非常多，在此仅列出几个常用的参数。

表 7-1　ps 命令选项主要参数含义

选项	参数含义
a	显示一个终端的所有进程，包括其他用户的进程
u	显示进程的归属用户及内存的使用情况
x	显示没有控制终端的进程
l	长格式显示更加详细的信息
c	列出进程时，显示每个进程真正的指令名称
f	显示程序间的关系
j	采用工作控制的格式显示进程状况
e	列出进程时，显示每个进程所使用的环境变量

注意，ps 命令的部分选项可以同时支持带“-”或者不带“-”，但它们的执行效果不一定相同。例如：ps aux 和 ps –aux 是等价的，但是 ps ef 和 ps –ef 的输出不一致。

【实例 7-1】 查看当前登录产生了哪些进程。

如果不查看所有的进程，只查看当前登录产生了哪些进程，则使用不带参数的 ps 命令即可。但 ps –l 命令显示的信息会更加丰富。

输入如下指令：

```
john@lab:~$ ps
john@lab:~$ ps -l
```

以上指令的执行效果如图 7-1 所示。

【实例 7-2】 查看指定用户的进程信息。

使用 ps –u john 可以显示 john 用户的进程信息。加入参数-l，会让显示的信息更加丰富。输入如下指令：

```
john@lab:~$ ps -u john
john@lab:~$ ps -u john -l
```

以上指令的执行效果分别如图 7-2 和图 7-3 所示。

```
john@lab:~$ ps
  PID TTY          TIME CMD
 2868 pts/0    00:00:00 bash
 2919 pts/0    00:00:00 ps
john@lab:~$ ps -l
F S   UID   PID  PPID  C PRI  NI ADDR SZ WCHAN  TTY          TIME CMD
0 S  1000  2868  2867  0  80   0 -  4803 do_wai pts/0    00:00:00 bash
0 R  1000  2927  2868  0  80   0 -  5002 -      pts/0    00:00:00 ps
```

图 7-1　查看当前登录产生了哪些进程

```
john@lab:~$ ps -u john
  PID TTY          TIME CMD
 2106 ?        00:00:00 systemd
 2107 ?        00:00:00 (sd-pam)
 2119 ?        00:00:00 pulseaudio
 2122 ?        00:00:00 gnome-keyring-d
 2127 ?        00:00:00 dbus-daemon
```

图 7-2　查看指定用户的进程信息

```
john@lab:~$ ps -u john -l
F S   UID   PID  PPID  C PRI  NI ADDR SZ WCHAN  TTY          TIME CMD
4 S  1000  2106     1  0  80   0 -  4730 ep_pol ?        00:00:00 systemd
5 S  1000  2107  2106  0  80   0 - 42370 -      ?        00:00:00 (sd-pam)
0 S  1000  2119  2106  0  69 -11 - 223378 poll_s ?       00:00:00 pulseaudio
1 S  1000  2122     1  0  80   0 - 62236 -      ?        00:00:00 gnome-keyring-
```

图 7-3　查看指定用户更详细的进程信息

【实例 7-3】 查看系统中的所有进程。

输入如下指令之一：

```
john@lab:~$ ps aux
john@lab:~$ ps -aux
```

以上两条指令的执行效果类似，如图 7-4 所示。

```
john@lab:~$ ps aux
USER         PID %CPU %MEM    VSZ   RSS TTY      STAT START   TIME COMMAND
root           1  0.2  0.3 168072 11912 ?        Ss   20:16   0:02 /sbin/init spla
root           2  0.0  0.0      0     0 ?        S    20:16   0:00 [kthreadd]
root           3  0.0  0.0      0     0 ?        I<   20:16   0:00 [rcu_gp]
root           4  0.0  0.0      0     0 ?        I<   20:16   0:00 [rcu_par_gp]
```

图 7-4　查看系统中的所有进程

【实例 7-4】 查看进程之间的关系。

使用 ps axjf 可以查看进程之间的关系。输入如下指令之一：

```
john@lab:~$ ps axjf
john@lab:~$ ps -axjf
```

以上两条指令的执行效果类似，如图 7-5 所示。

```
john@lab:~$ ps axjf
 PPID     PID  PGID    SID TTY        TPGID STAT   UID   TIME COMMAND
    0       2     0      0 ?             -1 S        0   0:00 [kthreadd]
    2       3     0      0 ?             -1 I<       0   0:00  \_ [rcu_gp]
    2       4     0      0 ?             -1 I<       0   0:00  \_ [rcu_par_gp]
    2       5     0      0 ?             -1 I        0   0:01  \_ [kworker/0:0-events
```

图 7-5　查看进程之间的关系

也可以使用 ps axjfc 列出所有进程，并显示进程间的关系。其中，参数 c 用于查看真实的进程名。输入如下指令：

```
john@lab:~$ ps axjfc
```

以上指令的执行效果如图 7-6 所示。

```
john@lab:~$ ps -axjfc
 PPID   PID  PGID   SID TTY      TPGID STAT   UID   TIME COMMAND
    0     2     0     0 ?           -1 S        0   0:00 kthreadd
    2     3     0     0 ?           -1 I<       0   0:00  \_ rcu_gp
    2     4     0     0 ?           -1 I<       0   0:00  \_ rcu_par_gp
    2     5     0     0 ?           -1 I        0   0:01  \_ kworker/0:0-mpt_pol
    2     6     0     0 ?           -1 I<       0   0:00  \_ kworker/0:0H-kblock
```

图 7-6　查看真实的进程名

【实例 7-5】 比较 ps -ef 与 ps ef 的区别。

ps -ef 中的参数-e 与 a 功能类似，可列出所有进程。而 ps ef 中的参数 e 是指，在列出进程时，显示每个进程所使用的环境变量。注意，ps ef 的输出较少。输入如下指令：

```
john@lab:~$ ps -ef
john@lab:~$ ps ef
```

以上两条指令的执行效果不同，分别如图 7-7 和图 7-8 所示。

```
john@lab:~$ ps -ef
UID          PID  PPID  C STIME TTY          TIME CMD
root           1     0  0 20:16 ?        00:00:02 /sbin/init splash
root           2     0  0 20:16 ?        00:00:00 [kthreadd]
root           3     2  0 20:16 ?        00:00:00 [rcu_gp]
root           4     2  0 20:16 ?        00:00:00 [rcu_par_gp]
root           5     2  0 20:16 ?        00:00:01 [kworker/0:0-events]
root           6     2  0 20:16 ?        00:00:00 [kworker/0:0H-kblockd]
root           9     2  0 20:16 ?        00:00:00 [mm_percpu_wq]
```

图 7-7　指令 ps -ef 的执行效果

```
john@lab:~$ ps ef
  PID TTY      STAT   TIME COMMAND
 2868 pts/0    Ss     0:00 -bash USER=john LOGNAME=john HOME=/home/john PATH=/us
 4654 pts/0    R+     0:00  \_ ps ef SHELL=/bin/bash LANGUAGE=zh_CN:zh PWD=/home
 2144 tty2     Ssl+   0:00 /usr/lib/gdm3/gdm-x-session --run-script env GNOME_SH
 2146 tty2     Sl+    0:00  \_ /usr/lib/xorg/Xorg vt2 -displayfd 3 -auth /run/us
 2167 tty2     Sl+    0:00  \_ /usr/lib/gnome-session/gnome-session-binary --sys
```

图 7-8　指令 ps ef 的执行效果

【实例 7-6】 查找指定进程信息。

在本实例中，通过 ps 命令与 grep 的组合，查找 python 相关进程信息。输入如下指令：

```
john@lab:~$ ps -ef|grep python
john@lab:~$ ps auxf|grep python
```

以上指令的执行效果分别如图 7-9 和图 7-10 所示。

```
john@lab:~$ ps -ef|grep python
root         978       1  0 20:17 ?        00:00:00 /usr/bin/python3 /usr/bin/networ
kd-dispatcher --run-startup-triggers
root        1199       1  0 20:17 ?        00:00:00 /usr/bin/python3 /usr/share/unat
tended-upgrades/unattended-upgrade-shutdown --wait-for-signal
john        4621    2868  0 20:54 pts/0    00:00:00 grep --color=auto python
```

图 7-9　用-ef 参数查找指定进程信息

```
john@lab:~$ ps auxf|grep python
root         978  0.0  0.6  47248 19916 ?        Ss   20:17   0:00 /usr/bin/pytho
3 /usr/bin/networkd-dispatcher --run-startup-triggers
root        1199  0.0  0.7 126264 22896 ?        Ssl  20:17   0:00 /usr/bin/pytho
3 /usr/share/unattended-upgrades/unattended-upgrade-shutdown --wait-for-signal
john        4717  0.0  0.0  17540   916 pts/0    S+   21:01   0:00              \_
 grep --color=auto python
```

图 7-10　用 auxf 参数查找指定进程信息

7.2.2 动态监控：持续监测进程运行状态的命令 top

命令功能：top 命令能够实时持续显示系统中各个进程的资源占用情况，类似于 Windows 的任务管理器。ps 命令可以查看正在运行的进程，但属于静态监控。如果要持续监测进程的运行状态及动态变化情况，就需要使用 top 命令。

命令语法：

```
top [选项]
```

主要参数：在该命令中，选项的主要参数的含义如表 7-2 所示。

表 7-2　top 命令选项主要参数含义

选项	参数含义
-d	秒数：指定 top 命令每隔几秒更新一次。默认是 3 秒
-b	使用批处理模式输出，一般和-n 选项合用，用于把 top 命令重定向到文件中
-n	次数：指定 top 命令执行的次数，一般和-b 选项合用
-p	进程 PID：仅查看指定 ID 的进程
-s	使 top 命令在安全模式中运行，避免在交互模式中出现错误
-u	用户名：只监听某个用户的进程

【实例 7-7】 执行无参数的 top 命令。

输入如下指令：

```
john@lab:~$ top
```

以上指令的执行效果如图 7-11 所示。

```
top - 21:09:22 up 52 min,  2 users,  load average: 0.12, 0.03, 0.08
任务: 275 total,   1 running, 274 sleeping,   0 stopped,   0 zombie
%Cpu(s):  1.0 us,  0.7 sy,  0.0 ni, 98.3 id,  0.0 wa,  0.0 hi,  0.0 si,  0.0 st
MiB Mem :   2977.7 total,    884.8 free,    832.8 used,   1260.1 buff/cache
MiB Swap:    947.2 total,    947.2 free,      0.0 used.   1967.8 avail Mem

 进程 USER      PR  NI    VIRT    RES    SHR    %CPU  %MEM     TIME+ COMMAND
  205 root       0 -20       0      0      0 I   0.3   0.0   0:05.30 kworker/0+
 2146 john      20   0  248780  50876  33868 S   0.3   1.7   0:01.46 Xorg
 2352 john      20   0 2370072 247712 103556 S   0.3   8.1   0:08.56 gnome-she+
 2556 john      20   0  146400  27460  24332 S   0.3   0.9   0:03.35 vmtoolsd
 2867 john      20   0   13272   6456   5216 S   0.3   0.2   0:00.75 sshd
 4994 john      20   0   20596   4128   3376 R   0.3   0.1   0:00.05 top
    1 root      20   0  168688  12668   7904 S   0.0   0.4   0:02.44 systemd
    2 root      20   0       0      0      0 S   0.0   0.0   0:00.00 kthreadd
```

图 7-11　执行无参数的 top 命令

输入 top 命令后，如果不退出，则会持续运行，并动态更新进程的相关信息。在 top 命令的交互界面中按 Q 健或者 Ctrl+C 组合键退出 top 命令，按?或 H 键得到 top 命令交互界面的帮助信息。

图 7-11 中各行的含义如下。

第 1 行：与 uptime 命令的执行结果相同。

第 2 行：当前运行的各类不同状态任务（进程）的数量。

第 3 行：CPU 状态信息。

第 4 行：内存状态。

第 5 行：Swap 交换分区信息。

第 6 行：空行。

第 7 行：各进程的状态监控，相应各字段的具体含义如下。

进程——进程的 PID。

USER——进程所有者。

PR——进程优先级。

NI——nice 值。负值表示优先级高，正值表示优先级低。

VIRT——进程使用的虚拟内存总量，单位 KB。VIRT=Swap+RES。

RES——进程使用的且未被换出的物理内存大小，单位 KB。RES=CODE+DATA。

SHR——共享内存大小，单位 KB。

进程状态——D=不可中断的睡眠状态；R=运行；S=睡眠；T=跟踪/停止；Z=僵尸进程。

%CPU——上次更新到现在的 CPU 时间占用百分比。

%MEM——进程使用的物理内存百分比。

TIME+——进程使用的 CPU 时间总计，单位（1/100）s。

COMMAND——进程名称（命令名/命令行）。

【实例 7-8】 使用 top 命令监控某个进程。

加上-p 参数，top 命令只用来查看某个进程。在本实例中，首先利用 ps 命令查找 sshd 进程的 pid，然后使用 top 命令对它进行动态监测。

输入如下两条指令：

```
john@lab:~$ ps aux|grep sshd
john@lab:~$ top -p 1267
```

以上指令的执行效果分别如图 7-12 和图 7-13 所示。

```
john@lab:~$ ps aux|grep sshd
root       1267  0.0  0.2  12028  6816 ?        Ss   20:17   0:00 /usr/sbin/sshd
-D
root       2753  0.0  0.2  12960  8164 ?        Ss   20:20   0:00 sshd: john [pri
v]
john       2867  0.0  0.2  13272  6456 ?        S    20:20   0:01 sshd: john@pts/
0
john       5117  0.0  0.0  17672   920 pts/0    S+   21:14   0:00 grep --color=au
to sshd
```

图 7-12　查找 sshd 进程的 pid

```
john@lab:~$ top -p 1267
top - 21:16:33 up 59 min,  2 users,  load average: 0.00, 0.02, 0.05
任务:     total,      running,      sleeping,     stopped,     zombie
%Cpu(s):      us,      sy,      ni,      id,      wa,      hi,      si,      st
MiB Mem :           total,           free,           used,           buff/cache
MiB Swap:           total,           free,           used.           avail Mem

 进程 USER      PR  NI    VIRT    RES    SHR    %CPU  %MEM     TIME+ COMMAND
 1267 root      20   0   12028   6816   5988 S   0.0   0.2   0:00.00 sshd
```

图 7-13　使用 top 命令监控某个进程

7.2.3　查看进程树命令 pstree

命令功能：pstree 命令以树状图显示进程间的关系。通过进程树，我们可以了解哪个进程是父进程，哪个进行是子进程。

命令语法：

```
pstree [选项] [进程号|用户]
```

主要参数：在该命令中，选项的主要参数的含义如表 7-3 所示。

表 7-3　pstree 命令选项主要参数含义

选项	参数含义
-a	显示命令行参数
-c	不要对完全相同的子树进行压缩

续表

选项	参数含义
-h	高亮显示当前进程及其所有祖先
-H	此参数的效果和指定参数-h 类似，但其会特别标明指定的程序
-l	采用长列格式显示树状图
-n	根据进程 PID 号来排序输出，默认是以程序名排序输出的
-p	显示进程的 PID 号
-u	显示进程对应的用户名

【实例 7-9】 查看进程树。

最简单的 pstree 命令的使用方式是不添加任何参数。输入如下指令：

```
john@lab:~$ pstree
```

以上指令的执行效果如图 7-14 所示。

```
john@lab:~$ pstree
systemd─┬─ManagementAgent───6*[{ManagementAgent}]
        ├─ModemManager───2*[{ModemManager}]
        ├─NetworkManager───2*[{NetworkManager}]
        ├─VGAuthService
        ├─accounts-daemon───2*[{accounts-daemon}]
        ├─acpid
        ├─avahi-daemon───avahi-daemon
        ├─bluetoothd
        ├─boltd───2*[{boltd}]
        ├─colord───2*[{colord}]
```

图 7-14　查看进程树

执行 pstree -p 指令可以查看进程树，并打印每个进程的 PID。输入如下指令：

```
john@lab:~$ pstree -p
```

以上指令的执行效果如图 7-15 所示。

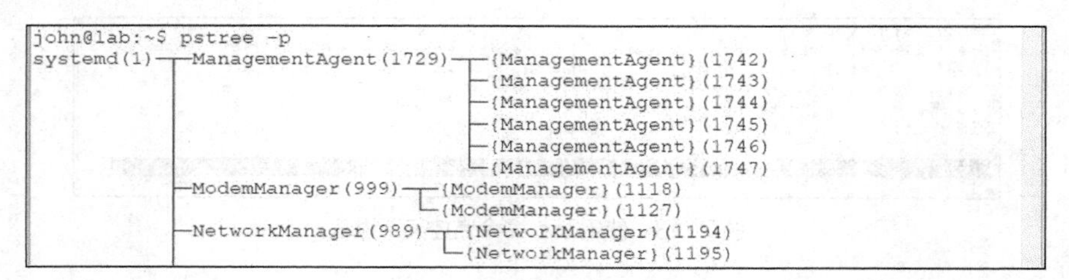

图 7-15　打印每个进程的 PID

【实例 7-10】 显示进程的完整命令行参数。

执行 pstree -a 指令，可显示所有进程的所有详细信息；若有相同的进程名，则压缩显示。输入如下指令：

```
zp@lab:~$ pstree -a
```

以上指令的执行效果如图 7-16 所示。

【实例 7-11】 显示进程组 ID。

执行 pstree -g 命令可以在输出中显示进程组 ID。每个进程名后面的进程组标志在括号中都显示为十进制数。输入如下指令：

```
zp@lab:~$ pstree -g
```

以上指令的执行效果如图 7-17 所示。

```
zp@lab:~$ pstree -a

systemd splash
  ├─ManagementAgent
  │   └─6*[{ManagementAgent}]
  ├─ModemManager --filter-policy=strict
  │   └─2*[{ModemManager}]
  ├─NetworkManager --no-daemon
  │   └─2*[{NetworkManager}]
  ├─VGAuthService -s
  ├─accounts-daemon
  │   └─2*[{accounts-daemon}]
  ├─acpid
  ├─avahi-daemon
  │   └─avahi-daemon
  ├─colord
  │   └─2*[{colord}]
  ├─cron -f
```

图 7-16　显示进程的完整命令行参数

```
zp@lab:~$ pstree -g
systemd(1)─┬─ManagementAgent(1424)─┬─{ManagementAgent}(1424)
           │                       ├─{ManagementAgent}(1424)
           │                       ├─{ManagementAgent}(1424)
           │                       ├─{ManagementAgent}(1424)
           │                       ├─{ManagementAgent}(1424)
           │                       └─{ManagementAgent}(1424)
           ├─ModemManager(907)─┬─{ModemManager}(907)
           │                   └─{ModemManager}(907)
           ├─NetworkManager(741)─┬─{NetworkManager}(741)
           │                     └─{NetworkManager}(741)
```

图 7-17　显示进程组 ID

【实例 7-12】 查看某个进程的树状结构。

本实例首先使用 ps 命令查找进程 sshd 的 PID，然后查看该进程的树状结构。输入如下指令：

```
john@lab:~$ ps aux|grep sshd
john@lab:~$ pstree -p 1267
```

以上指令的执行效果如图 7-18 所示。

```
john@lab:~$ ps aux|grep sshd
root       1267  0.0  0.2  12028  6816 ?      Ss   20:17   0:00 /usr/sbin/sshd
-D
root       2753  0.0  0.2  12960  8164 ?      Ss   20:20   0:00 sshd: john [pri
v]
john       2867  0.0  0.2  13272  6456 ?      S    20:20   0:01 sshd: john@pts/
0
john       5393  0.0  0.0  17672   916 pts/0  S+   21:29   0:00 grep --color=au
to sshd
john@lab:~$
john@lab:~$ pstree -p 1267
sshd(1267)───sshd(2753)───sshd(2867)───bash(2868)───pstree(5400)
```

图 7-18　查看某个进程的树状结构

接着，先通过 ps 和 grep 命令组合来查找 vmtool 的 PID，然后使用 pstree 命令查看该进程的详细信息。输入如下指令：

```
john@lab:~$ ps aux|grep vmtool
john@lab:~$ pstree -p 1577
```

以上指令的执行效果如图 7-19 所示。

```
john@lab:~$ ps aux|grep vmtool
root       1577  0.1  0.4 159432 12996 ?        Sl   20:17   0:04 /usr/sbin/vmtoo
lsd
john       2556  0.1  0.9 146400 27460 ?        S    20:19   0:04 /usr/lib/vmware
-tools/sbin64/vmtoolsd -n vmusr --blockFd 3
john       5418  0.0  0.0  17672   848 pts/0    S+   21:30   0:00 grep --color=au
to vmtool
john@lab:~$ pstree -p 1577
vmtoolsd(1577)───{vmtoolsd}(1667)
```

图 7-19　查看 vmtool 进程的详细信息

【实例 7-13】 查看某个用户启动的进程。

如果想知道某个用户都启动了哪些进程，则可以将用户名作为 pstree 命令的参数。本实例以 john 用户为例进行说明。输入如下指令：

```
john@lab:~$ pstree john
```

以上指令的执行效果如图 7-20 所示。

```
john@lab:~$ pstree john
gdm-x-session─┬─Xorg───{Xorg}
              ├─gnome-session-b─┬─ssh-agent
              │                 └─2*[{gnome-session-b}]
              └─2*[{gdm-x-session}]

gnome-keyring-d───3*[{gnome-keyring-d}]

sshd───bash───pstree

systemd─┬─(sd-pam)
        ├─at-spi-bus-laun─┬─dbus-daemon
        │                 └─3*[{at-spi-bus-laun}]
        ├─at-spi2-registr───2*[{at-spi2-registr}]
```

图 7-20　查看某个用户启动的进程

7.2.4 列出进程打开文件信息的命令 lsof

在 Linux 系统中，任何事物都以文件的形式存在。通过文件不仅可以访问常规数据，而且可以访问网络连接和硬件。应用程序打开文件的描述符列表显示了大量关于这个应用程序本身的信息。lsof 命令是比较实用的系统监测以及排错工具。lsof 是 list opened files 的缩写，用于列出当前进程打开的文件。通过 lsof 命令，用户可以根据文件找到对应的进程信息，也可以根据进程信息找到进程打开的文件。由于 lsof 命令通常需要访问系统核心，只有以 root 用户的身份运行，它才能够充分地发挥功能。

【实例 7-14】 查看与指定文件相关的进程。

查看与指定文件相关的进程（信息），可找出使用此文件的进程。输入如下指令：

```
john@lab:~# lsof /bin/bash
```

以上指令的执行效果如图 7-21 所示。

```
john@lab:~$ lsof /bin/bash
COMMAND  PID USER  FD   TYPE DEVICE SIZE/OFF    NODE NAME
bash    2868 john txt    REG   8,17  1166912 1048685 /usr/bin/bash
bash    4985 john txt    REG   8,17  1166912 1048685 /usr/bin/bash
bash    5084 john txt    REG   8,17  1166912 1048685 /usr/bin/bash
john@lab:~$
```

图 7-21　查看与指定文件相关的进程

【实例 7-15】 列出进程打开的所有文件。

输入如下指令：

```
john@lab:~$ ps aux|grep sshd
```

以上指令的执行效果如图 7-22 所示。

```
john@lab:~$ ps aux|grep sshd
root       1267  0.0  0.2  12028  6816 ?        Ss   20:17   0:00 /usr/sbin/sshd
-D
root       2753  0.0  0.2  12960  8164 ?        Ss   20:20   0:00 sshd: john [pri
v]
john       2867  0.0  0.2  13272  6456 ?        S    20:20   0:01 sshd: john@pts/
0
john       5615  0.0  0.0  17672   848 pts/0    S+   21:38   0:00 grep --color=au
to sshd
```

图 7-22　查找进程 PID

输入如下指令以查看详细信息（需要管理员权限）：

```
john@lab:~$ sudo lsof -p 1267
```

以上指令的执行效果如图 7-23 所示。

```
john@lab:~$ sudo lsof -p 1267
lsof: WARNING: can't stat() fuse.gvfsd-fuse file system /run/user/1000/gvfs
      Output information may be incomplete.
lsof: WARNING: can't stat() fuse file system /run/user/1000/doc
      Output information may be incomplete.
COMMAND   PID USER   FD   TYPE             DEVICE SIZE/OFF    NODE NAME
sshd     1267 root  cwd    DIR               8,17     4096       2 /
sshd     1267 root  rtd    DIR               8,17     4096       2 /
sshd     1267 root  txt    REG               8,17   843304 1049358 /usr/sbin/sshd
sshd     1267 root  mem    REG               8,17    51832 1058367 /usr/lib/x86_6
4-linux-gnu/libnss_files-2.30.so
```

图 7-23　列出进程调用或打开的所有文件

【实例 7-16】 列出所有的网络连接。

输入如下指令：

```
john@lab:~$ lsof -i #权限不够，未获得有价值的信息
john@lab:~$ sudo lsof -i
```

以上指令的执行效果如图 7-24 所示。

```
john@lab:~$ lsof -i
john@lab:~$
john@lab:~$ sudo lsof -i
COMMAND     PID            USER   FD   TYPE DEVICE SIZE/OFF NODE NAME
systemd-r   692 systemd-resolve   12u  IPv4  28461      0t0  UDP localhost:domain

systemd-r   692 systemd-resolve   13u  IPv4  28462      0t0  TCP localhost:domain
 (LISTEN)
```

图 7-24　列出所有的网络连接

【实例 7-17】 列出使用指定协议的网络连接。

输入如下指令：

```
john@lab:~$ sudo lsof -i TCP
```

以上指令的执行效果如图 7-25 所示。

```
john@lab:~$ sudo lsof -i TCP
COMMAND     PID            USER   FD   TYPE DEVICE SIZE/OFF NODE NAME
systemd-r   692 systemd-resolve   13u  IPv4  28462      0t0  TCP localhost:domain
 (LISTEN)
cupsd       960            root    6u  IPv6  31858      0t0  TCP ip6-localhost:ip
p (LISTEN)
```

图 7-25　列出使用指定协议的网络连接

【实例 7-18】 查看特定用户打开的特定类型文件。

本实例查看所属 root 用户运行的进程所打开的文件类型为.txt 的文件。输入如下指令：

```
john@lab:~$ sudo lsof -a -u root -d txt
```

以上指令的执行效果如图 7-26 所示。

```
john@lab:~$ sudo lsof -a -u root -d txt
lsof: WARNING: can't stat() fuse.gvfsd-fuse file system /run/user/1000/gvfs
      Output information may be incomplete.
lsof: WARNING: can't stat() fuse file system /run/user/1000/doc
      Output information may be incomplete.
COMMAND     PID USER  FD       TYPE DEVICE SIZE/OFF    NODE NAME
systemd       1 root txt        REG   8,17  1497296 1057192 /usr/lib/systemd/syste
md
kthreadd      2 root txt    unknown                         /proc/2/exe
rcu_gp        3 root txt    unknown                         /proc/3/exe
```

图 7-26 查看特定用户打开的特定类型文件

以上指令会按照 PID，从 1 号进程开始列出系统中所有进程正在调用的文件。如果输出内容较多，则建议分页显示。输入如下指令：

```
john@lab:~$ sudo lsof -a -u root -d txt |more
```

以上指令的执行效果如图 7-27 所示。

```
john@lab:~$ sudo lsof -a -u root -d txt |more
lsof: WARNING: can't stat() fuse.gvfsd-fuse file system /run/user/1000/gvfs
      Output information may be incomplete.
lsof: WARNING: can't stat() fuse file system /run/user/1000/doc
      Output information may be incomplete.
COMMAND     PID USER  FD       TYPE DEVICE SIZE/OFF    NODE NAME
systemd       1 root txt        REG   8,17  1497296 1057192 /usr/lib/systemd/syste
md
```

图 7-27 分页显示

【实例 7-19】 循环列出文件，直到被中断。

本实例中的参数值为 1，表示每秒重复打印 1 次，可以用来监测网络活动。输入如下指令：

```
john@lab:~$ sudo lsof -r 1 -u john -i -a
```

以上指令的执行效果如图 7-28 所示。

```
john@lab:~$ sudo lsof -r 1 -u john -i -a
lsof: WARNING: can't stat() fuse.gvfsd-fuse file system /run/user/1000/gvfs
      Output information may be incomplete.
lsof: WARNING: can't stat() fuse file system /run/user/1000/doc
      Output information may be incomplete.
COMMAND  PID USER    FD   TYPE DEVICE SIZE/OFF NODE NAME
sshd    2867 john    4u  IPv4  51628      0t0  TCP lab:ssh->192.168.32.1:62384 (
ESTABLISHED)
=======
```

图 7-28 循环列出文件，直到被中断

7.3 进程状态控制

7.3.1 调整进程优先级的命令 nice

命令功能：nice 命令用于调整进程的 niceness。niceness 即友善度/谦让度。当进程的 niceness 值为负时，友善度低，表示进程具备高优先级，因而能提前执行并获得更多的资源；反之，则表示高友善度，低优先级。

命令语法：

```
nice 命令[选项]
```

主要参数：在该命令中，选项的主要参数的含义如表 7-4 所示。

表 7-4　nice 命令选项主要参数含义

选项	参数含义
-n，--adjustment=N	将 niceness 设置为 N（默认 N=10）
--help	显示此帮助信息并退出
--version	显示版本信息并退出

【实例 7-20】 查看系统进程默认的 niceness 值。

当 nice 命令无参数时，其输出值表示系统进程默认的 niceness 值，一般为 0。

输入如下指令：

```
zp@lab:~$ nice
```

以上指令的执行效果如图 7-29 所示。

```
zp@lab:~$ nice
0
```

图 7-29　查看系统进程默认的 niceness 值

【实例 7-21】 调整进程的优先级：使用默认值。

当 nice 命令没有给出具体的 niceness 值时，默认为 10。如 nice vi 指令可设置 vi 进程的 niceness 值为 10。输入如下指令：

```
zp@lab:~$ nice vi&
zp@lab:~$ ps -l
```

以上指令的执行效果如图 7-30 所示。

```
zp@lab:~$ nice vi&
[1] 22951
zp@lab:~$ ps -l
F S   UID     PID    PPID  C PRI  NI ADDR SZ WCHAN  TTY          TIME CMD
0 S  1000   13442   13441  0  80   0 -  4984 do_wai pts/0    00:00:00 bash
0 T  1000   22951   13442  0  90  10 -  8275 do_sig pts/0    00:00:00 vi
0 R  1000   22952   13442  0  80   0 -  5009 -      pts/0    00:00:00 ps

[1]+  已停止               nice vi
```

图 7-30　调整进程的优先级：使用默认值

由于 vi 会独占当前终端，无法查看执行效果，在其后加&，可将 vi 放入后台执行。在图 7-30 中，进程 vi 的 PID 是 22951，而读者的 PID 可能是其他值。

通过 ps -l 指令可以查看进程的 niceness 值。注意，在 ps -l 指令返回的结果中，NI 列的值就是进程的优先级。目前进程 22951 的 niceness 值为 10。值越大，代表优先级越低。PRI 列的值表示进程当前的总优先级。该值越小，表示优先级越高。该值由进程默认的 PRI 加上 NI 得到，即 PRI(new) = PRI(old) + NI。在图 7-30 中，进程默认的 PRI 是 80，加上值为 10 的 NI 后，vi 进程的 PRI 为 90。因此需要注意的是，NI（niceness 的值）只是进程优先级的一部分，不能完全决定进程的优先级，但 niceness 值的绝对值越大，效果越显著。

【实例 7-22】 调整进程的优先级：使用指定的 niceness 值。

通过-n 参数，可以指定具体的 niceness 值。niceness 值的范围为-20～19，小于-20 或大于 19 的值分别记为-20 和 19。输入如下指令：

```
zp@lab:~$ nice -n 15 vi&
```

以上指令的执行效果如图 7-31 所示。

```
zp@lab:~$ nice -n 15 vi&
[2] 23005
zp@lab:~$ ps -l
F S   UID     PID    PPID  C PRI  NI ADDR SZ WCHAN  TTY          TIME CMD
0 S  1000   13442   13441  0  80   0 -  4984 do_wai pts/0    00:00:00 bash
0 T  1000   22951   13442  0  90  10 -  8275 do_sig pts/0    00:00:00 vi
0 T  1000   23005   13442  0  95  15 -  8275 do_sig pts/0    00:00:00 vi
0 R  1000   23018   13442  0  80   0 -  5009 -      pts/0    00:00:00 ps

[2]+  已停止               nice -n 15 vi
```

图 7-31　调整进程的优先级：使用指定的 niceness 值

该指令设置 vi 进程的 niceness 值为 15，也就是说优先级较低。

如果将 niceness 值设置为负，则必须要有管理员权限。当 niceness 为负时，意味着该进程要抢占其他进程的资源，因此必须要有管理员权限才能操作；如果 niceness 为正，即谦让度高，不需要抢占其他进程资源，则不需要管理员权限。输入如下指令：

```
zp@lab:~$ nice -n -15 vi&
#niceness值为负时，需要管理员权限
zp@lab:~$ sudo nice -n -15 vi&
zp@lab:~$ sudo ps -l
```

以上指令的执行效果分别如图 7-32 和图 7-33 所示。

```
zp@lab:~$ nice -n -15 vi&
[3] 23032
zp@lab:~$ nice: 无法设置优先级: 权限不够
```

图 7-32　设置 niceness 值为负时需要管理员权限

```
zp@lab:~$ sudo nice -n -15 vi&
[2] 8260
zp@lab:~$ sudo ps -l
F S   UID     PID    PPID  C PRI  NI ADDR SZ WCHAN  TTY          TIME CMD
4 T     0    8239    7825  0  80   0 -  5061 do_sig pts/2    00:00:00 sudo
4 T     0    8260    7825  0  80   0 -  5151 do_sig pts/2    00:00:00 sudo
4 T     0    8261    8260  2  65 -15 -  8275 do_sig pts/2    00:00:00 vi
```

图 7-33　设置 niceness 值

--adjustment=N 参数和-n N 参数的效果是一样的，在等号右边设置对应的 niceness 值即可。输入如下指令：

```
zp@lab:~$ nice --adjustment=15 vi&
zp@lab:~$ ps -l
```

以上指令的执行效果如图 7-34 所示。

```
zp@lab:~$ nice --adjustment=15 vi&
[7] 23131
zp@lab:~$ ps -l
F S   UID     PID    PPID  C PRI  NI ADDR SZ WCHAN  TTY          TIME CMD
0 S  1000   13442   13441  0  80   0 -  4984 do_wai pts/0    00:00:00 bash
0 T  1000   23131   13442  0  95  15 -  8275 do_sig pts/0    00:00:00 vi
```

图 7-34　在等号右边设置 niceness 值

直接使用-n 参数也可以设置 niceness 值。比如，nice -15 vi&将 vi 的 niceness 值设置为 15，如果是 nice --15 vi&的话，则会将 niceness 的值设置为-15。这很容易混淆，建议使用-n 或 --adjustment 参数，这样不易出错。

输入如下指令：

```
zp@lab:~$ nice -15 vi&
zp@lab:~$ sudo nice --15 vi&
```

以上指令的执行效果分别如图 7-35 和图 7-36 所示。

```
zp@lab:~$ nice -15 vi&
[9] 23155
zp@lab:~$ ps -l
F S   UID     PID    PPID  C PRI  NI ADDR SZ WCHAN  TTY          TIME CMD
0 S  1000   13442   13441  0  80   0 -  4984 do_wai pts/0    00:00:00 bash
0 T  1000   23131   13442  0  95  15 -  8275 do_sig pts/0    00:00:00 vi
0 T  1000   23139   13442  0  95  15 -  8275 do_sig pts/0    00:00:00 vi
0 T  1000   23155   13442  0  95  15 -  8275 do_sig pts/0    00:00:00 vi
```

图 7-35　直接使用-n 参数

```
zp@lab:~$ sudo nice --15 vi&
[3] 8352
zp@lab:~$ sudo ps -l
F S   UID     PID    PPID  C PRI  NI ADDR SZ WCHAN  TTY          TIME CMD
4 T     0    8239    7825  0  80   0 -  5061 do_sig pts/2    00:00:00 sudo
4 T     0    8260    7825  0  80   0 -  5151 do_sig pts/2    00:00:00 sudo
4 T     0    8261    8260  0  65 -15 -  8275 do_sig pts/2    00:00:00 vi
4 T     0    8352    7825  0  80   0 -  5151 do_sig pts/2    00:00:00 sudo
4 T     0    8353    8352  0  65 -15 -  8275 do_sig pts/2    00:00:00 vi
4 S     0    8354    7825  0  80   0 -  5151 poll_s pts/2    00:00:00 sudo
4 R     0    8355    8354  0  80   0 -  5009 -      pts/2    00:00:00 ps
```

图 7-36　使用--adjustment 参数

7.3.2　改变运行进程优先级的命令 renice

命令功能：nice 命令可以为即将运行的进程设置 niceness 值，而 renice 命令用于改变正在运行的进程的 niceness 值。renice，字面意思即重新设置 niceness 值。进程启动时默认的 niceness 值为 0，可以用 renice 命令对其进行更新。

命令语法：

```
renice [-n] <优先级> [-p|--pid] <pid>…
renice [-n] <优先级>  -g|--pgrp <pgid>…
renice [-n] <优先级>  -u|--user <用户>…
```

主要参数：在该命令中，选项的主要参数的含义如表 7-5 所示。

表 7-5　renice 命令选项主要参数含义

选项	参数含义
-n	指定 nice 增量
-p	将参数解释为进程 ID（默认）
-g	将参数解释为进程组 ID
-u	将参数解释为用户名或用户 ID

例如：

```
renice -8 -p 37475   #将PID为37475的进程的niceness设置为-8
renice -8 -u zp      #将属于用户zp的进程的niceness设置为-8
renice -8 -g zpG     #将属于zpG组的程序的niceness设置为-8
```

【实例 7-23】 renice 使用实例。

本实例将指定进程（PID 为 37475）的 niceness 设置为-8。输入如下指令：

```
#查看进程的PID和niceness信息
zp@lab:~$ ps -l
#调整进程的niceness值
zp@lab:~$ renice -8 -p 37475 #提示权限不够
zp@lab:~$ sudo renice -8 -p 37475
```

```
#查看调整结果
zp@lab:~$ ps -l
```

以上指令的执行效果如图 7-37 所示。

```
zp@lab:~$ ps -l
F S   UID     PID    PPID  C PRI  NI ADDR SZ WCHAN  TTY          TIME CMD
0 S  1000   25151   25045  0  80   0 -  4887 do_wai pts/1    00:00:00 bash
0 D  1000   37475   25151 99  80   0 -  7683 generi pts/1    00:00:07 vi
0 R  1000   37483   25151  0  80   0 -  5009 -      pts/1    00:00:00 ps
zp@lab:~$
zp@lab:~$ renice -8 -p 37475
renice: 设置 37475 的优先级失败(process ID): 权限不够

[1]+  已停止               vi
zp@lab:~$ sudo renice -8 -p 37475
[sudo] zp 的密码:
37475 (process ID) 旧优先级为 0，新优先级为 -8
zp@lab:~$
zp@lab:~$ ps -l
F S   UID     PID    PPID  C PRI  NI ADDR SZ WCHAN  TTY          TIME CMD
0 S  1000   25151   25045  0  80   0 -  4887 do_wai pts/1    00:00:00 bash
0 T  1000   37475   25151  9  72  -8 -  8224 do_sig pts/1    00:00:09 vi
0 R  1000   37518   25151  0  80   0 -  5009 -      pts/1    00:00:00 ps
```

图 7-37　renice 命令使用实例

7.3.3　向进程发送信号的命令 kill

命令功能：kill 命令可以发送指定的信号到相应进程。在实际应用中，所发送的最常见信号是 SIGKILL(9)，用于杀死某个进程。

命令语法：

```
kill [-s 信号声明 | -n 信号编号 | -信号声明] 进程号 | 任务声明 …
```

或

```
kill -l [信号声明]
```

主要参数：在该命令中，选项主要参数的含义如表 7-6 所示。

表 7-6　kill 命令选项主要参数含义

选项	参数含义
-l	列出全部信号名称
-s	指定发送信号名称
-n	指定发送信号编号

【实例 7-24】 列出所有信号的编号和名称。

使用-l 参数，可以列出所有信号的数值编号和名称。输入如下指令：

```
zp@lab:~$ kill -l
```

以上指令的执行效果如图 7-38 所示。

```
zp@lab:~$ kill -l
 1) SIGHUP       2) SIGINT       3) SIGQUIT      4) SIGILL       5) SIGTRAP
 6) SIGABRT      7) SIGBUS       8) SIGFPE       9) SIGKILL     10) SIGUSR1
11) SIGSEGV     12) SIGUSR2     13) SIGPIPE     14) SIGALRM     15) SIGTERM
16) SIGSTKFLT   17) SIGCHLD     18) SIGCONT     19) SIGSTOP     20) SIGTSTP
21) SIGTTIN     22) SIGTTOU     23) SIGURG      24) SIGXCPU     25) SIGXFSZ
26) SIGVTALRM   27) SIGPROF     28) SIGWINCH    29) SIGIO       30) SIGPWR
31) SIGSYS      34) SIGRTMIN    35) SIGRTMIN+1  36) SIGRTMIN+2  37) SIGRTMIN+3
38) SIGRTMIN+4  39) SIGRTMIN+5  40) SIGRTMIN+6  41) SIGRTMIN+7  42) SIGRTMIN+8
43) SIGRTMIN+9  44) SIGRTMIN+10 45) SIGRTMIN+11 46) SIGRTMIN+12 47) SIGRTMIN+13
48) SIGRTMIN+14 49) SIGRTMIN+15 50) SIGRTMAX-14 51) SIGRTMAX-13 52) SIGRTMAX-12
53) SIGRTMAX-11 54) SIGRTMAX-10 55) SIGRTMAX-9  56) SIGRTMAX-8  57) SIGRTMAX-7
58) SIGRTMAX-6  59) SIGRTMAX-5  60) SIGRTMAX-4  61) SIGRTMAX-3  62) SIGRTMAX-2
63) SIGRTMAX-1  64) SIGRTMAX
zp@lab:~$ _
```

图 7-38　列出所有信号的编号和名称

在-l后面加上想要查找的信号名，可以得到对应的信号值，即：

```
kill -l信号名
```

输入如下指令：

```
zp@lab:~$ kill -l SIGHUP
zp@lab:~$ kill -l SIGKILL
```

执行以上指令，可以分别得到 SIGHUP 和 SIGKILL 的信号值。执行效果如图 7-39 所示。

```
zp@lab:~$ kill -l SIGHUP
1
zp@lab:~$ kill -l SIGKILL
9
```

图 7-39 列出指定信号的编号

【实例 7-25】 先用 ps 命令查找进程，再用 kill 命令将指定进程杀死。

输入如下指令：

```
#ps查找进程
zp@lab:~$ ps -l
#杀死进程
zp@lab:~$ kill -KILL 23131
#确认该进程已被杀死
zp@lab:~$ ps -l
```

以上指令的执行效果如图 7-40 所示。

```
zp@lab:~$ ps -l
F S   UID    PID   PPID  C PRI  NI ADDR SZ WCHAN  TTY          TIME CMD
0 S  1000  13442  13441  0  80   0 -  4984 do_wai pts/0    00:00:00 bash
0 T  1000  23131  13442  0  95  15 -  8275 do_sig pts/0    00:00:00 vi
0 T  1000  23139  13442  0  95  15 -  8275 do_sig pts/0    00:00:00 vi
0 T  1000  23155  13442  0  95  15 -  8275 do_sig pts/0    00:00:00 vi
0 R  1000  23274  13442  0  80   0 -  5009 -      pts/0    00:00:00 ps
zp@lab:~$
zp@lab:~$ kill -KILL 23131
zp@lab:~$ ps -l
F S   UID    PID   PPID  C PRI  NI ADDR SZ WCHAN  TTY          TIME CMD
0 S  1000  13442  13441  0  80   0 -  4984 do_wai pts/0    00:00:00 bash
0 T  1000  23139  13442  0  95  15 -  8275 do_sig pts/0    00:00:00 vi
0 T  1000  23155  13442  0  95  15 -  8275 do_sig pts/0    00:00:00 vi
0 R  1000  23284  13442  0  80   0 -  5009 -      pts/0    00:00:00 ps
[7]   已杀死                  nice --adjustment=15 vi
```

图 7-40 先用 ps 命令查找进程再用 kill 命令杀死指定进程

在以上指令中，我们使用了信号名称 KILL；如果用信号编号 9，效果一样。输入如下指令：

```
zp@lab:~$ ps -l
zp@lab:~$ kill -9 23139
```

以上指令的执行效果如图 7-41 所示。

```
zp@lab:~$ ps -l
F S   UID    PID   PPID  C PRI  NI ADDR SZ WCHAN  TTY          TIME CMD
0 S  1000  13442  13441  0  80   0 -  4984 do_wai pts/0    00:00:00 bash
0 T  1000  23139  13442  0  95  15 -  8275 do_sig pts/0    00:00:00 vi
0 T  1000  23155  13442  0  95  15 -  8275 do_sig pts/0    00:00:00 vi
0 R  1000  23284  13442  0  80   0 -  5009 -      pts/0    00:00:00 ps
[7]   已杀死                  nice --adjustment=15 vi
zp@lab:~$
zp@lab:~$ kill -9 23139
zp@lab:~$ ps -l
F S   UID    PID   PPID  C PRI  NI ADDR SZ WCHAN  TTY          TIME CMD
0 S  1000  13442  13441  0  80   0 -  4984 do_wai pts/0    00:00:00 bash
0 T  1000  23155  13442  0  95  15 -  8275 do_sig pts/0    00:00:00 vi
0 R  1000  23305  13442  0  80   0 -  5009 -      pts/0    00:00:00 ps
[8]   已杀死                  nice -n 15 vi
```

图 7-41 使用信号编号

【实例 7-26】 先用 pidof 命令查找进程，再用 kill 命令将指定进程杀死。

假定读者的系统后台已经存在一个 vi 进程。输入如下指令：

```
zp@lab:~$ pidof vi
zp@lab:~$ kill -9 23155
zp@lab:~$ ps -l
```

以上指令的执行效果如图 7-42 所示。

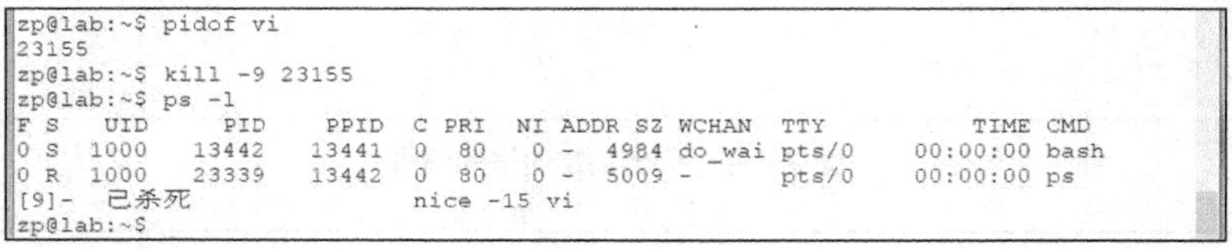

```
zp@lab:~$ pidof vi
23155
zp@lab:~$ kill -9 23155
zp@lab:~$ ps -l
F S   UID     PID    PPID  C PRI  NI ADDR SZ WCHAN  TTY          TIME CMD
0 S  1000   13442   13441  0  80   0 -  4984 do_wai pts/0    00:00:00 bash
0 R  1000   23339   13442  0  80   0 -  5009 -      pts/0    00:00:00 ps
[9]-  已杀死                  nice -15 vi
zp@lab:~$
```

图 7-42　先用 pidof 命令查找进程再用 kill 命令杀死指定进程

【实例 7-27】 先用 grep 命令查找进程，再用 kill 命令将指定进程杀死。

输入如下指令：

```
zp@lab:~$ nice -n 15 vi&
zp@lab:~$ ps -l
zp@lab:~$ ps -l |grep vi
zp@lab:~$ kill -9 23364
zp@lab:~$ ps -l
```

以上指令的执行效果如图 7-43 所示。

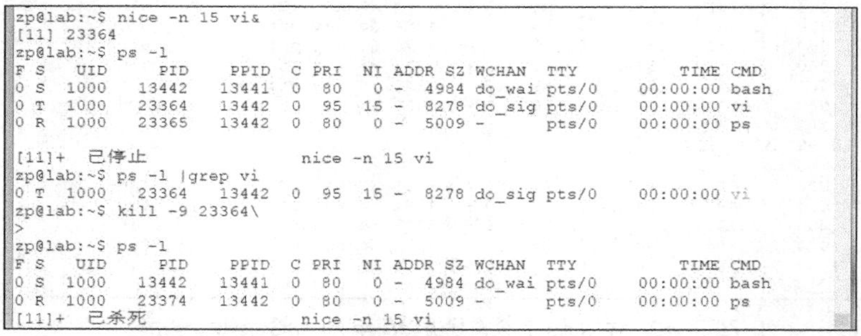

```
zp@lab:~$ nice -n 15 vi&
[11] 23364
zp@lab:~$ ps -l
F S   UID     PID    PPID  C PRI  NI ADDR SZ WCHAN  TTY          TIME CMD
0 S  1000   13442   13441  0  80   0 -  4984 do_wai pts/0    00:00:00 bash
0 T  1000   23364   13442  0  95  15 -  8278 do_sig pts/0    00:00:00 vi
0 R  1000   23365   13442  0  80   0 -  5009 -      pts/0    00:00:00 ps

[11]+  已停止                 nice -n 15 vi
zp@lab:~$ ps -l |grep vi
0 T  1000   23364   13442  0  95  15 -  8278 do_sig pts/0    00:00:00 vi
zp@lab:~$ kill -9 23364\
>
zp@lab:~$ ps -l
F S   UID     PID    PPID  C PRI  NI ADDR SZ WCHAN  TTY          TIME CMD
0 S  1000   13442   13441  0  80   0 -  4984 do_wai pts/0    00:00:00 bash
0 R  1000   23374   13442  0  80   0 -  5009 -      pts/0    00:00:00 ps
[11]+  已杀死                 nice -n 15 vi
```

图 7-43　先用 grep 命令查找进程再用 kill 命令杀死指定进程

7.3.4　通过名字杀死进程的命令 killall

命令功能：Linux 操作系统中的 killall 命令用于杀死指定名字的进程。killall 命令可以根据名字来杀死进程，它会给指定名字的所有进程发送信号。

命令语法：

```
killall [选项][进程号]
```

主要参数：在该命令中，选项的主要参数的含义如表 7-7 所示。

表 7-7　killall 命令选项主要参数含义

选项	参数含义
-e	要求精准匹配进程名称
-I	进程名匹配不区分大小写（此参数 I 为大写）

续表

选项	参数含义
-g	杀死进程组，而不是进程
-i	交互模式，杀死进程前先询问用户
-l	列出所有的已知信号名称（此参数l为list首字母的小写形式）
-q	不输出警告信息
-s	发送指定的信号
-u	终止指定用户的所有进程

【实例7-28】杀死某一类进程。

执行nice -n 15 vi&指令3次，得到3个vi相关进程。然后对它们进行进一步操作。输入如下指令：

```
zp@lab:~$ nice -n 15 vi&
zp@lab:~$ nice -n 15 vi&
zp@lab:~$ nice -n 15 vi&
zp@lab:~$ ps -l
zp@lab:~$ killall -9 vi
zp@lab:~$ ps -l
```

以上指令的执行效果如图7-44所示。

```
zp@lab:~$ nice -n 15 vi&
[11] 23664
zp@lab:~$ nice -n 15 vi&
[12] 23665

[11]+  已停止               nice -n 15 vi
zp@lab:~$ nice -n 15 vi&
[13] 23672

[12]+  已停止               nice -n 15 vi
zp@lab:~$ ps -l
F S   UID     PID    PPID  C PRI  NI ADDR SZ WCHAN  TTY          TIME CMD
0 S  1000   13442   13441  0  80   0 -  4984 do_wai pts/0    00:00:00 bash
0 T  1000   23664   13442  0  95  15 -  8278 do_sig pts/0    00:00:00 vi
0 T  1000   23665   13442  0  95  15 -  8278 do_sig pts/0    00:00:00 vi
0 T  1000   23672   13442  0  95  15 -  8278 do_sig pts/0    00:00:00 vi
0 R  1000   23673   13442  0  80   0 -  5009 -      pts/0    00:00:00 ps

[13]+  已停止               nice -n 15 vi
zp@lab:~$ killall -9 vi
[11]   已杀死               nice -n 15 vi
[12]-  已杀死               nice -n 15 vi
zp@lab:~$ ps -l
F S   UID     PID    PPID  C PRI  NI ADDR SZ WCHAN  TTY          TIME CMD
0 S  1000   13442   13441  0  80   0 -  4984 do_wai pts/0    00:00:00 bash
0 R  1000   23682   13442  0  80   0 -  5009 -      pts/0    00:00:00 ps
[13]+  已杀死               nice -n 15 vi
```

图7-44 杀死某一类进程

【实例7-29】交互式杀死进程。

执行nice -n 15 vi&指令3次，得到3个vi相关进程。然后对它们进行进一步操作。输入如下指令：

```
zp@lab:~$ nice -n 15 vi&
zp@lab:~$ nice -n 15 vi&
zp@lab:~$ nice -n 15 vi&
zp@lab:~$ ps -l
zp@lab:~$ killall -i -9 vi
zp@lab:~$ ps -l
```

以上指令的执行效果如图7-45和图7-46所示。

```
zp@lab:~$ nice -n 15 vi&
[11] 23791
zp@lab:~$ nice -n 15 vi&
[12] 23792

[11]+  已停止               nice -n 15 vi
zp@lab:~$ nice -n 15 vi&
[13] 23793

[12]+  已停止               nice -n 15 vi
zp@lab:~$ ps -l
F S   UID     PID    PPID  C PRI  NI ADDR SZ WCHAN  TTY          TIME CMD
0 S  1000   13442   13441  0  80   0 -  4984 do_wai pts/0    00:00:00 bash
0 T  1000   23791   13442  0  95  15 -  8278 do_sig pts/0    00:00:00 vi
0 T  1000   23792   13442  0  95  15 -  8278 do_sig pts/0    00:00:00 vi
0 T  1000   23793   13442  0  95  15 -  8278 do_sig pts/0    00:00:00 vi
```

图 7-45　启动 3 个 vi 相关进程

```
zp@lab:~$ killall -i -9 vi
信号 vi(23854) ? (y/N) y
信号 vi(23855) ? (y/N) y
信号 vi(23856) ? (y/N) y
[11]   已杀死               nice -n 15 vi
[12]-  已杀死               nice -n 15 vi
zp@lab:~$ ps -l
F S   UID     PID    PPID  C PRI  NI ADDR SZ WCHAN  TTY          TIME CMD
0 S  1000   13442   13441  0  80   0 -  4984 do_wai pts/0    00:00:00 bash
0 R  1000   23867   13442  0  80   0 -  5009 -      pts/0    00:00:00 ps
[13]+  已杀死               nice -n 15 vi
```

图 7-46　交互式杀死进程

【实例 7-30】 终止指定用户的所有进程。

先查看指定用户的所有进程。输入如下指令：

```
zp@lab:~$ ps -ef |grep zp
```

以上指令的执行效果如图 7-47 所示。

```
zp@lab:~$ ps -ef |grep zp
zp          1657       1  0 19:17 ?        00:00:00 /lib/systemd/systemd --user
zp          1664    1657  0 19:17 ?        00:00:01 [pulseaudio] <defunct>
zp          1674    1657  0 19:17 ?        00:00:00 [dbus-daemon] <defunct>
zp          1703    1649  0 19:17 tty2     00:00:00 /usr/lib/gdm3/gdm-x-session
--run-script env GNOME_SHELL_SESSION_MODE=ubuntu /usr/bin/gnome-session --system
d --session=ubuntu
zp          1764    1703  0 19:17 tty2     00:00:00 /usr/libexec/gnome-session-b
inary --systemd --systemd --session=ubuntu
zp          1840    1764  0 19:17 ?        00:00:00 [ssh-agent] <defunct>
zp          1873    1657  0 19:17 ?        00:00:00 [ibus-portal] <defunct>
zp          1880    1657  0 19:17 ?        00:00:00 [at-spi-bus-laun] <defunct>
```

图 7-47　查看指定用户的所有进程

再使用 killall -u 指令杀死指定用户的进程。输入如下指令：

```
zp@lab:~$ killall -u zp
```

以上指令的执行效果如图 7-48 所示。

```
zp         24014   23922  0 21:11 ?        00:00:00 sshd: zp@pts/0
zp         24015   24014  0 21:11 pts/0    00:00:00 -bash
zp         24033   24015  0 21:11 pts/0    00:00:00 ps -ef
zp         24034   24015  0 21:11 pts/0    00:00:00 grep --color=auto zp
zp@lab:~$
zp@lab:~$ killall -u zp
```

图 7-48　终止指定用户的所有进程

7.4　进程启动与作业控制

Linux 操作系统通常将正在执行的一个或者多个相关进程称为一个作业（job）。作业是用户向计算机提交的任务实体，而进程则是完成用户任务的执行实体，是向系统申请分配资源的基本单位。作业通常与终端相关。用户通过终端启动一个进程，就生成了一个作业，该作业通常只针对当前终端有效。一个作业可以包含一个或者多个进程。用户通过作业控制可以将进程挂起，也可以在需要时将其恢复运行。

7.4.1 进程的启动

启动进程主要有两个途径：手动启动和调度启动。对于初学者，手动启动是较常用的进程启动方式。用户通过在终端中输入要执行的程序来启动进程的过程，就是手动启动。调度启动则是事先设定任务运行时间，到达指定时间后，系统自动运行该任务。Linux 操作系统提供了 cron、at、batch 等自动化任务配置管理工具，用于进程的调度启动。

进程启动可以分为前台启动和后台启动。前台启动是默认的启动方式。读者在本书前面的章节中接触的大多都是前台启动。若在命令的最后添加“&”字符，则其会变为后台启动，此时，用户可以在当前终端中继续运行和处理其他程序，而与后台启动进程互不干扰。

【实例 7-31】 进程的前/后台启动。

启动进程时，将“&”字符加在指令的最后，可以通过后台启动方式运行该命令。读者可以输入如下指令，自行比较两种启动方式的区别。

```
zp@lab:~$ vi &    #后台启动
zp@lab:~$ vi      #前台启动
```

7.4.2 进程的挂起

操作过 vi 命令的读者都有这样的经历：在 Shell 终端上运行 vi 命令后，整个 Shell 终端都被 vi 进程所占用。在 Linux 操作系统中有大量此类程序存在，特别是在终端命令运行 GUI 程序时。一般情况下，除非将 GUI 程序关掉，否则终端会一直被占用。一方面，可以通过后台启动方式将该进程放入后台运行，以避免其独占终端。另一方面，可以使用 Ctrl+Z 组合键挂起当前进程，待完成其他任务后再恢复该进程。

【实例 7-32】 当不用时将前台任务挂起，需要时再运行。

输入如下指令。

```
zp@lab:~$ vi
```

以上指令的执行效果如图 7-49 所示。此时打开 vi 编辑器，在编辑区域内输入三行文字，以区分后续实例中的其他 vi 进程。

```
Hello, I'm zp.
Hello, I'm zp.
Hello, I'm zp.
```

图 7-49 在 vi 编辑器中输入三行文字

一般情况下，vi 进程将独占整个终端（故在图 7-49 中看不到命令行代码）。在未退出之前，无法进行其他操作。也就是说，此时读者不能在 Shell 程序中继续执行其他命令了，除非将该 vi 进程关掉。当使用 vi 命令创建或者编辑一个文件时，如果需要用 Shell 程序执行别的操作，但是又不打算关闭 vi 进程，则读者可以按 Ctrl+Z 组合键将 vi 进程挂起。在结束了 Shell 程序操作后，用 fg 命令继续运行 vi 进程。执行效果如图 7-50 所示。

```
zp@lab:~$ vi

[1]+  已停止            vi
zp@lab:~$ jobs
[1]+  已停止            vi
zp@lab:~$ fg
```

图 7-50 将前台任务挂起

7.4.3 使用 jobs 命令显示任务状态

命令功能：Linux 下的 jobs 命令用于显示任务状态。jobs 命令可以列出活动的任务。无参数时，显示所有活动任务的状态。

命令语法：

```
jobs [选项] [任务声明 …]
```

主要参数：在该命令中，选项的主要参数的含义如表 7-8 所示。

表 7-8 jobs 命令选项主要参数含义

选项	参数含义
-l	在正常信息的基础上列出进程号
-n	仅列出上次通告之后改变了状态的进程
-p	仅列出进程号
-r	限制仅输出运行中的任务
-s	限制仅输出停止的任务

【实例 7-33】 jobs 命令使用实例。

在 jobs 命令中加入-l 参数，可显示所有后台进程的 PID。假定读者依次完成了本章的实例，那么此时，后台存在一个 vi 进程。输入如下指令：

```
#列出进程号
zp@lab:~$ jobs -l
#开启一个新的vi进程
zp@lab:~$ vi #this is another vi job
#按Ctrl+Z组合键，将该vi进程挂起
#列出进程号
zp@lab:~$ jobs -l
```

首先，输入 jobs –l 指令，可以发现，此时已经存在一个 PID 为 26809 的 vi 进程。指令的执行效果如图 7-51 所示。接着，输入 vi 命令，开启一个新的 vi 进程，在 vi 进程编辑区中输入“this is another vi job”，以与之前的 vi 进程加以区分，效果如图 7-52 所示。按 Ctrl+Z 组合键，将该 vi 进程挂起。最后，输入 jobs –l 指令，可以发现，此时后台增加了一个新的 vi 进程。注意，这里有两个 vi 进程，第一个的 PID 是 26809，对应的是之前实例中的 vi 进程（正文内容对应“Hello，I'm zp”），第二个的 PID 是 27030，对应的是刚启动的 vi 进程（正文内容对应“this is another vi job”）。在 jobs 命令执行的结果中，加号“+”表示其是一个当前的作业，减号“–”表示是一个当前作业之后的作业。例如：27030 前面的加号“+”表示该进程是当前进程。26809 前面是减号“–”。进程的状态可以是 running、stopped、terminated。如果任务被终止了（kill），那么 Shell 程序将从当前环境的已知列表中删除任务的进程标志。

```
zp@lab:~$ jobs -l
[1]+ 26809 停止                 vi
zp@lab:~$ vi # this is another vi job

[2]+  已停止              vi
zp@lab:~$ jobs -l
[1]- 26809 停止                 vi
[2]+ 27030 停止                 vi
```

图 7-51 jobs 命令使用实例

```
This is another vi job
This is another vi job
This is another vi job
```

图 7-52 打开新的 vi 进程

7.4.4 使用fg命令将任务移至前台

命令功能：fg [%N]命令将指定的任务N移至前台。N是通过jobs命令查到的后台任务编号（不是pid）。如果不指定任务编号，那么Shell程序中的“当前任务”将会被使用。

【实例7-34】 fg命令使用实例。

假定读者依次完成了本章的实例，那么此时，后台存在两个vi进程。先来查看后台进程，输入如下指令：

```
zp@lab:~$ jobs -l #列出进程信息
```

以上指令的执行效果如图7-53所示。

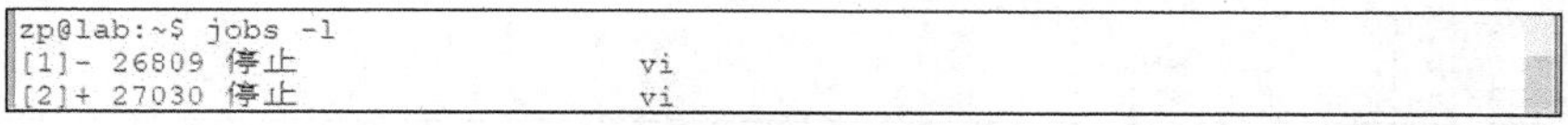

```
zp@lab:~$ jobs -l
[1]- 26809 停止                    vi
[2]+ 27030 停止                    vi
```

图7-53 查看后台进程

图7-53中显示27030前面有一个加号“+”，表示该进程（27030）是当前任务。如果此时直接执行fg命令，则默认将27030进程恢复到前台执行。而26809前面是减号“-”，表示相应进程不是当前任务。其前面还有一个编号1。如果要指定将26809恢复到前台执行，则可以使用fg %1。我们在不同vi进程的编辑区域输入不同内容，就可发现它们的区别。输入如下指令：

```
zp@lab:~$ fg            #默认将进程27030恢复到前台执行
zp@lab:~$ fg %1         #将进程26809恢复到前台执行
```

以上指令的执行效果如图7-54所示。

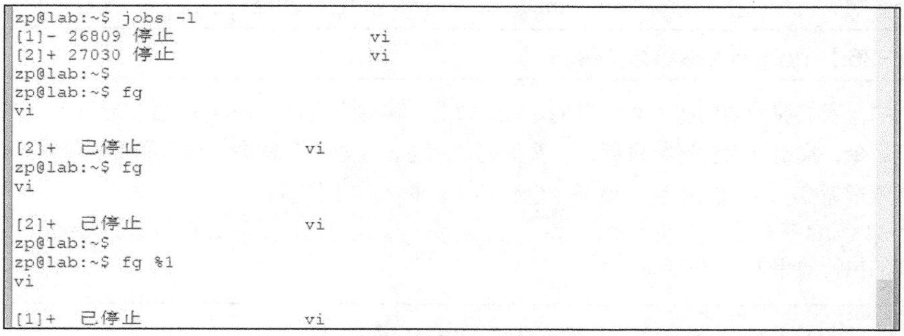

```
zp@lab:~$ jobs -l
[1]- 26809 停止                    vi
[2]+ 27030 停止                    vi
zp@lab:~$
zp@lab:~$ fg
vi

[2]+  已停止               vi
zp@lab:~$ fg
vi

[2]+  已停止               vi
zp@lab:~$
zp@lab:~$ fg %1
vi

[1]+  已停止               vi
```

图7-54 将进程恢复到前台执行

7.4.5 使用bg命令将任务移至后台

命令功能：使用bg [%N]指令将选中的任务N（不是pid）移至后台执行，就像它们是带“&”启动的那样。bg命令会唤醒在后台暂停的任务N。如果此时后台有多个任务，则可以用N指定。如果N不存在，那么Shell程序中的“当前任务”将会被使用。

【实例7-35】 bg命令使用实例。

输入如下指令：

```
zp@lab:~$ jobs -l
zp@lab:~$ bg
zp@lab:~$ jobs -l
zp@lab:~$ bg 2
zp@lab:~$ jobs -l
```

以上指令的执行效果如图 7-55 所示。

```
zp@lab:~$ jobs -l
[2]- 39510 停止                       vi
[3]+ 39518 停止                       vi
zp@lab:~$
zp@lab:~$ bg
[3]+ vi &

[3]+  已停止                  vi
zp@lab:~$ jobs -l
[2]- 39510 停止                       vi
[3]+ 39518 停止 (tty 输出)        vi
zp@lab:~$
zp@lab:~$ bg 2
[2]- vi &
zp@lab:~$ jobs -l
[2]+ 39510 停止 (tty 输出)        vi
[3]- 39518 停止 (tty 输出)        vi
```

图 7-55　bg 命令使用实例

7.4.6　使用 nohup 命令启动脱离终端运行的任务

命令功能：nohup 命令可以忽略挂起信号运行的指令。

命令语法：

```
nohup命令 [参数]
```

一般情况下，通过终端启动进程后，该进程与终端是关联的。一旦终端关闭或者连接断开，该终端运行的命令也将自动中断。nohup 命令可以使命令永远运行下去，和用户终端没有关系。即使我们关闭终端或者连接断开，也不会影响其运行。在实际工作中，nohup 命令通常与后台启动控制字符“&”组合使用。

【实例 7-36】 nohup 命令综合实例。

在本实例中，我们演示如何将一条常见的 ping 命令，移动到后台，并且脱离终端运行。在重新连接后，通过进程管理命令，找出该后台运行进程，查看其记录信息，并对该进程进行管理和维护操作。首先，运行如下常见的网络管理命令。关闭终端后，该指令也会结束。输入如下指令：

```
zp@lab:~$ ping www.ubuntu.com
```

以上指令的执行效果如图 7-56 所示。

```
zp@lab:~$ ping www.ubuntu.com
PING www.ubuntu.com (91.189.88.180) 56(84) bytes of data.
64 bytes from cactuar.canonical.com (91.189.88.180): icmp_seq=3 ttl=128 time=308 ms
64 bytes from cactuar.canonical.com (91.189.88.180): icmp_seq=4 ttl=128 time=289 ms
64 bytes from cactuar.canonical.com (91.189.88.180): icmp_seq=5 ttl=128 time=288 ms
64 bytes from cactuar.canonical.com (91.189.88.180): icmp_seq=7 ttl=128 time=435 ms
64 bytes from cactuar.canonical.com (91.189.88.180): icmp_seq=8 ttl=128 time=291 ms
```

图 7-56　运行 ping 命令

如果要持续执行这条指令（即便在我们退出登录之后），那么可以输入如下指令：

```
zp@lab:~$ nohup ping www.ubuntu.com &
#该指令执行后，将在当前路径下生成日志文件'nohup.out'
#可以通过ls命令证实nohup.out文件的存在
zp@lab:~$ ls nohup.out
#可以通过jobs命令证实该后台进程的存在
zp@lab:~$ jobs
```

以上指令的执行效果如图 7-57 所示。

文件 nohup.out 的内容会持续增长，而新的信息被添加在文件的结尾。使用 tail 命令可查看其最新的消息。输入如下指令：

```
zp@lab:~$ tail nohup.out
```

以上指令的执行效果如图 7-58 所示。

```
zp@lab:~$ nohup ping www.ubuntu.com &
[1] 28438
zp@lab:~$ nohup: 忽略输入并把输出追加到'nohup.out'

zp@lab:~$
zp@lab:~$ ls nohup.out
nohup.out
zp@lab:~$
zp@lab:~$ jobs
[1]+  运行中                  nohup ping www.ubuntu.com &
zp@lab:~$
```

图 7-57 使用 nohup 运行 ping 命令

```
zp@lab:~$ tail nohup.out
64 bytes from elvira.canonical.com (91.189.91.44): icmp_seq=78 ttl=128 time=269 ms
64 bytes from elvira.canonical.com (91.189.91.44): icmp_seq=79 ttl=128 time=266 ms
64 bytes from elvira.canonical.com (91.189.91.44): icmp_seq=80 ttl=128 time=273 ms
64 bytes from elvira.canonical.com (91.189.91.44): icmp_seq=82 ttl=128 time=411 ms
64 bytes from elvira.canonical.com (91.189.91.44): icmp_seq=84 ttl=128 time=317 ms
64 bytes from elvira.canonical.com (91.189.91.44): icmp_seq=86 ttl=128 time=531 ms
64 bytes from elvira.canonical.com (91.189.91.44): icmp_seq=87 ttl=128 time=264 ms
64 bytes from elvira.canonical.com (91.189.91.44): icmp_seq=88 ttl=128 time=267 ms
64 bytes from elvira.canonical.com (91.189.91.44): icmp_seq=96 ttl=128 time=597 ms
64 bytes from elvira.canonical.com (91.189.91.44): icmp_seq=97 ttl=128 time=265 ms
zp@lab:~$
```

图 7-58 查看文件 nohup.out 的内容

为了验证 nohup 命令的作用，需要先关闭当前连接（即远程登录用户），或者关闭当前 Shell 程序的终端（本地登录用户）。等待一段时间后，重新连接登录或者打开 Shell 程序。然后使用 tail 命令查看 nohup.out 文件的内容。输入如下指令：

```
zp@lab:~$ tail nohup.out -f
```

以上指令的执行效果如图 7-59 所示。注意，上面的指令增加了“-f”参数。

```
zp@lab:~$ tail nohup.out -f
64 bytes from elvira.canonical.com (91.189.91.44): icmp_seq=257 ttl=128 time=477 ms
64 bytes from elvira.canonical.com (91.189.91.44): icmp_seq=258 ttl=128 time=265 ms
64 bytes from elvira.canonical.com (91.189.91.44): icmp_seq=259 ttl=128 time=267 ms
64 bytes from elvira.canonical.com (91.189.91.44): icmp_seq=260 ttl=128 time=263 ms
64 bytes from elvira.canonical.com (91.189.91.44): icmp_seq=262 ttl=128 time=567 ms
64 bytes from elvira.canonical.com (91.189.91.44): icmp_seq=267 ttl=128 time=600 ms
64 bytes from elvira.canonical.com (91.189.91.44): icmp_seq=268 ttl=128 time=265 ms
64 bytes from elvira.canonical.com (91.189.91.44): icmp_seq=271 ttl=128 time=404 ms
64 bytes from elvira.canonical.com (91.189.91.44): icmp_seq=273 ttl=128 time=308 ms
```

图 7-59 查看文件 nohup.out 内容的变化

注意观察 icmp_seq 的变化。通过其编号可以发现，该进程一直在后台运行。

需要注意，再次连接后，jobs 命令并不能看到该进程的信息。可以先用 ps 命令找出该进程，然后通过 kill 命令结束该进程。输入如下指令：

```
zp@lab:~$ jobs
zp@lab:~$ ps -ef | grep ping
zp@lab:~$ kill -9 28438
zp@lab:~$ ps -ef | grep ping
```

以上指令的执行效果如图 7-60 所示。

```
zp@lab:~$ jobs
zp@lab:~$
zp@lab:~$
zp@lab:~$ ps -ef |grep ping
zp        28438      1  0 22:26 ?        00:00:00 ping www.ubuntu.com
zp        29065  28781  0 22:33 pts/0    00:00:00 grep --color=auto ping
zp@lab:~$ kill -9 28438
zp@lab:~$ ps -ef |grep ping
zp        29104  28781  0 22:33 pts/0    00:00:00 grep --color=auto ping
```

图 7-60 通过 kill 命令结束该进程

7.5 本章小结

进程是操作系统中的重要概念。程序和进程非常相关，前者是一个静态概念，后者是一个动态概念。Linux内核通过复杂的调度机制，提高其工作效率。进程调度算法以进程的优先级为基础。用户可以通过调整进程的优先级来控制进程细粒度，从而满足特定的需求。Linux 提供了大量用于进程监控和调度的命令，主要作用如查看和监测进程信息、调整进程优先级、向进程发送特定控制信号等。

习题 7

1. 简述进程的分类。
2. PID 是什么？如何查看进程的 PID？
3. 如何向进程发送信号？如何结束进程？
4. 如何调整进程的优先级？
5. 常见的进程启动方式有哪些？
6. 如何使用 top 命令监控进程的运行状态？

CHAPTER08

第8章

软件包管理

软件包的安装、升级、卸载等工作被称为软件包管理。无论是对于系统管理员还是开发人员，软件包管理都是至关重要的技能。本章将介绍软件包管理相关知识，以使读者掌握 Linux 环境下的软件安装管理基本方法和技巧。

8.1 Linux 软件包管理概述

8.1.1 软件包管理简史

软件包（software package）是指具有特定功能，用来完成特定任务的一个程序或一组程序。在不同的操作系统中，软件包的类型有很大的区别。软件包这一概念最早出现于 20 世纪 60 年代。IBM 公司将 IBM 1400 系列上的应用程序库改造成为更灵活易用的软件包形式。Informatics 公司根据用户需求，以软件包的形式设计并开发了自动流程图生成软件。20 世纪 60 年代晚期，软件开始从计算机操作系统中分离出来，软件包这一术语随即被广泛使用。

软件包通常由一个配置文件和若干可选部件构成，既可以以源代码形式存在，也可以以目标码形式存在。通用的软件包根据一些共性需求开发；专用的软件包则是生产者根据用户的具体需求定制的，可以为适合其特殊需要进行修改或变更。软件包管理是 Linux 操作系统管理的重要组成部分。

在 Linux 操作系统发展早期，存在许多以*.tar.gz 等源代码压缩包形式提供的软件包，用户安装前需要进行编译。Debian 操作系统出现后，人们认为有必要在系统中添加一种机制来管理安装在计算机上的软件包，由此诞生了包管理系统 DPKG（debian packager）。在 Linux 操作系统中，软件包众多，不同的软件包之间存在较强的依赖关系。为自动处理软件包管理过程中的依赖关系，提高软件安装配置的效率，Debian 开发了 APT（advanced packaging tool），这一工具后来也被移植到其他 Linux 发行版中。其他代表性的软件包管理系统包括红帽子（Red Hat）的 RPM（Red Hat package manager）等。

8.1.2 Linux 操作系统中的软件安装方式

Linux 操作系统中的软件安装方式有 3 种：基于软件包存储库进行安装、下载二进制软件包进行安装、下载源代码包进行编译安装。

绝大多数 Linux 操作系统发行版都提供了基于软件包存储库的安装方式。该安装方式使用中心化的机制来搜索和安装软件。软件存放在存储库中，并通过软件包的形式进行分发。软件包存储库有助于确保系统中使用的软件是经过审查的，并且软件的安装版本已经得到了开发人员和包维护人员的认可。软件包对于 Linux 操作系统发行版的用户来说是一笔巨大的财富。

对于那些新开发的或者迭代速度较快的软件，存储库中可能并未收集该软件包，或者存储库中所收集的相应软件包并不是最新的，此时通常可以直接下载官方提供的二进制软件包进行安装。对于开源的软件，还可以直接下载源代码进行安装。这两种方式的难度也依次增大。

8.1.3 软件包管理工具

软件包通常是一个存档文件，它包含已编译的二进制文件、库文件，配置文件、帮助文件、安装脚本等资源，同时也包含有价值的元数据，包括它们的依赖项，以及安装和运行它们所需的其他包的列表。软件包通常不是孤立存在的，包与包之间可能存在依赖关系，甚至循环依赖。软件包管理工具让这一切变得简单。软件包管理工具为在操作系统中安装、升级、卸载软件以及查询软件状态信息等提供了必要的支持。

不同 Linux 操作系统发行版提供的软件包管理工具并不完全相同。在 GNU/Linux 操作系统中，RPM 和 DPKG 是较常见的两类软件包管理工具。它们分别应用于基于 RPM 软件包和 DEB 软件包的 Linux 发行版本。

RPM 软件包通常以.rpm 为扩展名。可以使用 rpm 命令或者其他 RPM 软件包管理工具对其进行操作。

CentOS、Fedora和其他Red Hat家族成员通常使用RPM软件包管理工具。在CentOS中，通过yum来同单独的软件包文件和存储库进行交互。在最近的Fedora版本中，yum已经被dnf取代。dnf是yum的一个现代化的分支，保留了yum的大部分接口。

Debian及其衍生版，如Ubuntu、Linux Mint和Raspbian等，它们的包格式是.deb。我们可以使用DPKG程序来安装本地计算机上的.deb格式的软件包。

apt软件包管理工具（以下简称包管理工具）作为底层DPKG的前端，使用的频率更高。它提供了大多数常见的操作命令，如搜索存储库、安装软件包及其依赖项、管理软件包升级等。最近发布的大多数Debian衍生版都包含了apt，它提供了一个简洁统一的接口。

8.2 apt

8.2.1 apt概述

在Ubuntu系统中，一般使用apt进行软件安装。在基于Debian的Linux操作系统发行版中，有各种可以与apt进行交互的工具，以方便用户安装、删除和管理软件包。apt-get便是其中一款广受欢迎的命令行工具，相关命令还有apt-cache、apt-config等。一些常用的软件包管理命令被分散在apt-get、apt-cache和apt-config这3条命令当中，使用起来并不方便。

apt的引入就是为了解决命令过于分散的问题。apt更加结构化，包括apt-get、apt-cache和apt-config命令中经常用到的功能。在使用apt时，用户不需要在apt-get、apt-cache和apt-config间频繁切换。apt具有更精减但又可以满足需要的命令选项，而且选项参数的组织方式更为有效。apt默认启用了许多实用的功能，如可以在安装或删除程序时看到进度条，在更新存储库数据库时提示用户可升级的软件包个数等。作为普通用户，建议首选apt工具。

相比apt，apt-get具有更多、更细化的操作功能。对于低级操作，仍然需要apt-get。

8.2.2 配置apt源

Ubuntu默认从国外的服务器上下载安装软件，速度较慢，读者在下载时可以更换成国内的镜像源。国内许多企业和学术机构，免费提供此类镜像服务。Ubuntu的软件源配置文件是/etc/apt/sources.list。对系统配置文件进行不恰当的修改可能会导致系统异常，建议初学者先跳过本小节，以免出错而影响后续内容的学习。

修改配置文件之前，必须进行备份。输入如下指令：

```
zp@lab:~$ sudo mv /etc/apt/sources.list /etc/apt/sources.list.bak
zp@lab:~$ sudo vim /etc/apt/sources.list
```

以上指令的执行效果如图8-1所示。

```
zp@lab:~$
zp@lab:~$ sudo mv /etc/apt/sources.list /etc/apt/sources.list.bak
[sudo] zp 的密码:
zp@lab:~$ sudo vim /etc/apt/sources.list
```

图8-1 修改配置文件前进行备份

修改配置文件的内容。Ubuntu 20.04用户请按照图8-2修改配置文件，Ubuntu 21.04用户请按照图8-3修改配置文件。其他版本的Ubuntu用户，请自行搜索修改方式。

读者也可以直接输入如下指令来修改apt源文件：

```
zp@lab:~$ sudo apt edit-sources
```

此时系统会提示选择编辑器，一般按Enter键以选择默认的版本即可。

```
# 默认注释了源代码镜像以提高 apt update 速度，如有需要可自行取消注释
deb https://mirrors.tuna.tsinghua.edu.cn/ubuntu/ focal main restricted universe multiverse
# deb-src https://mirrors.tuna.tsinghua.edu.cn/ubuntu/ focal main restricted universe multiverse
deb https://mirrors.tuna.tsinghua.edu.cn/ubuntu/ focal-updates main restricted universe multiverse
# deb-src https://mirrors.tuna.tsinghua.edu.cn/ubuntu/ focal-updates main restricted universe multiverse
deb https://mirrors.tuna.tsinghua.edu.cn/ubuntu/ focal-backports main restricted universe multiverse
# deb-src https://mirrors.tuna.tsinghua.edu.cn/ubuntu/ focal-backports main restricted universe multiverse
deb https://mirrors.tuna.tsinghua.edu.cn/ubuntu/ focal-security main restricted universe multiverse
# deb-src https://mirrors.tuna.tsinghua.edu.cn/ubuntu/ focal-security main restricted universe multiverse

# 预发布软件源，不建议启用
# deb https://mirrors.tuna.tsinghua.edu.cn/ubuntu/ focal-proposed main restricted universe multiverse
# deb-src https://mirrors.tuna.tsinghua.edu.cn/ubuntu/ focal-proposed main restricted universe multiverse
```

图 8-2　修改软件源镜像地址（Ubuntu 20.04）

```
# 默认注释了源代码镜像以提高 apt update 速度，如有需要可自行取消注释
deb https://mirrors.tuna.tsinghua.edu.cn/ubuntu/ hirsute main restricted universe multiverse
# deb-src https://mirrors.tuna.tsinghua.edu.cn/ubuntu/ hirsute main restricted universe multiverse
deb https://mirrors.tuna.tsinghua.edu.cn/ubuntu/ hirsute-updates main restricted universe multiverse
# deb-src https://mirrors.tuna.tsinghua.edu.cn/ubuntu/ hirsute-updates main restricted universe multiverse
deb https://mirrors.tuna.tsinghua.edu.cn/ubuntu/ hirsute-backports main restricted universe multiverse
# deb-src https://mirrors.tuna.tsinghua.edu.cn/ubuntu/ hirsute-backports main restricted universe multiverse
deb https://mirrors.tuna.tsinghua.edu.cn/ubuntu/ hirsute-security main restricted universe multiverse
# deb-src https://mirrors.tuna.tsinghua.edu.cn/ubuntu/ hirsute-security main restricted universe multiverse

# 预发布软件源，不建议启用
# deb https://mirrors.tuna.tsinghua.edu.cn/ubuntu/ hirsute-proposed main restricted universe multiverse
# deb-src https://mirrors.tuna.tsinghua.edu.cn/ubuntu/ hirsute-proposed main restricted universe multiverse
```

图 8-3　修改软件源镜像地址（Ubuntu 21.04）

如果读者在操作本小节实例的过程中出错，则请使用刚才备份的配置文件 sources.list.bak 进行恢复。执行如下指令即可。

```
mv /etc/apt/sources.list.bak /etc/apt/sources.list
```

8.2.3　apt 命令基本用法

apt 命令的基本用法如表 8-1 所示。

表 8-1　apt 命令基本用法

apt 命令	取代的 apt-get 命令	命令的功能
apt install	apt-get install	安装软件包
apt remove	apt-get remove	移除软件包
apt purge	apt-get purge	移除软件包及配置文件
apt update	apt-get update	更新可用软件包列表
apt upgrade	apt-get upgrade	升级所有可升级的软件包
apt autoremove	apt-get autoremove	自动删除不需要的包
apt full-upgrade	apt-get dist-upgrade	在升级软件包时自动处理依赖关系
apt search	apt-cache search	搜索应用程序
apt show	apt-cache show	显示软件包细节

apt 也增加了一些新的命令。例如，apt list 命令，用于列出包含条件的包（已安装，可升级）；apt edit-sources 命令用于编辑源列表。apt 命令还在不断发展，读者能在将来的版本中看到新的选项。

8.2.4 apt 命令操作实例

【实例 8-1】 更新可用软件包列表。

使用 apt update 命令可以从所配置的源文件中下载更新包信息。建议读者在准备安装软件之前运行该命令。该命令将同步/etc/apt/sources.list 和/etc/apt/sources.list.d 中列出的源文件索引，以保证读者获取到最新的软件包。输入如下指令：

```
zp@lab:~$ sudo apt update
```

以上指令的执行效果如图 8-4 所示。

```
zp@lab:~$ sudo apt update
获取:1 https://mirrors.tuna.tsinghua.edu.cn/ubuntu focal InRelease [265 kB]
获取:2 https://mirrors.tuna.tsinghua.edu.cn/ubuntu focal-updates InRelease [89.1 kB]
获取:3 https://mirrors.tuna.tsinghua.edu.cn/ubuntu focal-backports InRelease [89.2 kB]
获取:4 https://mirrors.tuna.tsinghua.edu.cn/ubuntu focal-security InRelease [97.9 kB]
获取:5 https://mirrors.tuna.tsinghua.edu.cn/ubuntu focal/main amd64 Packages [970 kB]
获取:6 https://mirrors.tuna.tsinghua.edu.cn/ubuntu focal/main i386 Packages [718 kB]
获取:7 https://mirrors.tuna.tsinghua.edu.cn/ubuntu focal/main Translation-zh_CN [113 kB]
获取:8 https://mirrors.tuna.tsinghua.edu.cn/ubuntu focal/main Translation-en [506 kB]
获取:9 https://mirrors.tuna.tsinghua.edu.cn/ubuntu focal/main amd64 DEP-11 Metadata [494 kB]
获取:10 https://mirrors.tuna.tsinghua.edu.cn/ubuntu focal/main amd64 c-n-f Metadata [29.5 kB]
获取:11 https://mirrors.tuna.tsinghua.edu.cn/ubuntu focal/restricted amd64 Packages [22.0 kB]
获取:12 https://mirrors.tuna.tsinghua.edu.cn/ubuntu focal/restricted i386 Packages [8,112 B]
获取:13 https://mirrors.tuna.tsinghua.edu.cn/ubuntu focal/restricted Translation-en [6,212 B]
获取:14 https://mirrors.tuna.tsinghua.edu.cn/ubuntu focal/restricted Translation-zh_CN [1,324 B]
获取:15 https://mirrors.tuna.tsinghua.edu.cn/ubuntu focal/restricted amd64 c-n-f Metadata [392 B]
获取:16 https://mirrors.tuna.tsinghua.edu.cn/ubuntu focal/universe i386 Packages [4,642 kB]
获取:17 https://mirrors.tuna.tsinghua.edu.cn/ubuntu focal/universe amd64 Packages [8,628 kB]
忽略:17 https://mirrors.tuna.tsinghua.edu.cn/ubuntu focal/universe amd64 Packages
获取:18 https://mirrors.tuna.tsinghua.edu.cn/ubuntu focal/universe Translation-en [5,124 kB]
49% [18 Translation-en 3,932 kB/5,124 kB 77%]                    1,767 kB/s 9秒
```

图 8-4 更新可用软件包列表

【实例 8-2】 列出包含条件的软件包。

本实例通过 apt list 命令查看 net-tools 软件包信息。读者如果已经安装过该软件包，则会提示“已安装”。软件包 net-tools 包含了网络管理的常用命令，如可以查看 IP 地址的命令 ifconfig。输入如下指令：

```
zp@lab:~$ apt list net-tools
```

以上指令的执行效果如图 8-5 所示。

```
zp@lab:~$  apt list net-tools
正在列表... 完成
net-tools/focal 1.60+git20180626.aebd88e-1ubuntu1 amd64
net-tools/focal 1.60+git20180626.aebd88e-1ubuntu1 i386
zp@lab:~$
```

图 8-5 列出包含条件的软件包

【实例 8-3】 安装软件包。

读者在使用系统中未安装的软件时，系统会提示安装相应的软件包。对于一些常用命令的软件包，系统提示信息中通常能较为准确地给出具体的软件包安装指令。

输入如下指令：

```
zp@lab:~$ ifconfig
```

以上指令的执行效果如图 8-6 所示。

```
zp@lab:~$
zp@lab:~$ ifconfig

Command 'ifconfig' not found, but can be installed with:

sudo apt install net-tools
```

图 8-6 使用系统中未安装的软件

系统自动提示，可以通过 sudo apt install net-tools 指令安装包含 ifconfig 命令的软件包。输入如下指令：

```
zp@lab:~$ sudo apt install net-tools
```

以上指令的执行效果如图 8-7 所示。

```
zp@lab:~$ sudo apt install net-tools
正在读取软件包列表... 完成
正在分析软件包的依赖关系树
正在读取状态信息... 完成
下列【新】软件包将被安装:
  net-tools
升级了 0 个软件包，新安装了 1 个软件包，要卸载 0 个软件包，有 88 个软件包未被升
级。
需要下载 196 kB 的归档。
解压缩后会消耗 864 kB 的额外空间。
获取:1 https://mirrors.tuna.tsinghua.edu.cn/ubuntu focal/main amd64 net-tools am
d64 1.60+git20180626.aebd88e-1ubuntu1 [196 kB]
已下载 196 kB，耗时 1秒 (180 kB/s)
正在选中未选择的软件包 net-tools。
(正在读取数据库 ... 系统当前共安装有 229680 个文件和目录。)
准备解压 .../net-tools_1.60+git20180626.aebd88e-1ubuntu1_amd64.deb  ...
正在解压 net-tools (1.60+git20180626.aebd88e-1ubuntu1) ...
正在设置 net-tools (1.60+git20180626.aebd88e-1ubuntu1) ...
正在处理用于 man-db (2.9.1-1) 的触发器 ...
zp@lab:~$
```

图 8-7　安装包含 ifconfig 命令的软件包

输入如下指令，验证安装是否成功。

```
zp@lab:~$ ifconfig
```

以上指令的执行效果如图 8-8 所示。

```
zp@lab:~$ ifconfig
ens33: flags=4163<UP,BROADCAST,RUNNING,MULTICAST>  mtu 1500
        inet 192.168.32.131  netmask 255.255.255.0  broadcast 192.168.32.255
        inet6 fe80::13f7:9931:8f17:168e  prefixlen 64  scopeid 0x20<link>
        ether 00:0c:29:a1:7c:3e  txqueuelen 1000  (以太网)
        RX packets 295883  bytes 317833329 (317.8 MB)
        RX errors 0  dropped 0  overruns 0  frame 0
        TX packets 102983  bytes 12746572 (12.7 MB)
        TX errors 0  dropped 0 overruns 0  carrier 0  collisions 0

lo: flags=73<UP,LOOPBACK,RUNNING>  mtu 65536
        inet 127.0.0.1  netmask 255.0.0.0
        inet6 ::1  prefixlen 128  scopeid 0x10<host>
        loop  txqueuelen 1000  (本地环回)
        RX packets 9994  bytes 644218 (644.2 KB)
```

图 8-8　验证安装是否成功

【实例 8-4】 显示软件包细节。

输入如下指令：

```
zp@lab:~$ sudo apt show net-tools
```

以上指令的执行效果如图 8-9 所示。

【实例 8-5】 移除软件包。

读者可以使用 apt remove 命令或者 apt purge 命令移除已经安装的软件包。除了移除软件包，apt purge 命令还将移除配置文件。输入如下指令：

```
zp@lab:~$ sudo apt remove net-tools
```

以上指令的执行效果如图 8-10 所示。

```
zp@lab:~$ sudo apt show net-tools
Package: net-tools
Version: 1.60+git20180626.aebd88e-1ubuntu1
Priority: optional
Section: net
Origin: Ubuntu
Maintainer: Ubuntu Developers <ubuntu-devel-discuss@lists.ubuntu.com>
Original-Maintainer: net-tools Team <team+net-tools@tracker.debian.org>
Bugs: https://bugs.launchpad.net/ubuntu/+filebug
Installed-Size: 864 kB
Depends: libc6 (>= 2.14), libselinux1 (>= 1.32)
Homepage: http://sourceforge.net/projects/net-tools/
Task: ubuntukylin-desktop
Download-Size: 196 kB
APT-Manual-Installed: yes
APT-Sources: https://mirrors.tuna.tsinghua.edu.cn/ubuntu focal/main amd64 Packag
es
Description: NET-3 networking toolkit
 本软件包包括用于控制 Linux 内核网络子系统的重要工具。包括 arp、ifconfig、 netst
at、rarp、 nameif 和
 route。另外，该软件包还包含与特定网络硬件类型 (plipconfig、slattach、mii-tool)
和 IP
 高级配置(iptunnel、ipmaddr)相关的工具。
 .
 上游软件包还包括 'hostname' 和相关的内容。但它们并不包含在本软件包内，这是 因为
还有一个专门的 "hostname*.deb" 存在。
```

图 8-9　显示软件包细节

```
zp@lab:~$ sudo apt remove net-tools
正在读取软件包列表... 完成
正在分析软件包的依赖关系树
正在读取状态信息... 完成
下列软件包将被【卸载】：
  net-tools
升级了 0 个软件包，新安装了 0 个软件包，要卸载 1 个软件包，有 88 个软件包未被升
级。
解压缩后将会空出 864 kB 的空间。
您希望继续执行吗？ [Y/n]
(正在读取数据库 ... 系统当前共安装有 229729 个文件和目录。)
正在卸载 net-tools (1.60+git20180626.aebd88e-1ubuntu1) ...
正在处理用于 man-db (2.9.1-1) 的触发器 ...
zp@lab:~$
```

图 8-10　移除软件包与配置文件

输入如下指令也可以移除软件包。

```
zp@lab:~$ sudo apt purge net-tools
```

以上指令的执行效果如图 8-11 所示。

```
zp@lab:~$ sudo apt purge net-tools
正在读取软件包列表... 完成
正在分析软件包的依赖关系树
正在读取状态信息... 完成
软件包 net-tools 未安装，所以不会被卸载
升级了 0 个软件包，新安装了 0 个软件包，要卸载 0 个软件包，有 88 个软件包未被升
级。
zp@lab:~$
```

图 8-11　移除软件包

由于编者刚才已经移除了 net-tools，因此系统并不做实质性改变。

【实例 8-6】 升级所有可升级的软件包。

有两种进行软件包升级的方式：apt upgrade 和 apt full-upgrade。前者通过“安装/升级”的方式来更新软件包；后者通过“卸载/安装/升级”的方式来更新软件包。前者将更新所有可升级的软件包，而后者更新更

彻底。这两者在更新软件包时会自动处理依赖关系。

更新过程通常需要较长时间，编者不建议大家频繁使用这两条指令。在下述两条指令的执行过程中，读者可以根据提示信息，输入 n，提前终止指令执行，避免进入漫长的更新过程。

分别执行如下两条指令：

```
zp@lab:~$ sudo apt upgrade
zp@lab:~$ sudo apt full-upgrade
```

以上指令的执行效果分别如图 8-12 和图 8-13 所示。

```
zp@lab:~$ sudo  apt upgrade
正在读取软件包列表... 完成
正在分析软件包的依赖关系树
正在读取状态信息... 完成
正在计算更新... 完成
下列软件包将被升级:
  distro-info-data eog evolution-data-server evolution-data-server-common
  file-roller fonts-opensymbol gedit gedit-common gir1.2-gnomedesktop-3.0
  gir1.2-mutter-6 gir1.2-secret-1 glib-networking glib-networking-common
  glib-networking-services gnome-control-center gnome-control-center-data
  gnome-control-center-faces gnome-desktop3-data gnome-initial-setup
```

图 8-12 软件包升级（apt upgrade）

```
zp@lab:~$ sudo  apt full-upgrade
正在读取软件包列表... 完成
正在分析软件包的依赖关系树
正在读取状态信息... 完成
正在计算更新... 完成
下列软件包将被升级:
  distro-info-data eog evolution-data-server evolution-data-server-common
  file-roller fonts-opensymbol gedit gedit-common gir1.2-gnomedesktop-3.0
  gir1.2-mutter-6 gir1.2-secret-1 glib-networking glib-networking-common
  glib-networking-services gnome-control-center gnome-control-center-data
  gnome-control-center-faces gnome-desktop3-data gnome-initial-setup
```

图 8-13 软件包升级（apt full-upgrade）

8.3 使用二进制包安装程序

8.3.1 适用场景

apt 可以满足 Ubuntu 用户的绝大多数软件安装需求。但是，也有一些特殊情况。一方面，若使用 apt 安装软件，则该软件应当已经被软件包存储库收录。但实际上，还有大量软件没有被软件包存储库收录。另一方面，软件包存储库通常并不是由软件开发人员维护，对于更新速度较快的软件，存储库中的软件版本也并不是最新版本。对于上述情形，读者可以直接从软件开发维护方的官网上，下载其提供的软件包进行安装。此类安装方式的要点在于：读者需要选择与所使用的系统平台相适应的软件版本。

8.3.2 应用实例

只有把理论知识同具体实际相结合，才能正确回答实践提出的问题，扎实提升读者的理论水平与实战能力。

本小节以国产免费软件 WPS 为例，介绍使用二进制包安装软件的基本过程。为方便读者理解，本安装过程全程使用完全图形界面操作。具体安装过程与在 Windows 操作系统中进行软件安装的过程相似。WPS 已经被 Ubuntu 软件中心收录，但收录时的 WPS 软件版本过低。在本实例中，我们将直接通过官方网站下载其最新版本。

【实例 8-7】 使用二进制包安装 WPS 软件。

本实例的具体操作步骤如下。

（1）进入 WPS 官网，在其主页可以找到最新版本的 WPS。注意，请选择包含“For Linux”字样的 WPS 软件包，如图 8-14 所示。

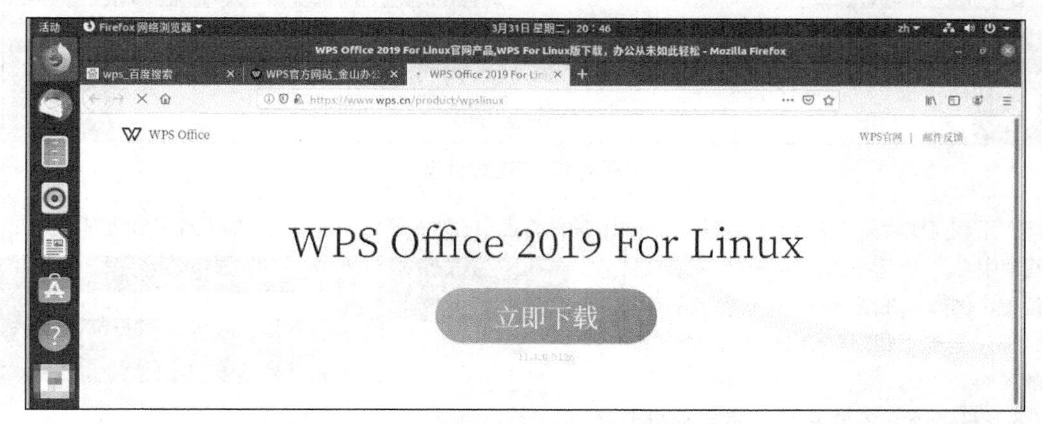

图 8-14　找到 For Linux 的 WPS 软件包

（2）单击“立即下载”按钮，弹出图 8-15 所示的界面。

图 8-15　选择正确的 WPS 软件包

（3）单击“64 位 Deb 格式”下方的“For X64”按钮，会弹出图 8-16 所示的界面。注意，要和图 8-16 中一样选择“打开，通过”和“软件安装（默认）”选项，然后单击“确定”按钮。

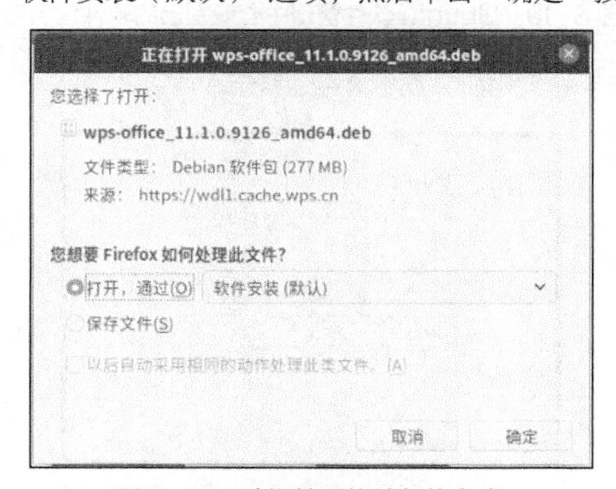

图 8-16　选择处理软件包的方式

（4）静候下载过程完成，下载进度条会显示剩余时间，如图 8-17 所示。

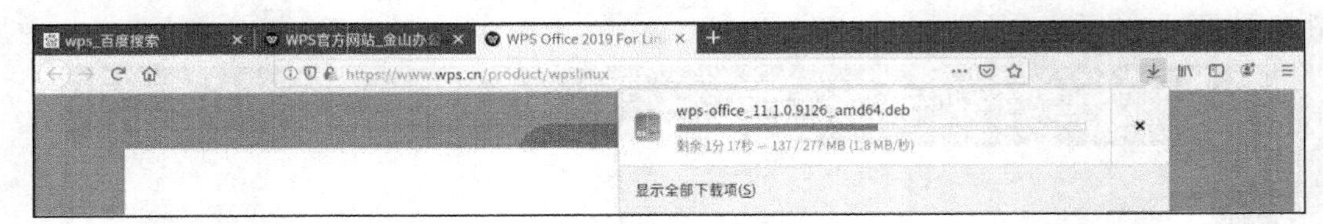

图 8-17　下载软件包

（5）下载完成后，系统会自动打开“Ubuntu 软件管理中心”并开始安装过程。如果没有自动弹出“Ubuntu 软件管理中心”，则请在浏览器中找到安装文件所在位置。例如：在图 8-17 中进度条的下方单击“显示全部下载项”链接，弹出图 8-18 所示的界面。

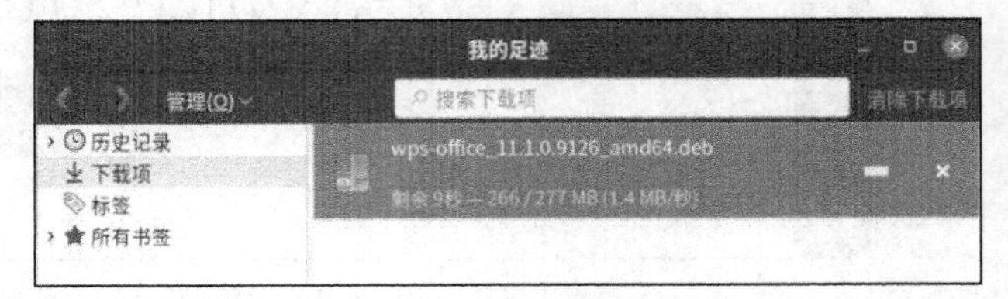

图 8-18　定位并打开下载的 WPS 软件包

（6）双击下载的软件包，将自动打开 Ubuntu 软件管理中心。然后双击下载完的软件，会弹出图 8-19 所示的界面。

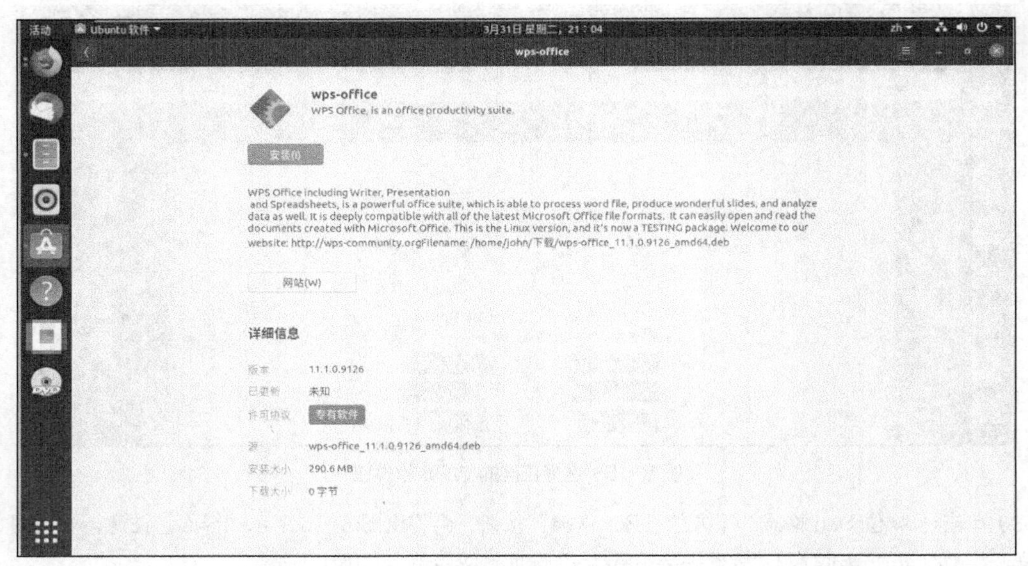

图 8-19　Ubuntu 软件管理中心识别出的软件包信息

（7）单击“安装”按钮，提示输入密码，如图 8-20 所示。

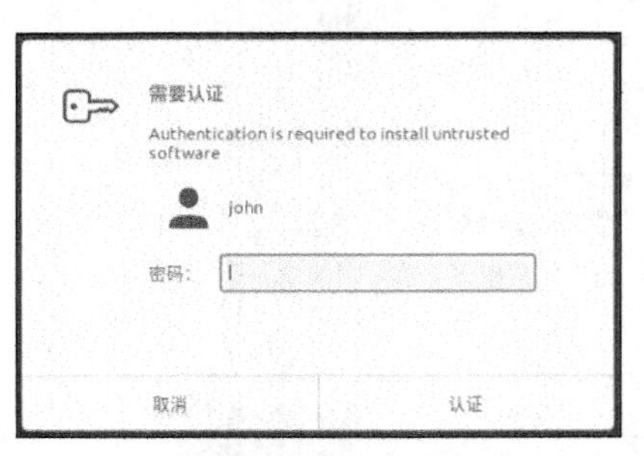

图 8-20　用户认证

（8）输入正确密码后，单击“认证”按钮。通过后，开始安装，如图 8-21 所示。

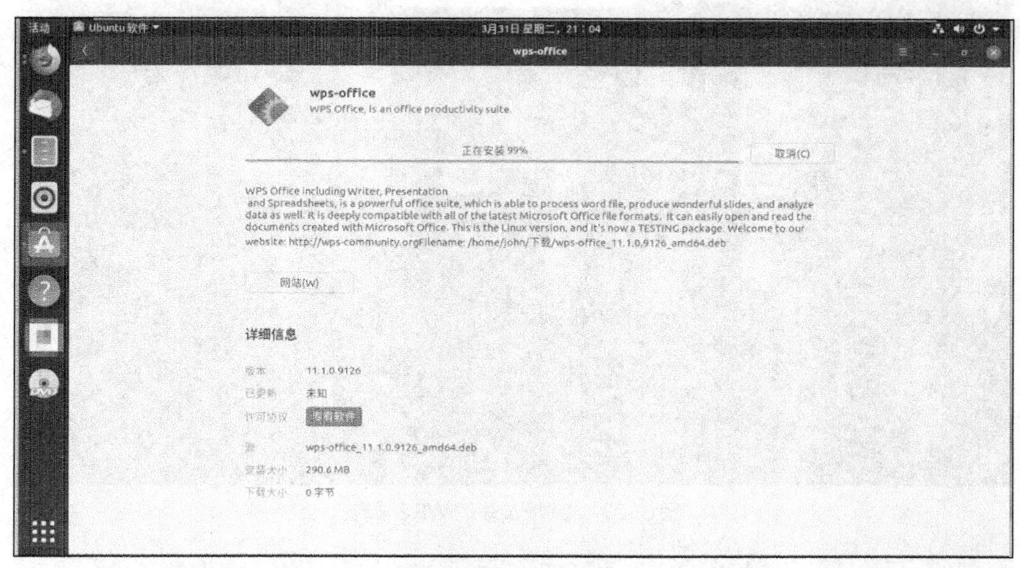

图 8-21　安装进行中

（9）安装完成后的界面如图 8-22 所示。

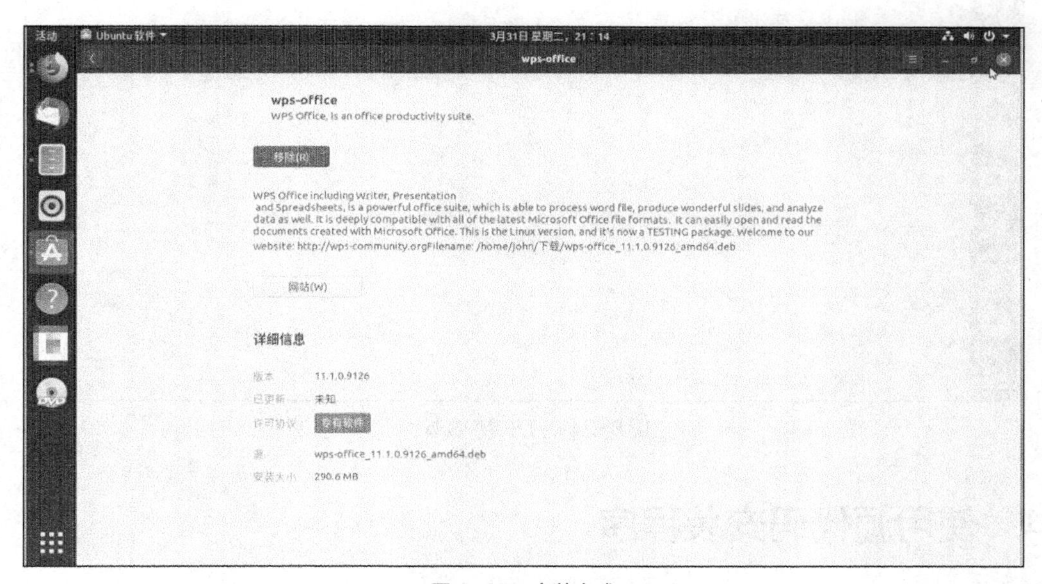

图 8-22　安装完成

（10）单击图 8-22 界面左下角的矩阵按钮，即可查看已安装软件的界面，如图 8-23 所示。读者也可以在图 8-22 所示的界面中，单击“移除”按钮，卸载所安装的 WPS 软件。

首次使用 WPS 软件，可能会提示“系统缺失字体”之类的错误，读者可以不加处理，一般不影响使用。WPS 打开后如图 8-24 所示。

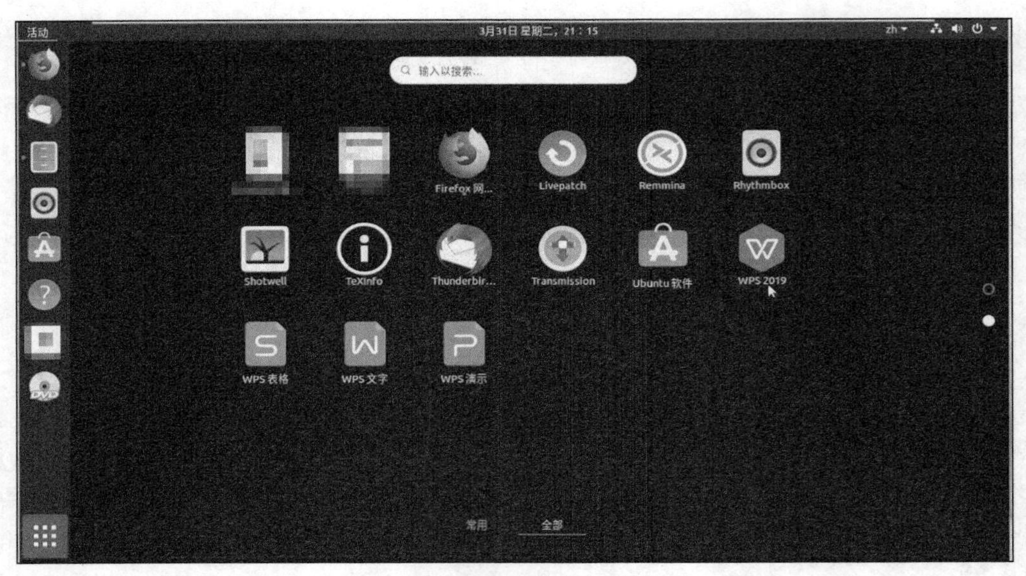

图 8-23　查看已安装的 WPS 软件

图 8-24　打开 WPS 软件

8.4　使用源代码安装程序

基于源代码的安装方式，一般面向特定的用户和应用场景。例如，针对一些专用的开源软件，官方可能并没有提供源代码之外的安装途径。而基于源代码的安装方式，通常要求用户具有丰富的 Linux 操作和软件开发经验，并且对相关软件的底层原理细节有较为深入的理解。因此，编者不建议初学者采用源代码编译的形式安装程序。

源代码安装是较为复杂的一种安装方式，也是不容易成功的一类安装方式。由于用户的系统环境与软件包提供方的开发环境并不完全一致，容易导致出现各类问题。例如，同样的安装流程，在 Ubuntu 19.04 中可以成功，但在 Ubuntu 20.04 中就可能会遇到许多新问题。

为了保持知识体系的完整性，编者建议读者将本节内容作为“选修内容”。建议读者在学完本书的第10章后，再学习本节内容，这样有利于读者理解相关知识。

8.4.1 基本流程

使用源代码方式安装软件的具体步骤如下。

（1）下载源代码包，一般为压缩包（如 tar.bz2、tar.gz 等格式的压缩包）。

（2）提取压缩包内的源代码到某个目录。

（3）在 Shell 终端中切换到源代码文件所在目录。

（4）执行./configure 命令，检测安装平台的目标特征。这一步一般用来生成 Makefile（亦可写为 makefile）文件，并为下一步的编译做准备。读者可以通过在 configure 命令后加上各类参数来进行详细控制。

（5）执行 make 命令，对源代码进行编译。

（6）执行 sudo make install 指令，安装编译成功的程序。

在执行上述流程之前，需要先配置开发环境。执行如下指令，为后续使用源代码方式安装软件的过程做环境准备。

```
sudo apt install build-essential
```

以上指令的执行效果如图 8-25 所示。

```
zp@lab:~$ sudo apt install build-essential
正在读取软件包列表... 完成
正在分析软件包的依赖关系树
正在读取状态信息... 完成
下列【新】软件包将被安装:
  build-essential
升级了 0 个软件包，新安装了 1 个软件包，要卸载 0 个软件包，有 88 个软件包未被升
级。
需要下载 4,624 B 的归档。
解压缩后会消耗 20.5 kB 的额外空间。
获取:1 https://mirrors.tuna.tsinghua.edu.cn/ubuntu focal/main amd64 build-essent
ial amd64 12.8ubuntu1 [4,624 B]
已下载 4,624 B，耗时 0秒 (12.3 kB/s)
正在选中未选择的软件包 build-essential。
(正在读取数据库 ... 系统当前共安装有 229720 个文件和目录。)
准备解压 .../build-essential_12.8ubuntu1_amd64.deb  ...
正在解压 build-essential (12.8ubuntu1) ...
正在设置 build-essential (12.8ubuntu1) ...
zp@lab:~$ 
```

图 8-25　环境准备

8.4.2 应用实例

本小节以 APR（Apache portable runtime，Apache 可移植运行时）库为例，展示基于源代码进行程序安装的全过程。如果读者尝试使用源代码安装 Apache HTTP Sever（简称 Apache），则一般需要先安装 APR 库。

【实例 8-8】以源代码方式安装 APR 库。

APR 是 Apache 的支持库。它提供了一组映射到底层操作系统的应用程序编程接口。如果操作系统不支持特定的功能，APR 将提供一个仿真接口。因此，程序员可以应用 APR 使程序跨不同平台进行移植。

接下来，开始介绍 APR 的下载、编译及安装，具体操作过程以下。

（1）下载源代码。

这里的源代码一般被打包到一个压缩包中，其格式为 tar.bz2、tar.gz 等。输入如下指令，下载 apr-1.7.0.tar.bz2。

```
wget https://archive.apache.org/dist/apr/apr-1.7.0.tar.bz2
```

以上指令的执行效果如图 8-26 所示。

```
zp@lab:~$
zp@lab:~$ wget https://archive.apache.org/dist/apr/apr-1.7.0.tar.bz2
--2020-05-24 18:22:51--  https://archive.apache.org/dist/apr/apr-1.7.0.tar.bz2
正在解析主机 archive.apache.org (archive.apache.org)... 138.201.131.134, 2a01:4f
8:172:2ec5::2
正在连接 archive.apache.org (archive.apache.org)|138.201.131.134|:443... 已连接
。
已发出 HTTP 请求，正在等待回应... 200 OK
长度： 872238 (852K) [application/x-bzip2]
正在保存至: "apr-1.7.0.tar.bz2"

apr-1.7.0.tar.bz2    19%[==>                ] 168.00K  18.8KB/s    剩余 36s
```

图 8-26　下载源代码

（2）提取压缩包。

提取已下载的压缩包内的文件到当前目录。输入如下指令：

```
zp@lab:~$ tar -jxvf apr-1.7.0.tar.bz2
```

以上指令的执行效果如图 8-27 所示。

```
zp@lab:~$ tar -jxvf apr-1.7.0.tar.bz2
apr-1.7.0/
apr-1.7.0/emacs-mode
apr-1.7.0/passwd/
apr-1.7.0/passwd/apr_getpass.c
apr-1.7.0/Makefile.win
apr-1.7.0/CMakeLists.txt
apr-1.7.0/poll/
apr-1.7.0/poll/os2/
apr-1.7.0/poll/os2/pollset.c
apr-1.7.0/poll/os2/poll.c
apr-1.7.0/poll/unix/
apr-1.7.0/poll/unix/epoll.c
apr-1.7.0/poll/unix/pollset.c
apr-1.7.0/poll/unix/kqueue.c
```

图 8-27　解压缩

（3）切换到源代码文件所在目录。

在 Shell 程序中切换到源代码文件所在目录。解压后的文件位于 apr-1.7.0 目录中，可以通过如下指令进行查看。

```
zp@lab:~$ cd apr-1.7.0/
zp@lab:~/apr-1.7.0$ ls
```

以上指令的执行效果如图 8-28 所示。

```
zp@lab:~$ cd apr-1.7.0/
zp@lab:~/apr-1.7.0$ ls
apr-config.in  build-outputs.mk  helpers       misc            strings
apr.dep        CHANGES           include       mmap            support
apr.dsp        CMakeLists.txt    libapr.dep    network_io      tables
apr.dsw        config.layout     libapr.dsp    NOTICE          test
apr.mak        configure         libapr.mak    NWGNUmakefile   threadproc
apr.pc.in      configure.in      libapr.rc     passwd          time
apr.spec       docs              LICENSE       poll            tools
atomic         dso               locks         random          user
build          emacs-mode        Makefile.in   README
build.conf     encoding          Makefile.win  README.cmake
buildconf      file_io           memory        shmem
zp@lab:~/apr-1.7.0$ _
```

图 8-28　查看解压缩结果

（4）执行./configure 命令。

执行./configure 命令，可查看安装平台的目标特征，并生成 Makefile 等文件。输入如下指令：

```
zp@lab:~/apr-1.7.0$ ./configure
```

以上指令执行成功后的效果（部分截图）如图 8-29 所示。

```
  setting apr_procattr_user_set_requires_password to "0"
  setting apr_thread_func to ""
  setting apr_has_user to "1"

Restore user-defined environment settings...
  restoring CPPFLAGS to ""
  setting EXTRA_CPPFLAGS to "-DLINUX -D_REENTRANT -D_GNU_SOURCE"
  restoring CFLAGS to ""
  setting EXTRA_CFLAGS to "-g -O2 -pthread"
  restoring LDFLAGS to ""
  setting EXTRA_LDFLAGS to ""
  restoring LIBS to ""
  setting EXTRA_LIBS to "-lrt -lcrypt  -lpthread -ldl"
  restoring INCLUDES to ""
  setting EXTRA_INCLUDES to ""
configure: creating ./config.status
config.status: creating Makefile
config.status: creating include/apr.h
config.status: creating build/apr_rules.mk
config.status: creating build/pkg/pkginfo
config.status: creating apr-1-config
config.status: creating apr.pc
config.status: creating test/Makefile
config.status: creating test/internal/Makefile
config.status: creating include/arch/unix/apr_private.h
config.status: executing libtool commands
rm: cannot remove 'libtoolT': No such file or directory
config.status: executing default commands
zp@lab:~/apr-1.7.0$
```

图 8-29 ./configure 命令执行成功

（5）执行 make 命令。

输入 make 命令，基于上一步生成的 Makefile 文件，对源代码进行编译。

```
zp@lab:~/apr-1.7.0$ make
```

以上指令的执行效果如图 8-30 所示。

```
zp@lab:~/apr-1.7.0$ make
make[1]: 进入目录"/home/zp/apr-1.7.0"
/bin/bash /home/zp/apr-1.7.0/libtool --silent --mode=compile gcc -g -O2 -pthread
   -DHAVE_CONFIG_H  -DLINUX -D_REENTRANT -D_GNU_SOURCE   -I./include -I/home/zp/
apr-1.7.0/include/arch/unix -I./include/arch/unix -I/home/zp/apr-1.7.0/include/a
rch/unix -I/home/zp/apr-1.7.0/include -I/home/zp/apr-1.7.0/include/private -I/ho
me/zp/apr-1.7.0/include/private  -o encoding/apr_encode.lo -c encoding/apr_encod
e.c && touch encoding/apr_encode.lo
/home/zp/apr-1.7.0/build/mkdir.sh tools
/bin/bash /home/zp/apr-1.7.0/libtool --silent --mode=compile gcc -g -O2 -pthread
   -DHAVE_CONFIG_H  -DLINUX -D_REENTRANT -D_GNU_SOURCE   -I./include -I/home/zp/
apr-1.7.0/include/arch/unix -I./include/arch/unix -I/home/zp/apr-1.7.0/include/a
rch/unix -I/home/zp/apr-1.7.0/include -I/home/zp/apr-1.7.0/include/private -I/ho
me/zp/apr-1.7.0/include/private  -o tools/gen_test_char.lo -c tools/gen_test_cha
r.c && touch tools/gen_test_char.lo
```

图 8-30 对源代码进行编译

这一步耗时较长，也容易出错。发生错误的主要原因在于各类支撑包的版本变化。本实例中源代码包的依赖关系较为简单，因此在编者当前的系统配置下顺利通过了编译。make 命令执行成功后的效果如图 8-31 所示。

（6）安装编译好的程序。

执行 sudo make install 命令，安装已编译的程序。输入如下指令：

```
zp@lab:~/apr-1.7.0$ sudo make install
```

以上指令的执行效果如图 8-32 所示。注意，这一步需要超级用户权限，否则会报错。

```
gcc -E -DHAVE_CONFIG_H  -DLINUX -D_REENTRANT -D_GNU_SOURCE   -I./include -I/home
/zp/apr-1.7.0/include/arch/unix -I./include/arch/unix -I/home/zp/apr-1.7.0/inclu
de/arch/unix -I/home/zp/apr-1.7.0/include -I/home/zp/apr-1.7.0/include/private -
I/home/zp/apr-1.7.0/include/private  exports.c | grep "ap_hack_" | sed -e 's/^.*
[)]\(.*\);$/\1/' >> apr.exp
gcc -E -DHAVE_CONFIG_H  -DLINUX -D_REENTRANT -D_GNU_SOURCE   -I./include -I/home
/zp/apr-1.7.0/include/arch/unix -I./include/arch/unix -I/home/zp/apr-1.7.0/inclu
de/arch/unix -I/home/zp/apr-1.7.0/include -I/home/zp/apr-1.7.0/include/private -
I/home/zp/apr-1.7.0/include/private  export_vars.c | sed -e 's/^\#[^!]*//' | sed
 -e '/^$/d' >> apr.exp
sed 's,^\(location=\).*$,\1installed,' < apr-1-config > apr-config.out
sed -e 's,^\(apr_build.*=\).*$,\1/usr/local/apr/build-1,' -e 's,^\(top_build.*=\
).*$,\1/usr/local/apr/build-1,' < build/apr_rules.mk > build/apr_rules.out
make[1]: 离开目录"/home/zp/apr-1.7.0"
zp@lab:~/apr-1.7.0$
```

图 8-31　编译成功

```
zp@lab:~/apr-1.7.0$ sudo make install
[sudo] zp 的密码:
make[1]: 进入目录"/home/zp/apr-1.7.0"
make[1]: 对"local-all"无须做任何事。
make[1]: 离开目录"/home/zp/apr-1.7.0"
/home/zp/apr-1.7.0/build/mkdir.sh /usr/local/apr/lib /usr/local/apr/bin /usr/loc
al/apr/build-1 \
             /usr/local/apr/lib/pkgconfig /usr/local/apr/include/apr-1
/usr/bin/install -c -m 644 /home/zp/apr-1.7.0/include/apr.h /usr/local/apr/inclu
de/apr-1
for f in /home/zp/apr-1.7.0/include/apr_*.h; do \
    /usr/bin/install -c -m 644 ${f} /usr/local/apr/include/apr-1; \
done
/bin/bash /home/zp/apr-1.7.0/libtool --mode=install /usr/bin/install -c -m 755 l
ibapr-1.la /usr/local/apr/lib
```

图 8-32　使用 root 权限进行程序安装

【实例 8-9】 Apache 的安装。

APR 只是 Apache 的一个支持库。通过源代码形式进行 Apache 的安装会涉及多个支持库的安装，较为烦琐。与此同时，使用源代码方式安装，容易引发各类库的版本兼容性问题。因此编者不完整展示 Apache 源代码的安装过程。为保持内容的完整性，编者接下来直接采用 8.2 节中介绍的 apt 来完成 Apache 的安装并展示其效果。

Apache 的安装过程极为简单，仅须执行如下一条指令即可。

```
zp@lab:~$ sudo apt install apache2
```

安装成功后，可以在/var/www/html/目录下看到一个 index.html 文件。Apache 的配置文件位于/etc/apache2 目录下。输入如下指令：

```
zp@lab:~$ ls /etc/apache2/
zp@lab:~$ ls /var/www/html/
```

以上指令的执行效果如图 8-33 所示。

```
zp@lab:~$ ls /etc/apache2/
apache2.conf    conf-enabled  magic          mods-enabled  sites-available
conf-available  envvars       mods-available ports.conf    sites-enabled
zp@lab:~$
zp@lab:~$ ls /var/www/html/
index.html
```

图 8-33　Apache 安装效果展示

打开浏览器，在地址栏中输入 127.0.0.1 即可访问服务器的默认首页，如图 8-34 所示。

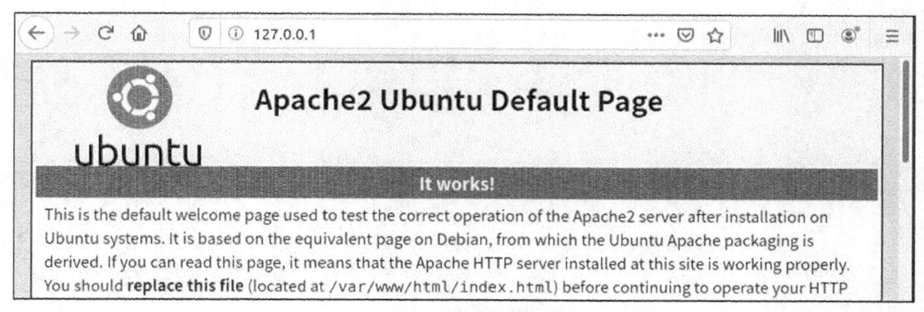

图8-34　访问服务器的默认首页

8.5　本章小结

软件包管理是 Linux 操作系统管理的重要组成部分。Linux 操作系统中的软件安装方式有 3 种：基于软件包存储库进行安装、下载二进制软件包进行安装、下载源代码包进行编译安装。其中，基于软件包存储库进行安装较为方便，是建议优先考虑的软件安装方法。基于源代码进行编译安装是较为复杂的软件安装方式，不建议初学者使用。在 Ubuntu 环境中，一般使用 apt 安装软件。apt 命令能实现 apt-get、apt-cache 和 apt-config 的常见功能。作为普通用户，应优先考虑使用 apt 进行软件包管理。

习 题 8

1. 简述 Linux 软件包管理的发展历史。
2. 常见的软件包安装方法有哪些?
3. 简述 apt 命令的基本用法。
4. 简述基于源代码的程序安装流程。
5. 使用 apt 命令安装 Apache。
6. 使用 apt 命令安装 vim。

第三部分

Linux操作系统开发篇

内容概览

■ 第 9 章 Shell 编程
■ 第 10 章 Linux C 编程

内容导读

科技是第一生产力、人才是第一资源、创新是第一动力。

Linux 操作系统的管理和维护人员，都有必要掌握一定的 Linux 开发知识。他们可以通过 Shell 脚本实现 Linux 操作系统管理和维护的自动化。而对于开发人员，Linux 操作系统是最重要的开发环境，C 语言更是常用的程序设计语言。

本部分将从 Shell 编程、Linux C 编程两个方面展开介绍 Linux 开发的相关知识，内容包括 Shell 编程基础知识、Shell 语法规则、Linux C 编程基础知识和常用技巧等。

通过本部分内容的学习，读者可以掌握 Shell 的基本语法规则和进阶技能、Linux 环境下进行 C 语言编程的常用工具和流程等。如果读者具有一定的编程基础，则其必将有助于读者快速掌握本部分的内容。

CHAPTER09

第9章

Shell编程

通过 Shell 脚本，可以实现 Linux 操作系统管理和维护的自动化。把烦琐重复的命令写入 Shell 脚本，可省去不必要的重复工作，提高运维人员的工作效率。本章将介绍 Shell 编程的相关知识，以使读者掌握 Shell 的基本语法规则和进阶技能。

9.1 Shell 编程概述

9.1.1 什么是 Shell 脚本

Shell 脚本（Shell script）是一种用 Shell 语言编写的脚本程序。Shell 脚本与 Windows 下的批处理文件较为相似，主要功能是方便管理员或者用户进行系统设置或者管理。Shell 脚本基于 Shell 语言的语法规则编写而成，支持 Linux/UNIX 下的命令调用。它比 Windows 下的批处理更强大。作为一种编程语言，Shell 语言与 C 语言存在显著不同。Shell 语言是一种解释型语言，不需要经过编译、汇编等过程。

9.1.2 Shell 编程基本步骤

Shell 程序有两种运行方式。其一是交互方式，直接从命令行输入代码并解释执行；其二是非交互方式。编写并执行 Shell 脚本，分为两步。第一步是脚本的编写。Shell 脚本本身是一个文本文件，扩展名为.sh。可以使用任何文本编辑器编写 Shell 脚本。常用命令行编辑工具有 vi/vim，图形化的编辑工具有 gedit、emacs 等。第二步是脚本的解释执行。Shell 脚本的执行需要 Shell 解释器的支持。Bash 是 Ubuntu 下默认的 Shell 解释程序。

9.1.3 Shell 入门实例

下面通过一个简单的 Shell 脚本，介绍其编写和使用的基本流程。

【实例 9-1】 Shell 入门实例。

打开文本编辑器，新建一个文本文件，并将其命名为 test.sh。读者可以使用 vi/vim、gedit 等文本编辑工具来创建脚本文件。本章后续内容将不再明确给出编辑工具名称。在 test.sh 文件中输入如下代码：

```
#!/bin/bash
echo "Hello, Shell!"  #这是当前语句的注释
```

第 1 行：#!是一个约定的标记，它告诉系统这个脚本需要用什么解释器来执行，即使用哪一种 Shell；/bin/bash 指明了解释器的具体位置。这一行并不是必需的，如果省略，系统将调用默认的 Shell 解释器。

第 2 行：echo 命令用于向标准输出文件（stdout，standard output，一般指显示器）输出文本。在第 2 行中，#及其后面的内容是注释。Shell 脚本中以#开头的是注释。

完整指令如下：

```
zp@lab:~$ mkdir Shell #本章实例默认放在Shell目录中
zp@lab:~$ cd Shell/
zp@lab:~/shell$ ls
zp@lab:~/shell$ vi test001.sh
zp@lab:~/shell$ cat test001.sh
```

以上指令的执行效果如图 9-1 所示。

```
zp@lab:~$ mkdir shell
zp@lab:~$ cd shell/
zp@lab:~/shell$ ls
zp@lab:~/shell$ vi test001.sh
zp@lab:~/shell$
zp@lab:~/shell$ cat test001.sh
#!/bin/bash
echo "Hello, Shell!"  #这是当前语句的注释
```

图 9-1 Shell 入门实例

9.1.4 运行 Shell 脚本的几种方法

在上一小节中，我们编写了一个简单的 Shell 脚本，这一小节我们就让它运行起来。运行 Shell 脚本主要有下面 3 种方法。

方法 1：为 Shell 脚本添加可执行权限。

将 Shell 脚本的可执行权限赋给当前用户，可以实现 Shell 脚本的解释执行。使用 chmod 命令可以给 Shell 脚本加上执行权限。

【实例 9-2】 Shell 脚本运行方法 1。

执行如下指令，其执行效果如图 9-2 所示。

```
zp@lab:~/shell$ chmod +x test001.sh    #给脚本添加运行权限
zp@lab:~/shell$ ./test001.sh           #运行脚本文件，注意./不能省略
#通过绝对路径的方式去运行Shell脚本
zp@lab:~/shell$ /home/zp/shell/test001.sh
```

```
zp@lab:~/shell$ chmod +x test001.sh
zp@lab:~/shell$ ./test001.sh
Hello, Shell!
zp@lab:~/shell$
zp@lab:~/shell$ /home/zp/shell/test001.sh
Hello, Shell!
```

图 9-2　Shell 脚本运行方法 1

使用此方法，需要指定脚本的路径，可以是相对路径，也可以是绝对路径。其中“./”表示当前目录，整条命令的意思是运行当前目录下的 test.sh 脚本。如果缺少“./”，Linux 就会到系统路径（由 PATH 环境变量指定）下查找 test.sh，但系统路径下并不存在这个脚本，因此运行失败。

方法 2：直接使用 Bash 或 sh 来运行 Shell 脚本。

读者也可以直接使用 Bash 或 sh 来运行 Shell 脚本。Bash 和 sh 是常见的 Shell 解释器。读者可以将脚本文件的名字作为参数传递给 Bash 或者 sh，以运行该 Shell 脚本。

【实例 9-3】 Shell 脚本运行方法 2。

执行如下指令，其执行效果如图 9-3 所示。

```
zp@lab:~/shell$ bash test001.sh     #使用Bash运行Shell脚本
zp@lab:~/shell$ sh test001.sh       #使用sh运行Shell脚本
```

```
zp@lab:~/shell$ bash test001.sh
Hello, Shell!
zp@lab:~/shell$ sh test001.sh
Hello, Shell!
```

图 9-3　Shell 脚本运行方法 2

方法 3：使用 source 命令运行 Shell 脚本。

读者还可以使用 source 命令运行 Shell 脚本。source 是 Shell 内置命令的一种，它会读取脚本文件中的代码，并依次执行所有语句。source 命令强制执行脚本文件中的全部命令，并不需要事先修改脚本文件的权限。

source 命令的用法为：

```
source filename
```

也可以简写为：

```
. filename
```

需要注意，点号“.”和文件名之间有一个“空格”。两种写法的效果相同。

【实例 9-4】 Shell 脚本运行方法 3。

执行如下指令，其执行效果如图 9-4 所示。注意，在使用 source 命令运行 Shell 脚本时，不需要给脚本增加可运行权限，并且写不写“./”都可以。

```
zp@lab:~/shell$ source test001.sh       #使用source运行Shell脚本
zp@lab:~/shell$ . test001.sh            #使用点号（.）运行Shell脚本
```

```
zp@lab:~/shell$ source test001.sh
Hello, Shell!
zp@lab:~/shell$ . test001.sh
Hello, Shell!
zp@lab:~/shell$
zp@lab:~/shell$ source ./test001.sh
Hello, Shell!
```

图 9-4 Shell 脚本运行方法 3

上述 3 种 Shell 脚本运行方法存在一定的区别。前两种方法是在新进程中运行 Shell 脚本，而最后一种方法是在当前进程中运行 Shell 脚本。这些细微的差别，已经超出了初学者的理解范畴。

9.2 Shell 变量

Shell 变量在定义时不需要指明类型，直接赋值就行。在 Bash Shell 中，每一个变量的值都是字符串，无论用户在给变量赋值时有没有使用引号，值都会以字符串的形式存储。默认不区分变量类型。使用 declare 关键字可显式声明变量类型。Shell 变量名由数字、字母、下画线组成，必须以字母或者下画线开头，不能使用 Shell 的关键字。

9.2.1 变量定义和访问

1. 变量的定义

变量定义的格式如下（注意，等号两边不能有空格）：

```
变量名=变量值
```

Shell 支持以下 3 种定义变量的方式：

```
VariableName=VariableValue
VariableName='VariableValue'
VariableName="VariableValue"
```

VariableName 是变量名，VariableValue 是赋给变量的值。如果 VariableValue 不包含任何空白符（如空格、Tab 缩进等），那么可以不使用引号；如果 VariableValue 包含了空白符，那么就必须使用引号。单引号和双引号有区别，稍后我们会详细说明。

2. 变量的访问

要获取一个变量的值，只须在变量名前面加一个$。已定义的变量可以被重新赋值。注意：在对变量重新赋值时，不能在变量名前加$。

【实例 9-5】 变量定义和访问。

执行如下指令，其执行效果如图 9-5 所示。

```
zp@lab:~/shell$ author = zp      #错误示例：等号两边故意加了空格，以作对比
zp@lab:~/shell$ author=zp        #正确示例：定义变量，等号两边不应有空格
zp@lab:~/shell$ echo $author     #使用变量，在变量名前面加美元符号$
#变量值中包含了空白符，故必须使用引号引起来
zp@lab:~/Shell$ author="Zhang Ping"
```

```
zp@lab:~/Shell$ echo $author
zp@lab:~/Shell$ echo ${author} #变量名外面的花括号{ }是可选的
```

```
zp@lab:~/shell$ author = zp
author: 未找到命令
zp@lab:~/shell$ author=zp
zp@lab:~/shell$ echo $author
zp
zp@lab:~/shell$ author="Zhang Ping"
zp@lab:~/shell$ echo $author
Zhang Ping
zp@lab:~/shell$
zp@lab:~/shell$ echo ${author}
Zhang Ping
```

图 9-5 变量定义和访问

给变量名加花括号可以帮助解释器准确识别变量的边界。给所有变量名加上花括号“{}”是个良好的编程习惯。

【实例 9-6】 变量名称的边界。

执行如下指令，其执行效果如图 9-6 所示。

```
zp@lab:~/shell$ language="Shell"
#解释器把${language}当成一个变量
zp@lab:~/shell$ echo "It's a ${language}Script file"
#解释器把$languageScript当成一个变量（其值为空）
zp@lab:~/shell$ echo "It's a $languageScript file"
zp@lab:~/shell$ language="Java" #已定义变量重新赋值
#解释器把${language}当成一个变量
zp@lab:~/shell$ echo "It's a ${language}Script file"
#解释器把$languageScript当成一个变量（其值为空）
zp@lab:~/shell$ echo "It's a $languageScript file"
```

```
zp@lab:~/shell$ language="Shell"
zp@lab:~/shell$ echo "It's a ${language}Script file"
It's a ShellScript file
zp@lab:~/shell$ echo "It's a $languageScript file"
It's a  file
zp@lab:~/shell$
zp@lab:~/shell$ language="Java"
zp@lab:~/shell$ echo "It's a ${language}Script file"
It's a JavaScript file
zp@lab:~/shell$ echo "It's a $languageScript file"
It's a  file
```

图 9-6 变量名称的边界

3. 引号的使用

下面主要介绍 3 种类型的引号：单引号、双引号和反引号。

单引号：以单引号“' '”包围变量的值时，单引号里面是什么就输出什么，即使内容中有变量和命令，也会把它们原样输出。这种方式比较适合定义显示纯字符串的情况，即不希望解析变量、命令等的场景。

双引号：以双引号“" "”包围变量的值时，不是把双引号中的变量名和命令原样输出，而是会先解析里面的变量和命令，然后再输出。这种方式适合字符串中附带有变量和命令并且想将其解析后再输出的场景。

反引号：注意区分反引号和单引号，反引号“``”位于 Esc 键的下方。反引号主要用于命令替换。本书将在后面对其进行介绍。

【实例 9-7】 单引号和双引号变量赋值和访问。

执行如下指令，其执行效果如图 9-7 所示。

```
zp@lab:~/shell$ author="Zhang Ping" #定义变量author
#定义变量hello1和hello2
zp@lab:~/shell$ hello1='Hello, ${author}'
zp@lab:~/shell$ hello2="Hello, ${author}"
#使用变量hello1和hello2
zp@lab:~/shell$ echo ${hello1}
zp@lab:~/shell$ echo ${hello2}
```

```
zp@lab:~/shell$ author="Zhang Ping"
zp@lab:~/shell$ hello1='Hello, ${author}'
zp@lab:~/shell$ hello2="Hello, ${author}"
zp@lab:~/shell$ echo ${hello1}
Hello, ${author}
zp@lab:~/shell$ echo ${hello2}
Hello, Zhang Ping
```

图 9-7　单引号和双引号变量赋值和访问

4. 命令替换

通过命令替换（command substitution），可达到将命令的执行结果赋值给变量的目的。具体有以下两种实现方式。

第一种方式是把命令用反引号包围起来。反引号和单引号非常相似，容易产生混淆。用这种方式编写 Shell 脚本，其移植性比较强，可用在所有 UNIX Shell 中。但是没有$()直观，特别是在多层次的复合替换中，需要用户有一定的经验和技巧，才不容易出错。

第二种方式是把命令用$()包围起来，使区分更加明显。编者推荐使用这种方式。需要注意的是，并不是每一种 Shell 解释器都支持$()。在跨平台移植时，请谨慎使用。

【实例 9-8】 命令替换。

执行如下指令，其执行效果如图 9-8 所示。

```
zp@lab:~/shell$ echo "Today is $(date)"
zp@lab:~/shell$ echo 'Today is $(date)'
zp@lab:~/shell$ echo "Today is `date`"
zp@lab:~/shell$ echo 'Today is `date`'
```

```
zp@lab:~/shell$ echo "Today is $(date)"
Today is 2020年 05月 18日 星期一 15:34:44 CST
zp@lab:~/shell$ echo 'Today is $(date)'
Today is $(date)
zp@lab:~/shell$ echo "Today is `date`"
Today is 2020年 05月 18日 星期一 15:34:44 CST
zp@lab:~/shell$ echo 'Today is `date`'
Today is `date`
```

图 9-8　命令替换

9.2.2　变量类型

Shell 语言有 3 种主要的变量类型：用户变量、环境变量和内置变量。

1. 用户变量

用户变量（user variable）在脚本或命令中定义，仅在当前 Shell 实例中有效，可任意使用和修改；但其他 Shell 启动的程序不能访问它。

2. 环境变量

环境变量（environment variable）是系统环境的一部分。可以在 Shell 程序中使用它们，某些变量（如 PATH）还能在 Shell 中加以修改。

【实例 9-9】 查看环境变量。

执行如下指令，其执行效果如图 9-9 所示。

```
zp@lab:~/shell$ echo $PATH
```

```
zp@lab:~/shell$ echo $PATH
/home/zp/miniconda3/bin:/usr/local/sbin:/usr/local/bin:/usr/sbin:/usr/bin:/sbin:
/bin:/usr/games:/usr/local/games:/snap/bin
```

图 9-9 Shell 环境变量实例

3. 内置变量

内置变量（built-in variable）是 Linux 操作系统提供的一种特殊类型的变量。与环境变量不同，在 Shell 程序内，这类变量的值是不能修改的。

【实例 9-10】 使用内置变量$$查看当前进程的进程号。

执行如下指令，其执行效果如图 9-10 所示。本实例直接以交互的方式使用内置变量。

```
zp@lab:~/shell$ echo $$
```

```
zp@lab:~/shell$ echo $$
31096
```

图 9-10 Shell 内置变量实例

内置变量通常用在 Shell 脚本中。例如：在运行 Shell 脚本文件时，通常需要给它传递一些参数。这些参数在脚本文件内部可以使用$n的形式来接收。其中，$1表示第一个参数，$2 表示第二个参数，以此类推。在调用函数时也可以传递参数，这些传递进来的参数在函数内部使用$n 的形式接收。同样，$1 表示第一个参数，$2 表示第二个参数，以此类推。这种通过$n 的形式来接收的参数，在 Shell 中被称为位置参数。一般而言，Shell 变量的名字必须以字母或者下画线开头，不能以数字开头。但是位置参数却以数字作为变量名，这和变量的命名规则是相悖的，因此我们将它们视为“特殊变量”。除了$n，Shell 中还有$#、$*、$@、$?、$$等特殊变量，如表 9-1 所示。

表 9-1 Shell 中常见的特殊变量

变量	含义说明
$$	Shell 本身的 PID（ProcessID）
$!	Shell 最后运行的后台 Process 的 PID
$?	最后运行的命令的结束代码（返回值）
$-	使用 Set 命令设定的 Flag 一览
$*	所有参数列表，以"$1$2…$n"形式输出所有参数
$@	输出所有参数，每个参数作为一个单独的字符串
$#	添加到 Shell 的参数个数
$0	Shell 本身的文件名
$1 ~ $n	添加到 Shell 的各参数值：$1 表示第一个参数、$2 表示第二个参数……

【实例 9-11】 常见的内置变量。

打开文本编辑器，新建一个脚本文件 test002.sh。在文件中输入如下代码：

```
#!/bin/bash
printf '$$ is %s\n' "$$"
printf '$! is %s\n' "$!"
```

```
printf '$? is %s\n' "$?"
printf '$- is %s\n' "$-"
printf '$* is %s\n' "$*"
printf '$@ is %s\n' "$@"
printf '$# is %s\n' "$#"
printf '$0 is %s\n' "$0"
printf '$1 is %s\n' "$1"
printf '$2 is %s\n' "$2"
```

运行如下指令以执行该脚本，并传入参数。其执行效果如图 9-11 所示。

```
zp@lab:~/shell/basic$ bash test002.sh zhang ping
```

```
zp@lab:~/shell/basic$ bash test002.sh zhang ping
$$ is 2251
$! is
$? is 0
$- is hB
$* is zhang ping
$@ is zhang
$@ is ping
$# is 2
$0 is test002.sh
$1 is zhang
$2 is ping
```

图 9-11　常见的内置变量

9.2.3　变量值输出

Shell 语言中有两种常用的变量输出方式，分别是 echo 和 printf。

1. echo 输出

echo 命令发送数据到标准的输出设备，并以字符串的方式输出一个变量。

echo 命令有两个重要参数。

-e：识别输出内容里面的转义字符。

-n：忽略结尾的换行。

【实例 9-12】 使用 echo 命令输出。

执行如下指令，其执行效果如图 9-12 所示。

```
#使用echo命令输出内容
zp@lab:~/shell$ echo "Hello\tShell!"
#使用echo命令的-e参数可以识别输出内容中的转义字符
zp@lab:~/shell$ echo -e "Hello\tShell!"
#使用echo命令的-n参数忽略结尾的换行
zp@lab:~/shell$ echo -n "Hello\tShell!"
```

```
zp@lab:~/shell$ echo "Hello\tShell!"
Hello\tShell!
zp@lab:~/shell$ echo -e "Hello\tShell!"
Hello   Shell!
zp@lab:~/shell$ echo -n "Hello\tShell!"
Hello\tShell!zp@lab:~/shell$
```

图 9-12　使用 echo 命令输出

2. printf 输出

printf 支持格式化输出。printf 的默认输出不换行，换行时需要用户手动加“\n”。

【实例 9-13】 使用 printf 命令输出。

执行如下指令，其执行效果如图 9-13 所示。

```
#使用printf命令输出内容（ptintf可识别转义序列）
zp@lab:~/shell$ printf  "Hello\tShell"
#printf命令换行输出须加上\n
zp@lab:~/shell$ printf  "Hello\tShell\n"
```

```
zp@lab:~/shell$ printf  "Hello\tShell"
Hello   Shellzp@lab:~/shell$
zp@lab:~/shell$ printf  "Hello\tShell\n"
Hello   Shell
```

图 9-13　使用 printf 命令输出

9.2.4　变量值输入

read 命令用于读取标准输入设备的下一行。默认情况下，标准输入中的新一行到换行符前的所有字符都会被读取，并赋值给对应的变量。该命令可以一次读入多个变量的值；变量和输入的值用空格隔开。在 read 命令后面，如果没有指定变量名，那么读取的数据将被自动赋值给特定的变量 REPLY。

read 命令的语法格式：

```
read [参数] [变量名]
```

read 命令常用参数的含义如表 9-2 所示。

表 9-2　read 命令常用参数的含义

参数	含义
p	提示语句，后面接输入提示信息
n	参数个数，有时候要限制密码长度，或者其他输入长度，例如[Y/N]只输入一位，即 n1
s	屏蔽回显，屏幕上不显示输入内容，一般用于密码输入
t	等待时间，例如设置 30s，30s 内未输入或者输入不全，终止输入
d	输入界限，例如输入$，自然终止输入
r	屏蔽特殊字符\的转译功能，加了 r 之后作为普通字符处理

【实例 9-14】　输入一个变量值。

从标准输入读取一行并赋值给变量 password。输入如下指令，其执行效果如图 9-14 所示。

```
#从标准输入读取一行并赋值给变量password
zp@lab:~/shell$ read -s -p "Enter Password:" password
zp@lab:~/shell$ echo -e "\nThe password you input is:$password"
```

```
zp@lab:~/shell$ read -s -p "Enter Password:" password
Enter Password:zp@lab:~/shell$
zp@lab:~/shell$
zp@lab:~/shell$ echo -e "\nThe password you input is:$password"

The password you input is:111111
```

图 9-14　输入一个变量值

有兴趣的读者可以分析一下下面这一行代码的含义。

```
read -n8 -t10 -r -s -d $ -p "Enter Password:" password
```

【实例 9-15】　输入多个变量值。

从标准输入读取一行，直至遇到第一个空白或换行符。令程序把用户输入的第一个词存到变量 first 中，把剩余部分存到变量 last 中。执行如下指令，其执行效果如图 9-15 所示。

```
#从标准输入读取一行（直至遇到第一个空白或换行符），并将第一个词和剩余部分分别赋值给first和last
zp@lab:~/shell$ read first last
#输出first和last的值
zp@lab:~/shell$ echo $first
zp@lab:~/shell$ echo $last
```

```
zp@lab:~/shell$ read first last
zhang ping
zp@lab:~/shell$ echo $first
zhang
zp@lab:~/shell$ echo $last
ping
```

图 9-15　输入多个变量值

9.2.5　数组

与大多数编程语言一样，Shell 也支持数组。数组可以用来存放多个值。Bash Shell 只支持一维数组，初始化时不需要定义数组大小。Shell 数组元素的编号由 0 开始。

1. 数组定义

定义数组的格式如下：

```
array_name=(value1 value2 … valuen)
```

Shell 数组用括号来表示，元素之间用空格隔开。当然，也可以使用下标来定义数组。

```
array_name[0]=value0
array_name[1]=value1
array_name[2]=value2
```

赋值号=的两边不能有空格，其必须紧挨着数组名和数组元素。

2. 读取数组元素值

（1）读取数组元素值，格式如下：

```
${array_name[index]}
```

（2）获取数组中的所有元素，格式如下：

```
${array_name[@]}
```

或

```
${array_name[*]}
```

（3）获取数组长度，格式如下：

```
${#array_name[@]}
```

或

```
${#array_name[*]}
```

【实例 9-16】 数组综合实例。

执行如下指令（编者故意在第二个元素上加了双引号），其执行效果如图 9-16 所示。

```
zp@lab:~/shell$ array1=(1 "2" 3)  #定义数组
#访问数组元素
zp@lab:~/shell$ echo "The first item is ${array1[0]}"
zp@lab:~/shell$ echo "The second item is ${array1[1]}"
zp@lab:~/shell$ echo "The third item is ${array1[2]}"
#获取数组的长度，即数组元素个数3
```

```
zp@lab:~/shell$ echo "The total number is ${#array1[*]}"
zp@lab:~/shell$ echo " The total number is ${#array1[@]}"
#获取数组中的所有元素
zp@lab:~/shell$ echo "Items in array1 are: ${array1[*]}"
zp@lab:~/shell$ echo "Items in array1 are: ${array1[@]}"
```

```
zp@lab:~/shell$ array1=(1 "2" 3)
zp@lab:~/shell$ echo "The first item is ${array1[0]}"
The first item is 1
zp@lab:~/shell$ echo "The second item is ${array1[1]}"
The second item is 2
zp@lab:~/shell$ echo "The third item is ${array1[2]}"
The third item is 3
zp@lab:~/shell$  echo "The total number is ${#array1[*]}"
The total number is 3
zp@lab:~/shell$ echo " The total number is ${#array1[@]}"
 The total number is 3
zp@lab:~/shell$
zp@lab:~/shell$ echo "Items in array1 are: ${array1[*]}"
Items in array1 are: 1 2 3
zp@lab:~/shell$ echo "Items in array1 are: ${array1[@]}"
Items in array1 are: 1 2 3
```

图 9-16　数组综合实例

9.3　表达式

9.3.1　算术表达式

Bash 本身并不支持数学运算。读者可以通过 awk、expr 等命令来实现算术表达式的求值操作。使用 expr 命令时需要注意：操作数（用于计算的数）和运算符之间一定要有空格。读者也可以使用$[ ]表达式进行数学运算，此时不要求运算符与操作数之间有空格。

【实例 9-17】 求算术表达式的值。

执行如下指令，其执行效果如图 9-17 所示。

```
#使用“[]”计算表达式
zp@lab:~/shell$ echo $[100/2]
#使用expr计算表达式
zp@lab:~/shell$ val=`expr 100 / 2`
zp@lab:~/shell$ echo $val
#使用expr计算表达式，注意这里没有空格
zp@lab:~/shell$ val=`expr 100/2`
#注意，此时输出的并不是运算结果
zp@lab:~/shell$ echo $val
```

```
zp@lab:~/shell$ echo $[100/2]
50
zp@lab:~/shell$ val=`expr 100 / 2`
zp@lab:~/shell$ echo $val
50
zp@lab:~/shell$ val=`expr 100/2`
zp@lab:~/shell$ echo $val
100/2
```

图 9-17　求算术表达式的值

9.3.2　逻辑表达式

在 Linux 中通常使用 test 命令及其别名来检查逻辑表达式是否成立。更多信息参见 9.6 节 “Shell 进阶”。

test 命令对逻辑表达式的书写格式的要求较为严格，初学者容易犯错。接下来两节我们将使用对初学者更为友好的方式来替换 test 命令及其别名。test 命令的语法格式为：

```
test 逻辑表达式
```

test 命令有一个别名，即左方括号，其语法格式为：

```
[ 逻辑表达式 ]
```

当使用左方括号时，逻辑表达式两边必须有空格，完整的格式为：左方括号、空格、逻辑表达式、空格、右方括号。

【实例 9-18】 采用 test 命令计算逻辑表达式。

执行如下指令，其执行效果如图 9-18 所示。本实例中的 2 和 5 都被当作字符串，更多信息参见表 9-3 和表 9-5。

```
zp@lab:~/shell$ test 2 = 2  #正确示例：等号前后都有空格
#判断上一条指令是否成立，"$?"是内置变量，读者请查看表9-1
zp@lab:~/shell$ echo $?
#0为真，表示条件成立
zp@lab:~/shell$ test 2 = 5  #正确示例：等号前后都有空格
zp@lab:~/shell$ echo $?
#1为假，表示条件不成立
zp@lab:~/shell$
#注意比较下面指令的区别。下面的指令是常见的错误示例
zp@lab:~/shell$ test 2=2    #错误示例：作为对比，等号前后的空格已被故意删除
zp@lab:~/shell$ echo $?
zp@lab:~/shell$ test 2=5    #错误示例：作为对比，等号前后的空格已被故意删除
zp@lab:~/shell$ echo $?
```

```
zp@lab:~/shell$ test 2 = 2
zp@lab:~/shell$ echo $?
0
zp@lab:~/shell$ test 2 = 5
zp@lab:~/shell$ echo $?
1
zp@lab:~/shell$
zp@lab:~/shell$ test 2=2
zp@lab:~/shell$ echo $?
0
zp@lab:~/shell$ test 2=5
zp@lab:~/shell$ echo $?
0
```

图 9-18 采用 test 命令计算逻辑表达式

【实例 9-19】 采用别名计算逻辑表达式。

执行如下指令。其执行效果如图 9-19 所示。

```
zp@lab:~/shell$ [ 2 = 2 ]     #正确示例：等号前后均有空格，数字与方括号间亦有空格
zp@lab:~/shell$ echo $?       #0为真，表示条件成立
zp@lab:~/shell$ [ 2 = 5 ]     #正确示例：等号前后均有空格，数字与方括号间亦有空格
zp@lab:~/shell$ echo $?       #1为假，表示条件不成立
#注意比较下面指令的区别。下面的指令是常见的错误示例
zp@lab:~/shell$ [2 = 5]       #错误示例：数字与方括号间的空格被故意删除，直接报错
zp@lab:~/shell$ [ 2=5 ]       #错误示例：作为对比，等号前后的空格已被故意删除
zp@lab:~/shell$ echo $?
zp@lab:~/shell$ [ 2=2 ]       #错误示例：作为对比，等号前后的空格已被故意删除
zp@lab:~/shell$ echo $?
```

```
zp@lab:~/shell$ [2 = 2]
zp@lab:~/shell$ echo $?
0
zp@lab:~/shell$ [2 = 5]
zp@lab:~/shell$ echo $?
1
zp@lab:~/shell$
zp@lab:~/shell$ [2 = 5]
[2：未找到命令
zp@lab:~/shell$
zp@lab:~/shell$ [ 2=5 ]
zp@lab:~/shell$ echo $?
0
zp@lab:~/shell$ [ 2=2 ]
zp@lab:~/shell$ echo $?
0
```

图 9-19 采用别名计算逻辑表达式

9.4 Shell 控制结构

9.4.1 分支结构：if 语句

Shell 的选择结构有两种形式，分别是 if else 语句和 case in 语句。本小节介绍 if else 语句。其简单的用法是只使用 if 语句，语法格式为：

```
if  condition
then
    语句
fi
```

Shell 的 if 语句与其他语言的 if 语句区别较大的地方是 condition 部分。Shell 的 condition 中包含的逻辑表达式可以指定运算命令。在实际工作中，一般可以使用“(())”或者“[]”来计算逻辑表达式的值。前者与 C 语言的语法规则和输入习惯更加接近，建议读者使用前者。读者可以结合后续的实例进行理解。注意，if 语句最后必须以 fi 来闭合。

如果有两个分支，就可以使用 if else 语句，它的格式为：

```
if  condition
then
   语句1
else
   语句2
fi
```

【实例 9-20】 if 语句实例。

输入两个数字，比较数字的大小。新建脚本 testIf03.sh，其代码如下：

```
#!/bin/bash
read X
read Y
if (( $X == $Y ))
then
    echo  "$X等于$Y "
else
   echo "$X不等于$Y"
fi
```

输入如下指令，查看并运行该脚本。指令的执行效果如图 9-20 所示。

```
zp@lab:~/shell$ cat testIf03.sh #查看脚本
zp@lab:~/shell$ bash testIf03.sh
```

```
zp@lab:~/shell$ bash testIf03.sh
10
10
10等于10
```

图 9-20 if-else 语句实例

读者也可以将 then 和 if 写在一行，如下：

```
if  condition;  then
    语句
fi
```

请注意 condition 后边的分号“;”。当 if 和 then 位于同一行时，这个分号是必须的，否则会有语法错误。对于较为简单的例子，所有代码都可以写在同一行中。例如：

```
if (($X==$Y));then echo "equal";else echo "no";fi
```

【实例 9-21】 if 语句实例（紧凑版）。

新建脚本 testIf04.sh，代码如下：

```
#!/bin/bash
read X
read Y
if (($X==$Y)); then echo "$X等于$Y "; else echo "$X不等于$Y"; fi
```

输入如下指令，查看并运行该脚本。指令的执行效果如图 9-21 所示。

```
zp@lab:~/shell$ cat testIf04.sh #查看脚本
zp@lab:~/shell$ bash testIf04.sh
```

```
zp@lab:~/shell$ bash testIf04.sh
10
20
10不等于20
```

图 9-21 if 语句实例（紧凑版）

Shell 支持多分支 if 语句，这里的多分支可以是任意数量的分支。语法格式为：

```
if  condition1
then
    语句1
elif condition2
then
    语句2
elif condition3
then
    语句3
…
else
    语句n
fi
```

注意，if 和 elif 的后面都有关键字 then。

【实例 9-22】 多分支 if 语句实例 1。

输入百分制成绩，输出 ABCDE 五等制成绩。新建脚本 testIf05.sh，代码如下：

```
#!/bin/bash
read score
if (( $score >= 0 && $score < 60 )); then
      echo "E"
elif (( $score >= 60 && $score < 70 )); then
      echo "D"
elif (( $score >= 70 && $score < 80 )); then
      echo "C"
elif (( $score >= 80 && $score <90 )); then
      echo "B"
elif (( $score >= 90 && $score <= 100 )); then
      echo "A"
else
      echo "成绩有误"
fi
```

以上代码的执行效果如图 9-22 所示。

```
zp@lab:~/shell$ bash testIf05.sh
80
B
zp@lab:~/shell$ bash testIf05.sh
120
成绩有误
zp@lab:~/shell$ _
```

图 9-22　多分支 if 语句实例 1

【实例 9-23】 多分支 if 语句实例 2。

读者输入数字以表示星期几，脚本将其翻译成英文。新建脚本 testIf06.sh，代码如下：

```
#!/bin/bash
printf "今天星期几? (请输入1~7): "
read d
if ((d==1)); then
      echo "Monday"
elif ((d==2)); then
      echo "Tuesday"
elif ((d==3)); then
      echo "Wednesday"
elif ((d==4)); then
      echo "Thursday"
elif ((d==5)); then
      echo "Friday"
elif ((d==6)); then
      echo "Saturday"
elif ((d==7)); then
      echo "Sunday"
else
      echo "$d is not right"
fi
```

以上代码的执行效果如图 9-23 所示。

```
zp@lab:~/shell$ bash testIf06.sh
今天星期几? (请输入1-7): 8
8 is not right
zp@lab:~/shell$ bash testIf06.sh
今天星期几? (请输入1-7): 3
Wednesday
```

图 9-23　多分支 if 语句实例 2

9.4.2　分支结构：case 语句

当分支较多且判断条件比较简单时，通常可以用 case in 语句代替 if 语句。case in 语句的基本格式如下：

```
case expression in
    pattern1)
        语句1
        ;;
    pattern2)
        语句2
        ;;
    pattern3)
        语句3
        ;;
    …
    *)
        语句n
esac
```

case、in 和 esac 都是 Shell 关键字，expression 表示表达式，pattern 表示匹配模式。expression 既可以是一个变量、一个数字、一个字符串，又可以是一个数学计算表达式，或者是命令的执行结果。pattern 可以是一个数字、一个字符串或者一个正则表达式。如果 expression 和某个模式（比如 pattern3）匹配成功，就会执行这个模式后面对应的语句（该语句可以有一条，也可以有多条），直到遇见双分号“;;”才停止；整个 case 语句执行完，程序跳出整个 case 语句去执行 esac 后面的其他语句。双分号“;;”相当于其他编程语言中的 break。如果 expression 没有匹配到任何一个模式，那么就执行“*)”后面的语句，直到遇见双分号“;;”或者 esac 才结束。“*)”是一个正则表达式，*表示任意字符串，因此不管 expression 的值是什么，“*)”总能匹配成功。“*)”相当于其他编程语言中的 default。“*)”部分可以省略。如果 expression 没有匹配到任何一个模式，则不执行操作。

【实例 9-24】 case 语句实例。

本实例是【实例 9-23】的 case 版本。新建脚本 testCase01.sh，代码如下：

```
#!/bin/bash
printf "今天星期几?（请输入1～7）: "
read d
case $d in
    1)
        echo "Monday"
        ;;
    2)
        echo "Tuesday"
        ;;
    3)
        echo "Wednesday"
```

```
        ;;
    4)
        echo "Thursday"
        ;;
    5)
        echo "Friday"
        ;;
    6)
        echo "Saturday"
        ;;
    7)
        echo "Sunday"
        ;;
    *)
        echo "$d is not right"
esac
```

以上代码的执行效果如图 9-24 所示。

```
zp@lab:~/shell$ bash testCase01.sh
今天星期几？(请输入1-7): 2
Tuesday
```

图 9-24　case 语句实例

9.4.3　循环结构：for 语句

Shell 提供了 for 循环语句。for 循环通常用于重复执行次数明确的情况。它将循环次数通过变量预先定义好，使用计数方式控制循环。Shell for 循环有两种使用形式：C 语言风格的 for 循环和 Python 语言风格的 for 循环。

1. C 语言风格的 for 循环

C 语言风格的 for 循环，语法格式如下：

```
for((exp1; exp2; exp3))
do
    语句
done
```

其中，exp1 仅在第一次循环时执行，以后都不会再执行，可以认为这是一个初始化语句；exp2 是一个关系表达式，决定了是否还要继续下次循环，被称为“判断条件”；exp3 在很多情况下是一个包含自增或自减运算的表达式，以使循环条件逐渐变得“不成立”。exp1（初始化语句）、exp2（判断条件）和 exp3（自增或自减）都是可选项，可以省略（但分号“;”必须保留），这与 C 语言基本类似。do 和 done 是 Shell 中的关键字。

【实例 9-25】 C 语言风格的 for 循环实例。

本实例将计算从 1 到 50 的整数之和。新建脚本 testFor01.sh，代码如下：

```
#!/bin/bash
sum=0
for ((i=1; i<=50; i++))
do
    ((sum +=i))
done
echo "结果为：$sum"
```

以上代码的执行效果如图 9-25 所示。

```
zp@lab:~/shell$ bash testFor01.sh
结果为: 1275
```

图 9-25　C 语言风格的 for 循环实例

下面给出该实例代码的 4 种变体。

（1）省略 exp1。

```
sum=0
i=1
for ((; i<=50; i++))
do
    ((sum +=i))
done
```

（2）省略 exp2。

```
sum=0
for ((i=1; ; i++))
do
    if(( i>50 )); then
        break
    fi
    ((sum +=i))
done
```

（3）省略 exp3。

```
sum=0
for ((i=1; i<=50; ))
do
    ((sum +=i))
    ((i++))
done
```

（4）同时省略 exp1、exp2、exp3。

```
sum=0
i=1
for (( ; ; ))
do
    if(( i>50 )); then
        break
    fi
    ((sum += i))
    ((i++))
done
```

2. Python 语言风格的 for 循环

Python 语言风格的 for 循环，语法格式如下：

```
for variable in value_list
do
    语句
done
```

其中，variable 表示变量，value_list 表示取值列表，in 是 Shell 中的关键字。每次循环都会从 value_list 中取出一个值赋给变量 variable，然后执行循环体中的语句。直到取完 value_list 中所有的值，循环就结束了。

【实例 9-26】 Python 语言风格的 for 循环实例。

本实例是【实例 9-25】的 Python 风格实现。新建脚本 testFor02.sh，代码如下：

```
#!/bin/bash
sum=
for n in {1..50}
do
    ((sum+=n))
done
echo "结果为：$sum"
```

以上代码的执行效果如图 9-26 所示。

```
zp@lab:~/shell$ bash testFor02.sh
结果为: 1275
```

图 9-26　Python 语言风格的 for 循环实例

【实例 9-27】 输出字符列表。

本实例将输出从 a ~ z 的所有字符。新建脚本 testFor03.sh，代码如下：

```
#!/bin/bash
for c in {a..z}
do
    printf "%c" $c
done
```

以上代码的执行效果如图 9-27 所示。

```
zp@lab:~/shell$ bash testFor03.sh
abcdefghijklmnopqrstuvwxyzzp@lab:~/shell$
```

图 9-27　输出字符列表

【实例 9-28】 输出根目录下的文件列表。

新建脚本 testFor04.sh，代码如下：

```
#!/bin/bash
for i in 'ls /'
do
echo "$i"
done
```

以上代码的执行效果如图 9-28 所示。

```
zp@lab:~/shell$ bash testFor04.sh
bin
boot
cdrom
dev
etc
home
lib
lib32
lib64
libx32
```

图 9-28　输出根目录下的文件列表

9.4.4 循环结构：while 语句和 until 语句

while 循环用于不断执行一系列命令，直到测试条件为假（false）时才终止循环。until 循环用来执行一系列命令，直到所指定的条件为真时才终止循环。

Shell while 循环的语法规则如下：

```
while condition
do
      语句
done
```

Shell until 循环的语法规则如下：

```
until condition
do
      语句
done
```

condition 表示判断条件。在 while 循环中，当条件满足时，重复执行循环体语句；当条件不满足时，退出循环。而 until 循环和 while 循环恰好相反，一旦判断条件满足，就终止循环。注意，在循环体中必须有语句来修改 condition 的值，以保证最终能够退出循环。

【实例 9-29】 while 循环实例。

本实例利用 while 循环计算 1 到 50 的整数之和。新建脚本 testWhile01.sh，代码如下：

```
#!/bin/bash
sum=0
i=1
while ((i <=50))
do
     ((sum +=i))
     ((i++))
done
echo "结果为：$sum"
```

以上代码的执行效果如图 9-29 所示。

```
zp@lab:~/shell$ bash testWhile01.sh
结果为: 1275
```

图 9-29 while 循环实例

【实例 9-30】 until 循环实例。

本实例将利用 until 循环计算 1 到 50 的整数之和。新建脚本 testUntil01.sh，代码如下：

```
#!/bin/bash
sum=0
i=1
until ((i >50))
do
        ((sum +=i))
        ((i++))
done
echo "结果为：$sum"
```

以上代码的执行效果如图 9-30 所示。

```
zp@lab:~/shell$ bash testUntil01.sh
结果为: 1275
zp@lab:~/shell$
```

图 9-30 until 循环实例

9.5 Shell 函数

Shell 函数的本质是一段可以重复使用的脚本代码，这段代码被提前编写好并放在了指定的位置，使用时直接调取即可。Shell 中的函数和 C++、Java、Python、C#等其他编程语言中的函数类似，只在语法细节上有所差别。

9.5.1 函数的定义

Shell 函数必须先定义、后使用。定义 Shell 函数的语法格式如下：

```
[function] 函数名(){
    语句序列
    [return 返回值]
}
```

其中，function 是 Shell 中用于函数定义的关键字。由{ }包围的部分被称为函数体。函数体也是语句列表。调用一个函数，实际上就是执行函数体中的语句列表。“return 返回值”表示返回函数值，return 是 Shell 关键字。“return 返回值”不是必须项，可以省略。

定义函数时也可以不写 function 关键字，如：

```
函数名() {
    语句序列
    [return 返回值]
}
```

如果写了 function 关键字，则可以省略函数名后面的小括号，如：

```
function函数名{
    语句序列
    [return 返回值]
}
```

【实例 9-31】 Shell 函数定义。

本实例展示函数定义的基本形式。新建脚本 testFunc01.sh，代码如下：

```
#!/bin/bash
#函数定义
function hello(){
    echo "Hello,Shell!"
}
#函数调用
hello
```

为查看和执行以上代码，输入如下指令：

```
zp@lab:~$ cat testFunc01.sh    #查看脚本
zp@lab:~$ testFunc01.sh
```

以上指令的执行效果如图 9-31 所示。

```
zp@lab:~/shell$ bash testFunc01.sh
Hello,Shell!
zp@lab:~/shell$ _
```

图 9-31 Shell 函数定义

9.5.2 函数调用与参数传递

根据在进行 Shell 函数调用时是否传递参数，可以将函数调用分为如下两类。

（1）不传递参数。此时直接给出函数名字，调用方式如下：

```
函数名
```

（2）传递参数。函数名字后接参数列表，参数之间以空格分隔。调用方式如下：

```
函数名 参数1 参数2 … 参数n
```

请注意 Shell 函数及其调用的特殊之处。首先，调用函数时，函数名字后面不需要带括号。其次，定义 Shell 函数时不能指明参数，但是在调用时却可以传递参数。

Shell 函数参数是位置参数的一种，可以使用$n 在函数内部接收调用时传递的参数。例如，$1 表示第一个参数，$2 表示第二个参数，以此类推。此外，还可以通过$#获取所传递参数的个数；可以通过$@或者$*一次性获取所有的参数。

【实例 9-32】 使用$n 接收参数。

本实例展示需要传递多个参数时的函数调用。新建脚本 testFunc02.sh，代码如下：

```
#!/bin/bash
#函数定义
function name(){
    echo "Family name(Last name): $1"
    echo "Given name(First name): $2"
}
#函数调用
name Zhang Ping
```

以上代码的执行结果如图 9-32 所示。

```
zp@lab:~/shell/basic$ bash testFunc02.sh
Family name(Last name): Zhang
Given name(First name): Ping
zp@lab:~/shell/basic$
```

图 9-32 使用$n 接收参数

【实例 9-33】 使用$@接收参数。

本实例使用$@接收多个参数。本实例脚本用于计算传入的多个数值参数的乘积。新建脚本 testFunc03.sh，代码如下：

```
#!/bin/bash
#函数定义
function getProduct (){
    local result=1
    for n in $@
    do
        ((result*=n))
    done
    echo $result
}
#函数调用和参数传递
getProduct 2 4 6 8
```

以上代码的执行结果如图 9-33 所示。

```
zp@lab:~/shell/basic$ bash testFunc03.sh
384
```

图 9-33 使用$@接收参数

9.5.3 函数的返回值

Shell 函数中的 return 关键字用于表示函数执行的成功与否。试图利用 return 关键字返回重要数据，可能会事与愿违。特别是在利用 return 返回非数值类型的数据时，会得到错误提示："numeric argument required"。

获取 Shell 函数返回结果的方法一般有以下 3 种。

（1）直接从函数内部输出数据。例如，前两小节的例子中，我们都是使用 echo 命令直接从函数内部输出结果的。

（2）使用全局变量。首先定义全局变量，并在函数中将计算结果赋给全局变量；然后脚本中的其他代码通过访问全局变量，即可获得相应的计算结果。Shell 函数中定义的变量默认是全局变量，函数与其所在脚本共享该全局变量。可使用 local 关键字定义局部变量。

（3）使用内置变量。通过"$?"这一特殊的内置变量，来获取上一个命令执行后的返回结果。因而在函数调用后，可以使用"$?"来接收函数返回的结果。

【实例 9-34】 获取函数返回值。

本实例将演示 4 种函数返回值的获取方案。其中第 1 种方案和第 4 种方案是不可行方案，用于对比测试；第 2 种方案和第 3 种方案都可行。新建脚本 testFunc04.sh，代码如下：

```
#!/bin/bash
#函数定义
function getProduct(){
    local result_loc=1 #局部变量
    result=1           #全局变量
    for n in $@
    do
        ((result_loc*=n))
    done
    result=$result_loc
    return $result
}
#函数调用和参数传递
#直接利用return返回结果，失败
echo ---test1----
echo $(getProduct 2 3 4)
#通过特殊变量$?获取结果，成功
echo ---test2----
getProduct 4 5 6
echo $?
#通过全局变量获取结果，成功
echo ---test3----
getProduct 6 7 8
echo $result
#通过局部变量获取结果，失败
echo ---test4----
getProduct 1 2 3
echo $result_loc
```

以上代码的执行效果如图 9-34 所示。由执行效果可知，第 2 种方案通过特殊变量$? 获取结果，测试通过。第 3 种方案通过全局变量获取结果，测试通过。其他两种方案均测试失败。

```
zp@lab:~/shell/basic$ bash testFunc04.sh
---test1----

---test2----
120
---test3----
336
---test4----
```

图 9-34　获取 Shell 函数的返回值

9.6　Shell 进阶

上述各节对 Shell 的基本语法规则进行了介绍。读者掌握了这些知识后，可以使用 Shell 完成基本的编程任务。然而，仅仅使用上述各章的知识，针对很多真实使用了 Shell 特有的语法规则的 Shell 脚本（例如图 9-35 和图 9-36 所示的代码片段即来自真实的 Linux 脚本），读者并不能理解它们的含义。接下来，将对一些代表性的 Shell 特有语法规则进行介绍。

```
# Get the timezone set.
    if [ -z "$TZ" -a -e /etc/timezone ]; then
        TZ=`cat /etc/timezone`
    fi
}
```

图 9-35　Shell 脚本实例片段 1

```
# If the admin deleted the hwclock config, create a blank
# template with the defaults.
if [ -w /etc ] && [ ! -f /etc/adjtime ] && [ ! -e /etc/adjtime ]; then
    printf "0.0 0 0.0\n0\nUTC\n" > /etc/adjtime
fi

if [ -d /run/udev ] || [ -d /dev/.udev ]; then
    return 0
fi
```

图 9-36　Shell 脚本实例片段 2

9.6.1　数值比较运算符

数值比较运算符用于数值比较。表 9-3 中列出了常见的数值比较运算符。

表 9-3　常见的数值比较运算符

运算符	规则说明
-gt	检测左边的数是否大于右边的。如果是，返回 true；否则，返回 false
-lt	检测左边的数是否小于右边的。如果是，返回 true
-eq	检测两个数是否相等，相等则返回 true
-ne	检测两个数是否不相等，不相等则返回 true
-ge	检测左边的数是否大于或等于右边的，如果是，则返回 true
-le	检测左边的数是否小于或等于右边的，如果是，则返回 true

【实例 9-35】 数值比较运算符实例 1。

本实例使用 until 循环计算 0 到 10 的和，until 语句中使用了数值比较运算符。新建脚本 adv01.sh，代码如下，其执行效果如图 9-37 所示。

```
#!/bin/bash
i=0
s=0
until [ $i -eq 11 ]
do
    let s+=i
    let i++
done
echo $s
```

```
zp@lab:~/shell$ bash adv01.sh
55
zp@lab:~/shell$
```

图 9-37　数值比较运算符实例 1

【实例 9-36】 数值比较运算符实例 2。

本实例展示数值比较运算符-eq 和-ne 的使用方法。新建脚本 adv02.sh，代码如下：

```
#!/bin/bash
read var1 var2
if [ $var1 -eq $var2 ]
then
    echo "$var1 -eq $var2为真：$var1等于$var2"
else
    echo "$var1 -eq $var2为假：$var1不等于$var2"
fi
if [ $var1 -ne $var2 ]
then
    echo "$var1 -ne $var2为真：$var1不等于$var2"
else
    echo "$var1 -ne $var2为假：$var1等于$var2"
fi
```

以上代码的执行效果如图 9-38 所示。

```
zp@lab:~/shell/advance$ bash adv02.sh
15 25
15 -eq 25 为假: 15 不等于 25
15 -ne 25 为真: 15 不等于 25
zp@lab:~/shell/advance$
zp@lab:~/shell/advance$ bash adv02.sh
25 25
25 -eq 25 为真: 25 等于 25
25 -ne 25 为假: 25 等于 25
zp@lab:~/shell/advance$
```

图 9-38　数值比较运算符实例 2

【实例 9-37】 数值比较运算符实例 3。

本实例展示运算符-lt、-le、-ge、-gt 的使用方法。新建脚本 adv03.sh，代码如下：

```
#!/bin/bash
read var1 var2
```

```
if [ $var1 -ge $var2 ]
then
    echo "$var1 -ge $var2为真: $var1大于或等于$var2"
else
    echo "$var1 -ge $var2为假: $var1小于$var2"
fi
if [ $var1 -gt $var2 ]
then
    echo "$var1 -gt $var2为真: $var1大于$var2"
else
    echo "$var1 -gt $var2为假: $var1不大于$var2"
fi
if [ $var1 -le $var2 ]
then
    echo "$var1 -le $var2为真: $var1小于或等于 $var2"
else
    echo "$var1 -le $var2为假: $var1大于 $var2"
fi
if [ $var1 -lt $var2 ]
then
    echo "$var1 -lt $var2为真: $var1小于 $var2"
else
    echo "$var1 -lt $var2为假: $var1不小于 $var2"
fi
```

以上代码的执行效果如图 9-39 所示。

```
zp@lab:~/shell/advance$ bash adv03.sh
25 35
25 -ge 35 为假: 25 小于 35
25 -gt 35为假: 25 不大于 35
25 -le 35 为真: 25 小于或等于 35
25 -lt 35 为真: 25 小于 35
zp@lab:~/shell/advance$
zp@lab:~/shell/advance$ bash adv03.sh
35 35
35 -ge 35 为真: 35 大于或等于 35
35 -gt 35为假: 35 不大于 35
35 -le 35 为真: 35 小于或等于 35
35 -lt 35 为假: 35 不小于 35
zp@lab:~/shell/advance$
zp@lab:~/shell/advance$ bash adv03.sh
35 25
35 -ge 25 为真: 35 大于或等于 25
35 -gt 25 为真: 35 大于 25
35 -le 25 为假: 35 大于 25
35 -lt 25 为假: 35 不小于 25
```

图 9-39 数值比较运算符实例 3

9.6.2 逻辑运算符

表 9-4 列出了常见的逻辑运算符。

表 9-4 常见的逻辑运算符

运算符	规则说明
!	非运算。表达式为 true，返回 false；否则，返回 true
-o	或运算。有一个表达式为 true，则返回 true
-a	与运算。两个表达式都为 true，则返回 true

【实例 9-38】 逻辑运算符实例 1。

判断当前时间，输出相应问候语。新建脚本 adv11.sh，代码如下，其执行效果如图 9-40 所示。

```
#!/bin/bash
echo $(date)
hour=$(date +%H)
if [ $hour -ge 0 -a $hour -le 11 ]
then
  echo "上午好！"
elif [ $hour -ge 12 -a $hour -le 17 ]
then
  echo "下午好！"
else
  echo "晚上好！"
fi
```

```
zp@lab:~/shell/advance$ bash adv11.sh
2020年 06月 02日 星期二 11:07:05 CST
上午好！
zp@lab:~/shell/advance$ _
```

图 9-40 逻辑运算符实例 1

【实例 9-39】 逻辑运算符实例 2。

新建脚本 adv12.sh，代码如下，其执行效果如图 9-41 所示。

```
#!/bin/bash
read var1 var2
if [ $var1 != $var2 ]
then
   echo "$var1 != $var2为真: $var1不等于 $var2 "
else
   echo "$var1== $var2 : $var1等于 $var2 "
fi
if [ $var1 -lt 50 -a $var2 -gt 15 ]
then
   echo "$var1小于50且$var2大于20 : 为真"
else
   echo "$var1小于50且$var2大于20 : 为假"
fi
if [ $var1 -lt 50 -o $var2 -gt 50 ]
then
   echo "$var1小于50或$var2大于50 : 为真"
else
   echo "$var1小于50或$var2大于50 : 为假"
fi
if [ $var1 -lt 20 -o $var2 -gt 50 ]
then
   echo "$var1小于20或$var2大于50 : 为真"
else
   echo "$var1小于20或$var2大于50 : 为假"
fi
```

```
zp@lab:~/shell/advance$ bash adv12.sh
45 55
45 !=  55 为真: 45 不等于 55
45 小于 50 且  55  大于 20 : 为真
45 小于 50 或  55  大于 50 : 为真
45 小于 20 或  55  大于 50 : 为真
zp@lab:~/shell/advance$
zp@lab:~/shell/advance$ bash adv12.sh
25 15
25 !=  15 为真: 25 不等于 15
25 小于 50 且  15  大于 20 : 为假
25 小于 50 或  15  大于 50 : 为真
25 小于 20 或  15  大于 50 : 为假
zp@lab:~/shell/advance$
zp@lab:~/shell/advance$ bash adv12.sh
25 25
25 ==  25 : 25 等于 25
25 小于 50 且  25  大于 20 : 为真
25 小于 50 或  25  大于 50 : 为真
25 小于 20 或  25  大于 50 : 为假
```

图 9-41　逻辑运算符实例 2

9.6.3　字符串检测和比较运算符

表 9-5 列出了常见的字符串检测和比较运算符。

表 9-5　常见的字符串检测和比较运算符

运算符	规则说明
=	比较两个字符串是否相等。若相等，则返回 true
!=	比较两个字符串是否相等。若不相等，则返回 true
-z	检测字符串长度是否为 0。若为 0，则返回 true
-n	检测字符串长度是否不为 0。若不为 0，则返回 true
$	检测字符串是否为空。若不为空，则返回 true

【实例 9-40】 字符串比较运算符实例。

本实例展示字符串比较运算符的使用方法。新建脚本 adv21.sh，代码如下：

```
#!/bin/bash
read var1 var2
if [ $var1 = $var2 ]
then
    echo "$var1=$var2 为真: $var1 等于 $var2"
else
    echo "$var1=$var2 为假: $var1 不等于 $var2"
fi
if [ $var1 != $var2 ]
then
    echo "$var1 !=$var2 为真: $var1 不等于 $var2"
else
    echo "$var1 !=$var2 为假: $var1 等于 $var2"
fi
```

以上代码的执行效果如图 9-42 所示。

```
zp@lab:~/shell/advance$ bash adv21.sh
zhang ping
zhang = ping 为假: zhang 不等于 ping
zhang != ping 为真: zhang 不等于 ping
zp@lab:~/shell/advance$
zp@lab:~/shell/advance$ bash adv21.sh
ping ping
ping = ping 为真: ping 等于 ping
ping != ping 为假: ping 等于 ping
```

图 9-42 字符串比较运算符实例

【实例 9-41】 字符串检测运算符实例。

本实例展示字符串检测运算符的使用方法。新建脚本 adv22.sh，代码如下：

```
#!/bin/bash
read var1
if [ -z "$var1" ]        #这里的双引号可以省略
then
     echo "-z $var1: 字符串长度为0"
else
     echo "-z $var1: 字符串长度不为0"
fi
if [ -n "$var1" ]        #注意，这里的双引号不能省略
then
     echo "-n $var1: 字符串长度不为0"
else
     echo "-n $var1: 字符串长度为0"
fi
if [ "$var1" ]           #这里的双引号可以省略
then
     echo "$var1: 字符串不为空"
else
     echo "$var1: 字符串为空"
fi
```

脚本 adv22.sh 的执行效果如图 9-43 所示。本实例的第二条 if 语句条件部分的变量$var1 必须要用双引号引起来，否则检测结果不正确。在方括号里进行-n 运算符检测时一定要把字符串用双引号引起来，这就是-n 运算符比较特殊的地方。本实例的其他两条 if 语句条件部分的变量$var1，既可以加双引号，也可以不加双引号，一般建议加双引号。注意，在第二次测试并输入数据时，编者直接按下了 Enter 键。

```
zp@lab:~/shell/advance$ bash adv22.sh
zhang
-z zhang : 字符串长度不为0
-n zhang : 字符串长度不为0
zhang : 字符串不为空
zp@lab:~/shell/advance$ bash adv22.sh

-z  : 字符串长度为0
-n  : 字符串长度为0
 : 字符串为空
```

图 9-43 字符串检测运算符实例

9.6.4 文件测试运算符

表 9-6 列出了常见的文件测试运算符，用于检测 UNIX/Linux 文件的各种属性。

表 9-6　常见的文件测试运算符

运算符	规则说明
-b file	检测文件是否是块设备文件。如果是，则返回 true
-c file	检测文件是否是字符设备文件。如果是，则返回 true
-d file	检测文件是否是目录。如果是，则返回 true
-f file	检测文件是否是普通文件（既非目录，又非设备文件）。如果是，则返回 true
-g file	检测文件是否设置了 SGID 位。如果是，则返回 true
-k file	检测文件是否设置了粘滞位（sticky bit）。如果是，则返回 true
-p file	检测文件是否是有名管道。如果是，则返回 true
-u file	检测文件是否设置了 SUID 位。如果是，则返回 true
-r file	检测文件是否可读。如果是，则返回 true
-w file	检测文件是否可写。如果是，则返回 true
-x file	检测文件是否可执行。如果是，则返回 true
-s file	检测文件是否为空（文件大小是否大于 0）。如果不为空，则返回 true
-e file	检测文件（包括目录）是否存在。如果是，则返回 true
-S file	检测文件是否是套接字。如果是，则返回 true
-L file	检测文件是否存在并且是一个符号链接。如果是，则返回 true

【实例 9-42】 文件属性检测实例 1。

本实例展示文件测试运算符的使用方法。新建脚本 adv31.sh，代码如下：

```
#!/bin/bash
read f01
if [ -r $f01 ]
then
    echo "$f01 是可读文件"
else
    echo "$f01 是不可读文件"
fi
if [ -w $f01 ]
then
    echo "$f01 是可写文件"
else
    echo "$f01 是不可写文件"
fi
if [ -x $f01 ]
then
    echo "$f01 是可执行文件"
else
    echo "$f01 是不可执行文件"
fi
```

以上代码的执行效果如图 9-44 所示。本实例进行了 3 次检测。第一次对“/bin/bash”文件进行了检测；第二次对 adv31.sh 脚本进行了检测；第三次为 adv31.sh 脚本添加可执行权限并重新进行了检测。

```
zp@lab:~/shell/advance$ bash adv31.sh
/bin/bash
/bin/bash 是可读文件
/bin/bash 是不可写文件
/bin/bash 是可执行文件
zp@lab:~/shell/advance$
zp@lab:~/shell/advance$ bash adv31.sh
adv31.sh
adv31.sh 是可读文件
adv31.sh 是可写文件
adv31.sh 是不可执行文件
zp@lab:~/shell/advance$
zp@lab:~/shell/advance$ chmod +x adv31.sh
zp@lab:~/shell/advance$ bash adv31.sh
adv31.sh
adv31.sh 是可读文件
adv31.sh 是可写文件
adv31.sh 是可执行文件
```

图 9-44　文件属性检测实例 1

【实例 9-43】 文件属性检测实例 2。

本实例同样展示文件测试运算符的使用方法。新建脚本 adv32.sh，代码如下：

```
#!/bin/bash
read f02
if [ -f $f02 ]
then
    echo "$f02是普通文件"
else
    echo "$f02是特殊文件"
fi
if [ -d $f02 ]
then
    echo "$f02是目录"
else
    echo "$f02不是目录"
fi
```

以上代码的执行效果如图 9-45 所示。本实例共进行了 3 次检测。第一次是对“/home”文件进行了检测；第二次是对“adv32.sh”脚本文件进行了检测；第三次为“/dev/sda1”脚本添加可执行权限后重新对其进行了检测。

```
zp@lab:~/shell/advance$ bash adv32.sh
/home/
/home/ 是特殊文件
/home/ 是目录
zp@lab:~/shell/advance$
zp@lab:~/shell/advance$ bash adv32.sh
adv32.sh
adv32.sh 是普通文件
adv32.sh 不是目录
zp@lab:~/shell/advance$
zp@lab:~/shell/advance$ bash adv32.sh
/dev/sda1
/dev/sda1 是特殊文件
/dev/sda1 不是目录
```

图 9-45　文件属性检测实例 2

9.7　本章小结

把烦琐重复的命令写入 Shell 脚本，可以减少不必要的工作时间，提高系统管理和维护的效率。本章对 Shell

基本语法规则以及 Shell 特有的一些用法进行了介绍。Shell 的语法规则与其他语言较为类似，对于有一定编程基础的读者，入门难度并不大。读者如果想精通 Shell 编程，则必须经过大量的练习与实践。

习 题 9

1. 什么是位置变量？Shell 的变量类型有哪几种？

2. 简述运行 Shell 脚本的常见方式。

3. 简述 Shell 分支结构的实现方式。

4. 简述 Shell 循环结构的实现方式。

5. 设计一个 Shell 程序，添加一个新组 group1，然后添加属于这个组的 50 个用户，用户名的形式为 stu**，其中，**从 01 到 50。

6. 设计一个 Shell 程序，该程序能接收用户从键盘输入的 20 个整数，然后求出其总和、最大值及最小值。

CHAPTER10

第10章

Linux C编程

C 语言是 Linux 操作系统中常用的编程语言之一，大量面向 Linux 操作系统的开源项目都是基于 C 语言实现的。不同操作系统下的 C 语言程序设计，其语言语法规则本身是一致的，区别主要在于常用的开发环境不同。本章将介绍在 Linux 下进行 C 语言编程的常用工具和流程。编者假定读者具有一定的 C 语言基础，因此，本章内容将不涉及 C 语言语法规则的介绍。

10.1 概述

与其他平台下的 C 语言程序设计类似，Linux 操作系统中的 C 语言程序设计也包括编辑器、编译器、调试器及项目管理器等内容。

- 编辑器：主要用于文本形式的源代码的录入。Linux 操作系统中 C 语言编程常用的代码编辑器是 vi、vim 和 emacs。初学者可以使用 Ubuntu 自带的 gedit 作为自己的代码编辑器。
- 编译器：编译是指源代码转化生成可执行代码的过程。编译过程本身非常复杂，包括词法分析、语法分析、语义分析、中间代码生成和优化、符号表管理和出错处理等。这些细节都被封装在编译器中。Linux 操作系统中最常用的编译器是 gcc。它是 GNU 推出的功能强大、性能优越的多平台编译器，其平均执行效率比一般的编译器高。
- 调试器：调试器是专为程序员设计，用于跟踪调试的。对于比较复杂的项目，调试过程所消耗的时间通常远远大于编写代码的时间。因此，一个功能强大、使用方便的调试器是必不可少的。Linux 操作系统中最常用的调试器是 gdb，它可以方便地完成断点设置、单步跟踪等调试功能。
- 项目管理器：对于进阶用户和较为大型的项目，一般使用 Makefile 进行项目管理，使用 make 实现自动编译链接。Makefile 本质上是一个脚本，与 make 组合可以方便地进行编译控制。它还能自动管理软件编译的内容、方式和时机，使程序员能够把精力集中在代码的编写上而不是源代码的组织上。

10.2 gcc 编译

10.2.1 gcc 编译器

GNU/Linux 操作系统上常用的编译器是 gcc（GNU compiler collection，GNU 编译器套件）。gcc 是多个程序的集合，通常称为工具链。gcc 最初的含义为 GNU C 语言编译器（GNU C compiler），其只能处理 C 语言，但很快被扩展成了可处理 C++、Fortran、Pascal、Objective -C、Java、Ada、Go 等不同编程语言的编译器。

gcc 是基于 GPL 许可证所发行的自由软件，也是 GNU 计划的关键部分。gcc 的初衷是为 GNU 操作系统专门编写一款编译器，现已被大多数类 UNIX 操作系统（如 Linux、BSD、macOS X 等）采纳为标准的编译器，甚至在 Windows 操作系统中也可以使用。gcc 支持多种计算机体系结构芯片，如 x86、Arm、MIPS 等，并已被移植到了其他多种硬件平台。

【实例 10-1】 检查 gcc 编译器的版本。

读者可以在 Linux 命令行中输入如下指令，以检查 gcc 编译器的版本。

```
zp@lab:~/c$ gcc -v
```

以上指令的执行效果如图 10-1 所示。

```
zp@lab:~/c$ gcc -v

Command 'gcc' not found, but can be installed with:

sudo apt install gcc
```

图 10-1　检查 gcc 编译器的版本（在尚未安装 gcc 编译器时）

默认情况下，Ubuntu 并没有提供 C/C++的编译环境，需要用户自行安装。图 10-1 提示读者使用 sudo apt install gcc 安装，但编者不建议读者这么做。在 Linux C/C++开发环境中，不只有 gcc 编译器，而且手动逐项安装配置开发环境较为烦琐。编者建议读者按照【实例 10-2】配置开发环境，然后重新运行本实例的指令，以检测 gcc 编译器的版本。

【实例 10-2】 配置 C 语言开发环境。

读者可以使用 build-essential 软件包配置开发环境。在 Linux 命令行中输入如下指令，查看该软件包的依赖关系。

```
zp@lab:~$ apt-cache depends build-essential
```

以上指令的执行效果如图 10-2 所示。

```
zp@lab:~$ apt-cache depends build-essential
build-essential
 |依赖: libc6-dev
  依赖: <libc-dev>
    libc6-dev
  依赖: gcc
  依赖: g++
  依赖: make
    make-guile
  依赖: dpkg-dev
```

图 10-2 查看 build-essential 的依赖关系

由依赖关系可知，在 build-essential 安装过程中，系统会自动安装 libc6-dev、gcc、g++、make、dpkg-dev 等必需的软件包。当然，实际安装的软件数量要远远多于图 10-2 中所显示的软件数量，有兴趣的读者可以留意安装过程中的提示信息。具体的安装指令如下：

```
zp@lab:~$ sudo apt install build-essential
```

以上指令的执行效果如图 10-3 所示。

```
zp@lab:~$ sudo apt install build-essential
正在读取软件包列表... 完成
正在分析软件包的依赖关系树
正在读取状态信息... 完成
将会同时安装下列软件：
  binutils binutils-common binutils-x86-64-linux-gnu dpkg-dev fakeroot g++
  g++-9 gcc gcc-9 libalgorithm-diff-perl libalgorithm-diff-xs-perl
  libalgorithm-merge-perl libasan5 libatomic1 libbinutils libc-dev-bin
```

图 10-3 安装 build-essential

安装完成后，读者可以输入如下指令检查安装效果，其执行效果如图 10-4 所示。

```
zp@lab:~$ gcc -v
```

```
zp@lab:~$ gcc -v
Using built-in specs.
COLLECT_GCC=gcc
COLLECT_LTO_WRAPPER=/usr/lib/gcc/x86_64-linux-gnu/9/lto-wrapper
OFFLOAD_TARGET_NAMES=nvptx-none:hsa
OFFLOAD_TARGET_DEFAULT=1
Target: x86_64-linux-gnu
Configured with: ../src/configure -v --with-pkgversion='Ubuntu 9.3.0-10ubuntu2'
--with-bugurl=file:///usr/share/doc/gcc-9/README.Bugs --enable-languages=c,ada,c
++,go,brig,d,fortran,objc,obj-c++,gm2 --prefix=/usr --with-gcc-major-version-onl
y --program-suffix=-9 --program-prefix=x86_64-linux-gnu- --enable-shared --enabl
e-linker-build-id --libexecdir=/usr/lib --without-included-gettext --enable-thre
```

图 10-4 查看 gcc 编译器的版本

10.2.2 gcc 命令基本用法

gcc 命令允许程序员对整个编译过程进行精细控制。gcc 命令语法规则如下：

```
gcc [options] [filenames]
```

其中，options 是编译器所需要的选项参数，filenames 是文件名。gcc 编译器的参数众多，编者仅介绍常用参数。C 语言编译过程一般可以分为预处理（pre-processing）、编译（compiling）、汇编（assembling）、链接（linking）4 个步骤。Linux 程序员可以根据自己的需要让 gcc 在编译的任何阶段结束，及时检查或使用编译器在该阶段的输出信息，从而更好地控制整个编译过程。以 C 语言源文件 zp.c 为例，通过相关参数，读者可以控制 gcc 在图 10-5 所示编译过程 4 个阶段的任一阶段结束并输出相应结果。

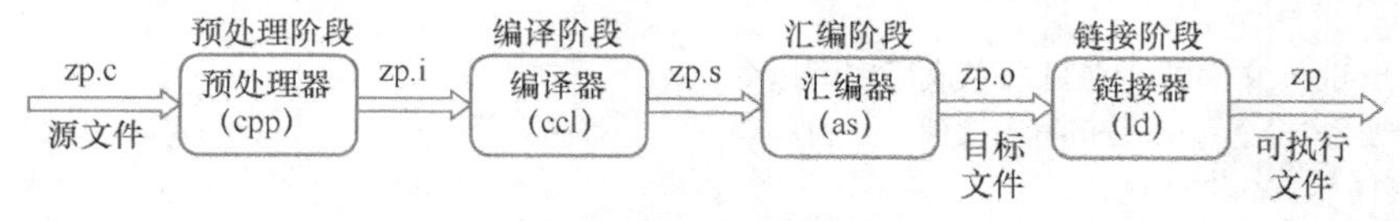

图 10-5　gcc 编译过程

1. 预处理阶段

预处理阶段主要处理宏定义和 include，并进行语法检查，最终生成预处理文件。例如，预处理阶段将根据#ifdef、#if 等语句的条件是否成立来取舍相应的代码，并进行#include 语句对应文件内容的替换等。参数-E 可以使 gcc 编译器在预处理结束时停止编译。如：

```
gcc -E -o zp.i zp.c
```

gcc 通过-E 参数调用预处理程序 cpp，完成预处理工作。-o 参数用于指定输出文件。

2. 编译阶段

在编译阶段，编译器将对源代码进行词法分析、语法分析、代码优化等操作，最后生成汇编代码。这是整个过程中最重要的一步，因此也常把整个过程称为编译。

通过-S 参数可使 gcc 在完成编译后停止，生成后缀为.s 的汇编文件。例如：

```
gcc -S -o zp.s zp.c
```

gcc 通过-S 参数调用 ccl，完成编译工作。

3. 汇编阶段

汇编阶段使用汇编器对汇编代码进行处理，生成机器语言代码，并保存在后缀为.o 的目标文件中。当程序由多个代码文件构成时，每个文件都要先完成汇编工作，在生成.o 目标文件后，才能进入下一步的链接工作。目标文件属于最终程序的某一部分，只是在链接之前还不能执行。可以通过-c 参数生成目标文件。指令如下：

```
gcc -c -o zp.o zp.c
```

gcc 通过-c 参数调用 as，完成汇编工作。

4. 链接阶段

链接阶段将所有的.o 文件和需要的库文件链接成一个可执行文件。经过汇编的机器代码还不能直接运行。为了使操作系统能够正确加载可执行文件，文件中必须包含固定格式的信息头，当其与系统提供的启动代码链接起来时文件才能正常运行。这些工作都是由链接器来完成的。指令如下：

```
gcc -o zp zp.c
```

gcc 通过调用链接程序 ld，完成链接工作。

链接阶段结束后将生成可执行程序，通过以下方式可运行该可执行程序。

```
./zp
```

10.2.3　gcc 使用实例

【实例 10-3】 最简单的 gcc 用法。

最简单的 gcc 用法是直接将源程序作为 gcc 的参数，而不添加其他任何参数。这样，gcc 编译器会生成一个名为 a.out 的可执行文件，执行./a.out 即可得到输出结果。

首先，创建一个名为 hello.c 的文件。输入如下代码：

```
#include "stdio.h"
void main()
{
  printf("Hello, I'm zp!\n");
}
```

然后，在 hello.c 文件的所在目录中执行如下指令：

```
#gcc将自动生成一个a.out的可执行文件
zp@lab:~/c$ gcc hello.c
#查看编译结果
zp@lab:~/c$ ls
#通过如下指令可以执行a.out
zp@lab:~/c$ ./a.out
```

以上指令的执行效果如图 10-6 所示。

```
zp@lab:~/c$ gcc hello.c
zp@lab:~/c$
zp@lab:~/c$ ls
a.out  hello.c
zp@lab:~/c$
zp@lab:~/c$ ./a.out
Hello, I'm zp!
```

图 10-6　最简单的 gcc 用法

从程序员的角度看，只需一条简单的 gcc 命令就可以生成可执行程序 a.out；但从编译器的角度来看，却需要完成一系列非常繁杂的工作。首先，gcc 需要调用预处理程序 cpp，由它负责展开在源文件中定义的宏，并向其中插入#include 语句所包含的内容；其次，gcc 会调用 ccl 和 as，把处理后的源代码编译成目标代码；最后，gcc 会调用链接程序 ld，把生成的目标代码链接成一个可执行程序。

【实例 10-4】 gcc 完整编译过程演示。

本实例将完整地演示编译过程的 4 个阶段，实例代码仍然使用 hello.c。在开始之前，建议读者删除工作目录下除 hello.c 之外的其他文件。具体编译过程如下。

（1）预处理过程演示。执行如下指令，其执行效果如图 10-7 所示。

```
zp@lab:~/c$ gcc -E hello.c -o hello.i   #gcc预处理
zp@lab:~/c$ ls                          #确认预处理后生成的源代码文件hello.i
zp@lab:~/c$ wc hello.i                  #该文件的尺寸较大
zp@lab:~/c$ tail hello.i                #只查看该文件结束位置的几行代码
```

```
zp@lab:~/c$ gcc -E hello.c -o hello.i
zp@lab:~/c$ ls
hello.c  hello.i
zp@lab:~/c$
zp@lab:~/c$ tail hello.i
extern int __overflow (FILE *, int);
# 873 "/usr/include/stdio.h" 3 4

# 2 "hello.c" 2

# 2 "hello.c"
void main()
{
  printf("Hello, I'm zp!\n");
}
zp@lab:~/c$
zp@lab:~/c$ wc hello.i
  731  1918 16322 hello.i
```

图 10-7　预处理过程演示

（2）编译过程演示。执行如下指令，其执行效果如图 10-8 所示。

```
zp@lab:~/c$ gcc -S hello.i -o hello.s     #gcc编译
zp@lab:~/c$ ls                            #确认已生成的汇编文件hello.s
zp@lab:~/c$ wc hello.s                    #该文件的尺寸较大
zp@lab:~/c$ tail hello.s                  #仅查看该文件结束位置的几行代码
```

```
zp@lab:~/c$ gcc -S hello.i -o hello.s
zp@lab:~/c$ ls
hello.c  hello.i  hello.s
zp@lab:~/c$
zp@lab:~/c$ wc hello.s
 44  89 651 hello.s
zp@lab:~/c$
zp@lab:~/c$ tail hello.s
        .string "GNU"
1:
        .align 8
        .long   0xc0000002
        .long   3f - 2f
2:
        .long   0x3
```

图 10-8　编译过程演示

（3）汇编过程演示。输入如下指令：

```
zp@lab:~/c$ gcc -c hello.s -o hello.o     #gcc汇编
zp@lab:~/c$ ls                            #确认已生成的二进制文件hello.o
zp@lab:~/c$ file hello.o                  #查看生成文件的信息
zp@lab:~/c$ ./hello.o                     #该文件并不是可执行文件
zp@lab:~/c$ file hello.i                  #作为对比，查看前两个阶段的输出结果
zp@lab:~/c$ file hello.s
```

以上指令的执行效果如图 10-9 所示。

```
zp@lab:~/c$ gcc -c hello.s -o hello.o
zp@lab:~/c$ ls
hello.c  hello.i  hello.o  hello.s
zp@lab:~/c$
zp@lab:~/c$ file hello.o
hello.o: ELF 64-bit LSB relocatable, x86-64, version 1 (SYSV), not stripped
zp@lab:~/c$
zp@lab:~/c$ ./hello.o
-bash: ./hello.o: 权限不够
zp@lab:~/c$
zp@lab:~/c$
zp@lab:~/c$ file hello.i
hello.i: C source, UTF-8 Unicode text
zp@lab:~/c$
zp@lab:~/c$ file hello.s
hello.s: assembler source, ASCII text
```

图 10-9　汇编过程演示

（4）链接过程演示。执行如下指令：

```
zp@lab:~/c$ gcc hello.o -o hello    #gcc链接
zp@lab:~/c$ ls
zp@lab:~/c$ file hello              #查看生成文件的信息
zp@lab:~/c$ ./hello                 #执行该程序
```

以上指令的执行效果如图 10-10 所示。

【实例 10-5】 最常用的 gcc 用法。

实例代码仍然使用 hello.c。在开始之前，建议读者删除或者移走工作目录下除 hello.c 之外的其他文件。输入如下指令：

```
#直接通过gcc输出可执行程序。命令行中的-o参数表示要求编译器直接输出的可执行文件名为hello
zp@lab:~/c$ gcc hello.c -o hello
zp@lab:~/c$ ls          #确认输出结果
zp@lab:~/c$ ./hello   #运行程序
```

以上指令的执行效果如图 10-11 所示。

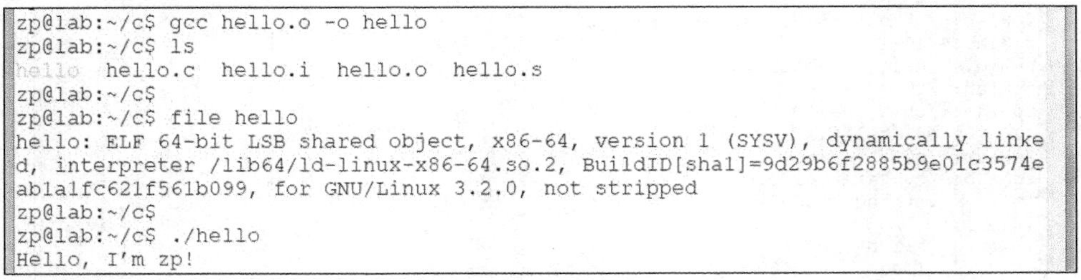

```
zp@lab:~/c$ gcc hello.o -o hello
zp@lab:~/c$ ls
hello  hello.c  hello.i  hello.o  hello.s
zp@lab:~/c$
zp@lab:~/c$ file hello
hello: ELF 64-bit LSB shared object, x86-64, version 1 (SYSV), dynamically linke
d, interpreter /lib64/ld-linux-x86-64.so.2, BuildID[sha1]=9d29b6f2885b9e01c3574e
ab1a1fc621f561b099, for GNU/Linux 3.2.0, not stripped
zp@lab:~/c$
zp@lab:~/c$ ./hello
Hello, I'm zp!
```

图 10-10　链接过程演示

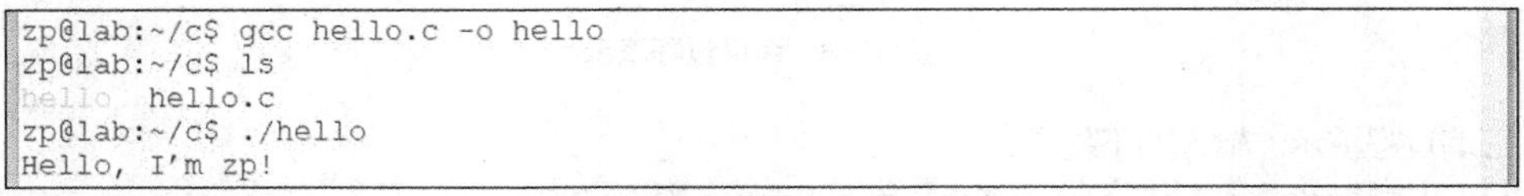

```
zp@lab:~/c$ gcc hello.c -o hello
zp@lab:~/c$ ls
hello  hello.c
zp@lab:~/c$ ./hello
Hello, I'm zp!
```

图 10-11　最常用的 gcc 用法

【实例 10-6】其他 gcc 参数举例。

由于 gcc 参数众多，这里只列举一个作为示范，实例代码仍然使用 hello.c。在开始之前，建议读者删除或者移走工作目录下除 hello.c 之外的其他文件。使用-Wall 参数查看是否有警告信息。执行如下指令：

```
gcc hello.c -o OutWall -Wall
```

此时将显示与 main 函数的返回值相关的警告：hello.c:2:6: warning: return type of 'main' is not 'int' [-Wmain]。注意，在之前的编译过程中，并没有显示该警告信息。输入如下指令：

```
zp@lab:~/c$ gcc hello.c -o OutWall -Wall
```

以上指令的执行效果如图 10-12 所示。

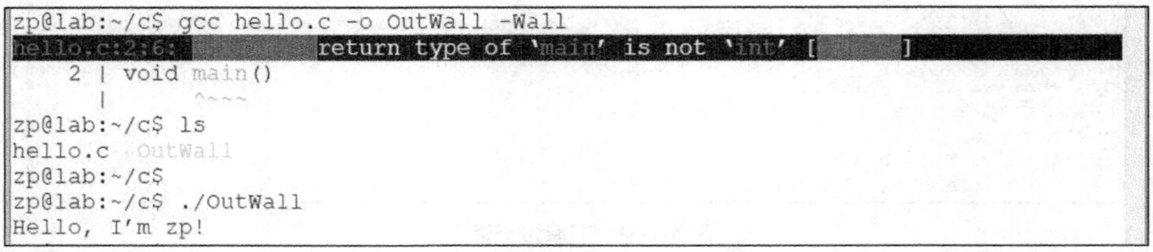

```
zp@lab:~/c$ gcc hello.c -o OutWall -Wall
hello.c:2:6:           return type of 'main' is not 'int' [        ]
    2 | void main()
      |      ^~~~
zp@lab:~/c$ ls
hello.c  OutWall
zp@lab:~/c$
zp@lab:~/c$ ./OutWall
Hello, I'm zp!
```

图 10-12　其他 gcc 参数举例

【实例 10-7】编译包含多个源文件的项目。

本实例是【实例 10-3】和【实例 10-4】的多文件实现版本。

1. 编写源代码

本实例一共包括 3 个文件：hello.h、hello.c 和 helloMain.c。代码分别如下：

（1）hello.h 文件。

```
//hello.h
#ifndef _HELLO_H
#define _HELLO_H
```

```
void hello();
#endif
```

（2）hello.c 文件。

```
//hello.c
#include "hello.h"
#include <stdio.h>
void hello(){
   printf("Hello, I'm zp!\n");
}
```

（3）helloMain.c 文件。

```
// helloMain.c
#include "hello.h"
void main()
{
     Hello();
}
```

2. 编译过程

方法一：分别编译各个源文件，再对编译后输出的目标文件进行链接。输入如下指令：

```
zp@lab:~/c/gcc/hello$ ls              #查看编译前的文件清单
zp@lab:~/c/gcc/hello$ gcc -c hello.c  #编译生成目标文件
zp@lab:~/c/gcc/hello$ ls              #检查生成的hello.o文件
zp@lab:~/c/gcc/hello$ gcc -c helloMain.c
zp@lab:~/c/gcc/hello$ ls              #检查生成的helloMain.o文件
#编译生成可执行文件
zp@lab:~/c/gcc/hello$ gcc -o hello helloMain.o hello.o
zp@lab:~/c/gcc/hello$ ls              #检查生成的可执行文件hello
zp@lab:~/c/gcc/hello$ ./hello         #运行可执行文件hello
```

以上指令的执行效果如图 10-13 所示。

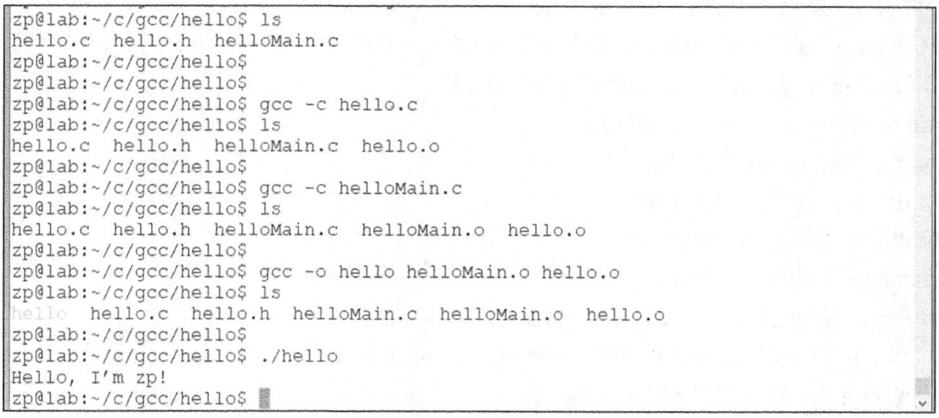

```
zp@lab:~/c/gcc/hello$ ls
hello.c  hello.h  helloMain.c
zp@lab:~/c/gcc/hello$
zp@lab:~/c/gcc/hello$
zp@lab:~/c/gcc/hello$ gcc -c hello.c
zp@lab:~/c/gcc/hello$ ls
hello.c  hello.h  helloMain.c  hello.o
zp@lab:~/c/gcc/hello$
zp@lab:~/c/gcc/hello$ gcc -c helloMain.c
zp@lab:~/c/gcc/hello$ ls
hello.c  hello.h  helloMain.c  helloMain.o  hello.o
zp@lab:~/c/gcc/hello$
zp@lab:~/c/gcc/hello$ gcc -o hello helloMain.o hello.o
zp@lab:~/c/gcc/hello$ ls
hello  hello.c  hello.h  helloMain.c  helloMain.o  hello.o
zp@lab:~/c/gcc/hello$
zp@lab:~/c/gcc/hello$ ./hello
Hello, I'm zp!
zp@lab:~/c/gcc/hello$
```

图 10-13　分别编译各个源文件

方法二：多个文件一起编译。输入如下指令：

```
#查看编译前的文件清单
zp@lab:~/c/gcc/hello$ ls
#编译生成可执行文件
zp@lab:~/c/gcc/hello$ gcc hello.c helloMain.c hello.h -o hello
#检查生成的可执行文件hello
```

```
zp@lab:~/c/gcc/hello$ ls
#运行可执行文件hello
zp@lab:~/c/gcc/hello$ ./hello
```

以上指令的执行效果如图 10-14 所示。

```
zp@lab:~/c/gcc/hello$ ls
hello.c  hello.h  helloMain.c
zp@lab:~/c/gcc/hello$
zp@lab:~/c/gcc/hello$
zp@lab:~/c/gcc/hello$ gcc hello.c helloMain.c hello.h -o hello
zp@lab:~/c/gcc/hello$
zp@lab:~/c/gcc/hello$ ls
hello  hello.c  hello.h  helloMain.c
zp@lab:~/c/gcc/hello$
zp@lab:~/c/gcc/hello$ ./hello
Hello, I'm zp!
zp@lab:~/c/gcc/hello$
```

图 10-14　多个文件一起编译

两种方法各有优势。第二种方法在编译时需要重新编译所有文件，而第一种方法则可以只重新编译有修改的文件，未修改的文件不用重新编译。对于较为简单的项目，如本实例，可以直接采用第二种方法；对于较复杂的项目，通常采用第一种方法。

10.3　gdb 调试

10.3.1　gdb 常用内部命令

gcc 中提供了功能强大的调试工具 gdb（GNU debugger）。gdb 命令拥有较多内部命令，下面仅列举常用内部命令（括号中为命令完整形式）。

- l（list）：显示代码。list 行号——显示当前文件以“行号”为中心的前后 10 行代码，如 list 12。list 函数名——显示“函数名”所在函数的源代码，如 list main。
- b（break）：设置断点，参数可以是行数和函数名；也可以用“文件名:行数”或者“文件名:函数名。”
- tb（tbreak）：临时断点，其参数和 b 的参数一样。
- info b（i b/info break）：查看断点。
- clear n：清除第 n 行的断点。
- d（delete）n：删除第 n 个断点。
- disable n：暂停第 n 个断点。
- enable n：开启第 n 个断点。
- r（run）：执行程序。
- s（step）：有函数时，进入函数体；没有函数时，单步执行。
- n（next）：单步执行，不进入函数体。
- c（continue）：遇到断点以后，程序会阻塞，输入 c 可以让程序继续执行。
- p（print）：打印表达式；表达式可以是变量，也可以是操作，还可以是函数调用。
- until：可以运行程序直到退出循环体。
- finish：运行程序（直到当前函数完成返回），并打印函数返回时的堆栈地址和返回值及参数值等信息。
- watch：设置一个监视点，一旦被监视的“表达式”的值改变，gdb 将强行终止正在被调试的程序。
- frame n：移动到指定的栈帧，并打印栈的信息；n 为帧编号，如果不指定 n，则打印当前栈的信息。

- set args 参数：指定运行时的参数。
- show args：查看设置好的参数。
- show paths：查看程序运行路径。用 set environment varname [=value]设置环境变量；用 show environment [varname]查看环境变量；cd 相当于 Shell 的 cd。
- pwd：显示当前所在目录。
- info program：查看程序是否在运行，程序的进程号，以及被暂停的原因。
- bt（backtrace）：查看堆栈信息；因为栈是后进先出，所以要从下往上看，最下面的是最先执行的函数。
- threads：查看所有线程信息。
- shell xxx：执行 Shell 命令行，xxx 为 Shell 命令，如 shell ls 就是执行 Shell 里的 ls 命令。
- thread n：切换线程，参数为线程号，可以通过 threads 查看。一般会通过 threads 查看线程序号，通过 thread n 切换过去，再用 bt 查看线程栈的信息。
- condition：给断点设置触发条件，如 b 10 if a > b 与 b 10（condition 1 if a> b）等价（假设 b 10 的断点号为 1）。取消断点条件用 condition 断点号。
- ignore：特殊断点条件，程序只有到达该断点指定次数后才会触发。如 ignore 1 10，即断点号为 1 的断点 10 次以后才触发。
- kill：将强行终止当前正在调试的程序。
- help 命令：将显示“命令”的常用帮助信息。
- call 函数(参数)：调用函数，并传递参数，如 call gdb_test(55)。
- layout：用于分割窗口，可以一边查看代码，一边测试。
- layout src：显示源代码窗口。
- layout asm：显示反汇编窗口。
- layout regs：显示源代码/反汇编和 CPU 寄存器窗口。
- layout split：显示源代码和反汇编窗口。
- display：在每次单步执行指令后，紧接着输出被设置的表达式及值。
- stepi 或 nexti：单步跟踪一些机器指令。
- Ctrl + L：刷新窗口。
- quit：退出 gdb，简记为 q。

10.3.2 gdb 使用实例

【实例 10-8】 gdb 命令综合实例。

1. 编写 C 语言源文件

编写 C 语言源文件 testSum.c。该程序用于求 1 ~ 50 的整数之和。代码如下：

```
zp@lab:~/c/gdb$ cat testSum.c
#include <stdio.h>
int main() {
int i, sum;
sum = 0;
for (i = 0; i <=50; i++)
{
  sum += i;
}
printf("the sum is %d", sum);
```

```
return 0;
}
```

2. 使用gcc的-g选项编译文件

输入如下指令：

```
zp@lab:~/c/gdb$ gcc -g testsum.c -o testsum
```

以上指令的执行效果如图10-15所示。

```
zp@lab:~/c/gdb$ gcc -g testSum.c -o testSum
zp@lab:~/c/gdb$ ls
testSum  testSum.c
```

图10-15 使用gcc的-g选项编译文件

3. 使用gdb启动此文件调试

输入如下指令：

```
zp@lab:~/c/gdb$ gdb testsum
```

以上指令的执行效果如图10-16所示。

```
zp@lab:~/c/gdb$ gdb testSum
GNU gdb (Ubuntu 9.1-0ubuntu1) 9.1
Copyright (C) 2020 Free Software Foundation, Inc.
License GPLv3+: GNU GPL version 3 or later <http://gnu.org/licenses/gpl.html>
This is free software: you are free to change and redistribute it.
There is NO WARRANTY, to the extent permitted by law.
Type "show copying" and "show warranty" for details.
This GDB was configured as "x86_64-linux-gnu".
Type "show configuration" for configuration details.
For bug reporting instructions, please see:
<http://www.gnu.org/software/gdb/bugs/>.
Find the GDB manual and other documentation resources online at:
    <http://www.gnu.org/software/gdb/documentation/>.

For help, type "help".
Type "apropos word" to search for commands related to "word"...
Reading symbols from testSum...
(gdb)
```

图10-16 启动调试

gdb调试工具将（gdb）作为提示符，输入相应的gdb内部命令，即可进行调试。输入help命令可以获取帮助信息；输入quit命令，可以退出gdb。图10-17所示为help命令的执行效果。

```
(gdb) help
List of classes of commands:

        -- Aliases of other commands.
             -- Making program stop at certain points.
     -- Examining data.
      -- Specifying and examining files.
          -- Maintenance commands.
```

图10-17 help命令的执行效果

4. gdb常见内部命令的使用

（1）使用list或l命令查看程序的源代码。图10-18所示为list命令的执行效果。

```
Type "apropos word" to search for commands related to "word"...
Reading symbols from testSum...
(gdb) list
1       #include <stdio.h>
2       int main() {
3       int i, sum;
4       sum = 0;
5       for (i = 0; i <=50; i++)
6       {
7         sum += i;
```

图10-18 list命令的执行效果

list（或字母 l）后面可以接行号（作为参数），此时将显示当前文件以“行号”为中心的前后 10 行代码。命令执行效果如图 10-19 所示。

```
(gdb) l 10
5           for (i = 0; i <=50; i++)
6           {
7             sum += i;
8           }
9           printf("the sum is %d", sum);
10          return 0;
11          }
12
(gdb) 
```

图 10-19　查看代码片段

（2）输入 run 命令运行此文件，得到程序的运行结果如图 10-20 所示。

```
(gdb) run
Starting program: /home/zp/c/gdb/testSum
the sum is 1275[Inferior 1 (process 64046) exited normally]
(gdb) _
```

图 10-20　运行程序

（3）使用 break 7 命令在程序的第 7 行设置一个断点，执行效果如图 10-21 所示。

```
(gdb) break 7
Breakpoint 1 at 0x555555555165: file testSum.c, line 7.
(gdb) 
```

图 10-21　设置一个断点

（4）使用 run 命令可查看设置断点后程序的运行情况。程序运行到断点处将自动暂停。命令执行效果如图 10-22 所示。

```
(gdb) break 7
Breakpoint 1 at 0x555555555165: file testSum.c, line 7.
(gdb) run
Starting program: /home/zp/c/gdb/testSum

Breakpoint 1, main () at testSum.c:7
7           sum += i;
(gdb) _
```

图 10-22　测试断点效果

（5）使用 watch sum 命令给 sum 变量设置一个监视点。使用 p sum 命令打印 sum 变量的值。执行效果如图 10-23 所示。

```
(gdb) watch sum
Hardware watchpoint 2: sum
(gdb) p sum
$1 = 0
(gdb)
```

图 10-23　设置变量监视点并打印变量的值

（6）使用 step 命令或者 next 命令可以单步执行程序。单步执行数次后，使用 p sum 命令观察 sum 值的变化情况。执行效果如图 10-24 所示。

```
(gdb) step
5        for (i = 0; i <=50; i++)
(gdb) next

Breakpoint 1, main () at testSum.c:7
7          sum += i;
(gdb) p sum
$3 = 0
(gdb) next
5        for (i = 0; i <=50; i++)
(gdb) p sum
$4 = 1
(gdb) step

Breakpoint 1, main () at testSum.c:7
7          sum += i;
(gdb) p sum
$5 = 1
(gdb) step
5        for (i = 0; i <=50; i++)
(gdb) p sum
$6 = 3
```

图 10-24　单步执行程序

（7）使用 info b 命令可以查看当前所有断点和观测点的信息。其执行效果如图 10-25 所示。

```
(gdb) info b
Num     Type           Disp Enb Address            What
1       breakpoint     keep y   0x0000555555555165 in main at testSum.c:7
        breakpoint already hit 3 times
2       hw watchpoint  keep y                      sum
(gdb) list
1       #include <stdio.h>
2       int main() {
3       int i, sum;
4       sum = 0;
5       for (i = 0; i <=50; i++)
6       {
7         sum += i;
8       }
9       printf("the sum is %d", sum);
10      return 0;
(gdb) break 9
Breakpoint 3 at 0x555555555175: file testSum.c, line 9.
(gdb) info b
Num     Type           Disp Enb Address            What
1       breakpoint     keep y   0x0000555555555165 in main at testSum.c:7
        breakpoint already hit 3 times
2       hw watchpoint  keep y                      sum
3       breakpoint     keep y   0x0000555555555175 in main at testSum.c:9
(gdb)
```

图 10-25　查看当前所有断点和观测点的信息

使用 info b n 命令（n 为断点编号）可以查看单个断点的信息。其执行效果如图 10-26 所示。

```
(gdb) info b
Num     Type           Disp Enb Address            What
1       breakpoint     keep y   0x0000555555555165 in main at testSum.c:7
        breakpoint already hit 3 times
2       hw watchpoint  keep y                      sum
3       breakpoint     keep y   0x0000555555555175 in main at testSum.c:9
(gdb) info b 1
Num     Type           Disp Enb Address            What
1       breakpoint     keep y   0x0000555555555165 in main at testSum.c:7
        breakpoint already hit 3 times
(gdb) info b 2
Num     Type           Disp Enb Address            What
2       hw watchpoint  keep y                      sum
(gdb)
Num     Type           Disp Enb Address            What
2       hw watchpoint  keep y                      sum
```

图 10-26　查看单个断点的信息

（8）使用 d n 命令可以删除指定编号的断点，使用 d 命令可以删除所有断点。删除后再次使用 info b 命令查看断点的信息，执行效果如图 10-27 所示。

```
(gdb) info b
Num     Type           Disp Enb Address            What
1       breakpoint     keep y   0x0000555555555165 in main at testSum.c:7
        breakpoint already hit 3 times
2       hw watchpoint  keep y                      sum
3       breakpoint     keep y   0x0000555555555175 in main at testSum.c:9
(gdb) d 3
(gdb) info b
Num     Type           Disp Enb Address            What
1       breakpoint     keep y   0x0000555555555165 in main at testSum.c:7
        breakpoint already hit 3 times
2       hw watchpoint  keep y                      sum
(gdb) d
Delete all breakpoints? (y or n) y
(gdb) info b
No breakpoints or watchpoints.
(gdb)
```

图 10-27　删除断点

10.4　make 编译

10.4.1　make 和 Makefile 概述

在 Linux 操作系统环境下进行 C/C++开发，当源文件数量较少时，我们可以使用 gcc 或 g++进行手动编译链接。但是当源文件数量较多且具有复杂依赖时，就需要使用 make 工具来帮助我们进行管理。在 Linux（UNIX）操作系统环境下使用 GNU 的 make 工具能够比较方便地构建一个属于自己的工程，整个工程的编译只需要一个命令就可以完成编译链接。本章的所有示例均基于 C 语言的源程序。make 工具也可以管理其他语言构建的工程。make 工具简化了编译工作，实现了自动化编译，极大地提高了软件开发的效率。

在执行 make 命令时，需要提供 Makefile 文件。make 命令基于 Makefile 文件，实现了一种自动化的编译机制。make 命令通过解释 Makefile 文件中的规则来编译所需要的文件和链接目标文件，进而实现自动维护编译工作。Makefile 文件需要按照其语法规则进行编写，以定义源文件之间的依赖关系，说明如何编译各个源文件并链接生成可执行文件。Makefile 文件描述了整个工程所有文件的编译顺序、编译规则。工程中的源文件按类型、功能、模块分别放在若干个目录中。Makefile 定义了一系列的规则，描述了哪些文件先编译，哪些文件后编译，不同的编译目标可以通过哪些文件得到，不同文件之间存在怎样的依赖关系等信息。许多 IDE 开发环境都支持 Makefile。make 和 Makefile 的组合实现了自动化编译。一旦 Makefile 编写完成，只需要一个 make 命令整个工程即可自动编译，极大地提高了软件开发的效率。make 命令会根据不同的情况（采取不同的编译规则）主要有以下 3 种情况。

（1）如果该工程还没有被编译过，那么所有的 C 文件都要编译并被链接。

（2）如果对该工程的某些 C 文件进行了修改，那么 make 过程将只编译被修改的 C 文件，并链接目标程序。

（3）如果这个工程的头文件被改变了，那么需要编译引用了这几个头文件的 C 文件，并链接目标程序。

10.4.2　Makefile 语法基础

Makefile 文件通过一系列的规则来定义文件的依赖关系。每条规则由 target（目标）、prerequisites（先决条件）、command（命令）3 个部分组成。具体语法规则如下：

```
target … :prerequisites …
        command
        …
```

target 是一个或多个目标文件名，通常是最后需要生成的文件名或者为了实现这个目的而必需的中间过程文件名，可以是.o 文件名，也可以是最后可执行程序的文件名等。目标也可以是一个动作名称，如目标“clean”，我们称这样的目标是“伪目标”。

prerequisites 就是要生成 target 所需要的所有源文件或目标文件，生成规则目标所需要的文件名列表。通常，一个目标依赖于一个或者多个文件。

command 就是将 prerequisites 转换成 target 所需要执行的命令或者命令集合，是 make 命令执行这条规则时所需要执行的动作。一个规则可以有多个命令行，每一条命令占一行。Makefile 中的命令必须以[Tab]字符开头，而不是以空格字符开头。这也是初学者最容易疏忽的地方，而且此类错误比较隐蔽。

Makefile 定义了达成目标时应该满足的文件依赖关系和具体的目标生成规则。target 这一个或多个目标文件依赖于 prerequisites 中的文件，其生成规则定义在 command 中。如果 prerequisites 中有一个以上的文件比 target 文件内容要新，command 所定义的文件就会被执行。

Makefile 文件主要包含了 5 个元素：显式规则、隐式规则、变量定义、文件指示和注释。

- 显式规则。显式规则说明了如何生成一个或多个目标文件。由 Makefile 的书写者明确规定要生成的文件、文件的依赖文件以及生成的命令。
- 隐式规则。由于 make 有自动推导的功能，隐式规则可以帮助我们以更简略的方式书写 Makefile。
- 变量定义。变量一般都是字符串，类似于 C 语言中的宏。当 Makefile 文件被执行时，其中的变量会被扩展到相应的引用位置上。
- 文件指示。其包括了 3 个部分，第一部分是在一个 Makefile 文件中引用另一个 Makefile 文件，就像 C 语言中的 include 一样；第二部分是根据某些情况来指定 Makefile 文件中的有效部分，就像 C 语言中的预编译#if 一样；第三部分用于定义一个多行的命令。
- 注释。Makefile 文件中只有行注释。以#字符开头的内容将被视为注释，这与 Shell 类似。如果要在 Makefile 文件中使用#字符，则可以用反斜杠进行转义，如\#。

10.4.3 Makefile 文件实例：基础版

下面通过一个 Makefile 文件实例，介绍 Makefile 文件的语法规则。

【实例 10-9】Makefile 文件基础版。

本实例由 3 个头文件和 8 个 C 文件组成。图 10-28 是与该项目对应的基础版 Makefile 文件实例。该 Makefile 文件描述了如何创建最终的可执行文件 edit。

（1）该 Makefile 文件共包括了 10 组规则。每组规则的目标（target）都位于该组规则“:”的左侧，通常是可执行文件（如 edit）或*.o 文件（如 main.o、kbd.o）。每组规则的先决条件（prerequisites）就是冒号后面的那些文件（如*.o 文件、*.c 文件和*.h 文件等）。命令（commands）一般由 cc 开头（如 cc -c maic.c 在 UNIX 环境下，cc 通常代表 cc 编译器；在 Linux 环境下，调用 cc 时，cc 通常指向的是 gcc 编译器）。

（2）可以将一个较长行使用反斜杠“\”分解为多行，这可以使 Makefile 文件更清晰、更宜读。例如在本实例中，有 3 处位置使用了反斜杠。但需要注意，反斜杠之后不能有空格，这也是初学者最容易犯的错误之一，而且该错误比较隐蔽。

（3）在默认情况下，make 命令执行的是 Makefile 文件中的第一个规则，此规则的第一个目标被称为“终极目标”。本实例中目标“edit”是第一个目标，因此它就是 make 的“终极目标”。在修改了任何 C 源文件或者头文件后，执行 make 将会重建终极目标“edit”。

```
edit : main.o kbd.o command.o display.o \
        insert.o search.o files.o utils.o
        cc -o edit main.o kbd.o command.o display.o \
                insert.o search.o files.o utils.o
main.o : main.c defs.h
        cc -c main.c
kbd.o : kbd.c defs.h command.h
        cc -c kbd.c
command.o : command.c defs.h command.h
        cc -c command.c
display.o : display.c defs.h buffer.h
        cc -c display.c
insert.o : insert.c defs.h buffer.h
        cc -c insert.c
search.o : search.c defs.h buffer.h
        cc -c search.c
files.o : files.c defs.h buffer.h command.h
        cc -c files.c
utils.o : utils.c defs.h
        cc -c utils.c
clean :
        rm edit main.o kbd.o command.o display.o \
        insert.o search.o files.o utils.o
```

图 10-28　Makefile 文件基础版

（4）所有的*.o 文件既是依赖（相对于第一条规则中的可执行程序 edit）又是目标（相对于其他规则中的*.c 和*.h 文件）。在这个例子中，edit 的依赖为 8 个.o 文件；而 main.o 文件的依赖文件为 main.c 和 defs.h。

（5）当规则的目标是一个文件时，在它的任何一个依赖文件被修改后，在执行 make 命令时，这个目标文件都将被重新编译或者重新链接。如果有必要，此目标的任何一个依赖文件都会先被重新编译。当 main.c 或者 defs.h 文件被修改以后，再次执行 make 命令，main.o 文件就会被更新（其他的.o 文件不会被更新）。而 main.o 文件的更新会导致 edit 被更新。

（6）目标“clean”不是一个文件，它仅仅是一个动作标志。正常情况下，不需要执行这个规则所定义的动作，因此目标“clean”没有出现在其他规则的依赖列表中。目标“clean”也没有任何依赖文件，它只有一个目的，就是通过这个目标名来执行它所定义的命令。在 Makefile 文件中，把那些没有任何依赖而只有执行动作的目标称为“伪目标”（phony targets）。在执行 make 命令时，目标“clean”所指定的动作不会被执行。如果需要执行“clean”目标所定义的命令，可在 Shell 命令行中输入 make clean。

10.4.4　make 编译的基本步骤

Makefile 文件编写完毕后，将其放置于工程目录下。然后，从命令行切换到该工程目录，执行 make 命令，将自动开启编译过程，具体过程如下。

（1）执行 make 命令后，在当前目录下查找名称为 Makefile 的文件。如果目录下没有这个文件，则将提示“make: ***没有指明目标并且找不到 Makefile”，并停止后续处理。

（2）查找 Makefile 文件中的第一条规则的第一个目标，并将其作为最终目标文件。例如，在【实例 10-9】中将 edit 作为其最终目标文件。

（3）如果 edit 文件不存在，或者它依赖的文件的修改时间要比 edit 文件的修改时间新，那么就会执行第一条规则命令（command）部分的指令以生成 edit 文件。

（4）如果 edit 文件所依赖的目标代码不存在，则 make 命令会在 Makefile 文件中查找以该目标代码为目标的规则。如果找到该规则，make 命令将根据该规则中指定的依赖文件，通过规则中定义的命令生成该目标代码。当所有 edit 文件所依赖的目标代码都最终存在时，make 命令会用这些目标代码经由第一条规则所定义的命令来生成可执行文件 edit。

10.4.5 Makefile 文件实例：进阶版

我们通过【实例 10-9】完整地展示了 Makefile 文件的基本结构和用法。该 Makefile 文件非常规范，很容易被初学者理解。但它并没有展示出 GNU make 的完整特征和优势。例如，该文件篇幅过大，存在大量重复的内容。以第 1 条规则为例，该规则的前两行和后两行，有超过 80%的内容是重复的。与此同时，最后一条规则的命令部分，也存在与第一条规则高度相似的代码片段。再比如，该文件中第 2～9 条规则所完成的动作基本类似。因此，完全可以设置一种自动处理机制来简化 Makefile 文件的书写。

【实例 10-10】 Makefile 文件进阶版。

图 10-29 所示是一个改进的 Makefile 文件实例。其功能与上一个实例相同，但更为简洁。

```
objects = main.o kbd.o command.o display.o \
          insert.o search.o files.o utils.o
edit : $(objects)
        cc -o edit $(objects)
$(objects) : defs.h
kbd.o command.o files.o : command.h
display.o insert.o search.o files.o : buffer.h
clean:
        rm edit $(objects)
```

图 10-29 Makefile 文件进阶版

该 Makefile 文件主要应用了变量定义和隐式规则这两个 GNU make 的高级特征。

- 变量定义。文件的第一行和第二行进行了一个 object 的变量定义。该文件中共有 4 处使用了该变量，使用形式为$(objects)。
- 隐式规则。在进阶版的 Makefile 文件中，在所有生成目标*.o 文件的规则中，命令部分都已被删除。在各条规则中，与模板*.o 文件同名的*.c 文件也都已被删除。此外，在简化后的规则中，具有相同依赖（先决条件）的目标都已被合并成一条规则。make 编译过程中，将会自动根据目标中的文件名*.o 找到同名的*.c 文件，并将其添加到先决条件列表中；而用于生产该*.o 目标的命令也将被自动推导出来。

GNU make 功能强大，内容也非常多。其官方提供的文档篇幅超过两百页。GNU make 完整语法规则的介绍超出了本门课程的知识范围，故编者不在本书介绍。

10.4.6 make 命令综合实例

本小节通过一个完整的实例，展示使用 GNU make 进行项目编译的全过程。该实例项目由 2 个头文件和 3 个 C 文件组成。整个过程由 4 个阶段组成，分别是编写项目源代码、编写 Makefile 文件、执行 make、运行生成的可执行程序。本小节将给出两个版本的实例（基础版和进阶版），并分别演示它们的效果。两者功能一致，主要差别在于 Makefile 文件的编写方法。

【实例 10-11】 make 命令综合实例（基础版）。

1. 编写项目源代码

本实例项目共有 5 个文件，分别是 testMain.c、printHi.h、printHe.h、printHi.c、printHe.c。在 testMain.c 中调用的两个函数分别在 printHi.c 和 printHe.c 中被定义，而 printHi.h 和 printHe.h 又是它们对应的头文件。

（1）创建 testMain.c 文件，代码如下：

```
//testMain.c
#include "printHi.h"
```

```
#include "printHe.h"
void main()
{
    printHi("Zhang");
    printHe("Ping");
}
```

（2）创建 printHi.h 文件，代码如下：

```
//printHi.h
#ifndef _PRINT_HI_H
#define _PRINT_HI_H
void printHi(char *str);
#endif
```

（3）创建 printHe.h 文件，代码如下：

```
//printHe.h
#ifndef _PRINT_He_H
#define _PRINT_He_H
void printHe(char *str);
#endif
```

（4）创建 printHi.c 文件，代码如下：

```
//printHi.c
#include "printHi.h"
#include <stdio.h>
void printHi(char *str)
{
   printf("Hi, %s\n",str);
}
```

（5）创建 printHe.c 文件，代码如下：

```
//printHe.c
#include "printHe.h"
#include <stdio.h>
void printHe(char *str)
{
   printf("Hello, %s\n",str);
}
```

2. 编写（基础版本的）Makefile 文件

代码如下：

```
test: testMain.o printHi.o printHe.o
	cc -o test testMain.o printHi.o printHe.o
testMain.o: testMain.c printHi.h printHe.h
	cc -c testMain.c
printHi.o: printHi.h printHi.c
	cc -c printHi.c
printHe.o: printHe.h printHe.c
	cc -c printHe.c
clean:
	rm -f *.o test
```

注意，每条规则的命令部分都以 Tab 字符开始。Makefile 文件效果如图 10-30 所示。

3. 执行 make（进行 make 命令编译）

进入项目所在目录，执行如下指令，其执行效果如图 10-31 所示。

```
zp@lab:~/c/make$ ls
zp@lab:~/c/make$ make
zp@lab:~/c/make$ ls
```

```
test: testMain.o printHi.o printHe.o
        cc -o test testMain.o printHi.o printHe.o
testMain.o: testMain.c printHi.h printHe.h
        cc -c testMain.c
testMain.o: testMain.c printHi.h printHe.h
        cc -c testMain.c
printHi.o: printHi.h printHi.c
        cc -c printHi.c
printHe.o: printHe.h printHe.c
        cc -c printHe.c
clean:
        rm -f *.o test
```

图 10-30　Makefile 文件效果

```
zp@lab:~/c/make$ ls
Makefile  printHe.c  printHe.h  printHi.c  printHi.h  testMain.c
zp@lab:~/c/make$
zp@lab:~/c/make$ make
cc -c testMain.c
cc -c printHi.c
cc -c printHe.c
cc -o test testMain.o printHi.o printHe.o
zp@lab:~/c/make$
zp@lab:~/c/make$ ls
Makefile   printHe.h  printHi.c  printHi.o  testMain.c
printHe.c  printHe.o  printHi.h  test       testMain.o
```

图 10-31　make 命令编译结果

4．运行生成的可执行程序

查看 make 命令编译结果，并运行可执行程序。输入如下指令：

```
zp@lab:~/c/make$ ls -l        #查看编译结果，注意test是可执行程序
zp@lab:~/c/make$ ./test       #运行可执行程序test
```

以上第 2 行指令的执行效果如图 10-32 所示。

```
zp@lab:~/c/make$ ./test
Hi, Zhang
Hello, Ping
```

图 10-32　运行生成的可执行程序

目标 clean 是一个伪目标。在 make 命令执行过程中，该规则的代码并不会被执行。目标 clean 主要用于清除中间文件和最终目标，使项目恢复到初始状态。输入如下指令：

```
zp@lab:~/c/make$ ls              #查看执行指令前的文件清单
zp@lab:~/c/make$ make clean      #执行make clean
zp@lab:~/c/make$ ls -l           #查看执行指令后的文件清单
```

以上前 2 行指令的执行效果如图 10-33 所示。

```
zp@lab:~/c/make$ ls
Makefile   printHe.h  printHi.c  printHi.o  testMain.c
printHe.c  printHe.o  printHi.h  test       testMain.o
zp@lab:~/c/make$
zp@lab:~/c/make$ make clean
rm -f *.o test
```

图 10-33　测试 make clean

【实例 10-12】 make 综合实例（进阶版）。

本实例所使用的源代码与【实例 10-11】完全一致，差别在于 Makefile 文件的内容。进阶版 Makefile 文件的内容如下：

```
objects= testMain.o printHi.o printHe.o
test: $(objects)
        cc -o test $(objects)
testMain.o: printHi.h printHe.h
printHi.o: printHi.h
printHe.o: printHe.h
clean:
        rm -f *.o test
```

以上代码的最终效果如图 10-34 所示。

```
objects= testMain.o printHi.o printHe.o
test: $(objects)
       cc -o test $(objects)
testMain.o: printHi.h printHe.h
printHi.o: printHi.h
printHe.o: printHe.h
clean:
       rm -f *.o test
```

图 10-34　进阶版 Makefile 文件效果

以新修改的 Makefile 文件（进阶版）为基础，重新进行编译，并检查编译效果。输入如下指令：

```
zp@lab:~/c/make$ make       #make编译
zp@lab:~/c/make$ ls         #查看编译结果
zp@lab:~/c/make$ ./test     #运行编译后的可执行程序
```

以上指令的执行效果如图 10-35 所示。

```
zp@lab:~/c/make$ make
cc    -c -o testMain.o testMain.c
cc    -c -o printHi.o printHi.c
cc    -c -o printHe.o printHe.c
cc -o test testMain.o printHi.o printHe.o
zp@lab:~/c/make$ ls
Makefile   printHe.h  printHi.c  printHi.o  testMain.c
printHe.c  printHe.o  printHi.h  test       testMain.o
zp@lab:~/c/make$ ./test
Hi, Zhang
Hello, Ping
```

图 10-35　以进阶版 Makefile 文件为基础进行编译

10.5　Makefile 文件自动生成技术

当工程结构复杂时，依靠手工建立并维护 Makefile 文件是不现实的。不仅很复杂，费时费力，而且容易出错。为此，我们引入了 autotools 工具，自动生成 Makefile 文件。

autotools 工具主要包括如下几个部分。

- autoscan：扫描源代码目录，生成 configure.scan 文件。
- aclocal：根据 configure.ac 文件的内容，自动生成 aclocal.m4 文件。
- autoconf：在编译软件包前执行一系列测试，发现系统的特性，使源代码可以去适应不同系统的差别，增强其可移植性。

- autoheader：扫描 configure.ac 中的内容，并确定如何生成[config.h.in]。
- automake：根据[Makefile.am]自动构建[Makefile.in]的工具，极大地简化了描述软件包结构及追踪源代码间依赖关系的过程。

Ubuntu 默认没有安装 autotools 工具。用户可以通过如下指令手动安装。

```
sudo apt install autoconf
```

autotools 运行的基本流程如下。

（1）执行 autoscan 命令，主要扫描工作目录，并生成 configure.scan 文件。

（2）修改 configure.scan 为 configure.ac 文件，并且修改配置内容。

（3）执行 aclocal 命令，扫描 configure.ac 文件并生成 aclocal.m4 文件。

（4）执行 autoconf 命令，生成 configure 文件。

（5）执行 autoheader 命令，生成 config.h.in 文件。

（6）新增 Makefile.am 文件，并修改配置内容。

（7）执行 automake --add-missing 命令，该命令将生成 Makefile.in 文件。

（8）执行./congigure 命令，将 Makefile.in 文件生成 Makefile 文件。

（9）执行 make 命令，生成可执行文件。

10.6 autotools 和 make 综合应用

【实例 10-13】 autotools 和 make 综合应用。

本实例将展示 autotools 和 make 命令的使用。

（1）准备项目源代码。

本实例所使用的源代码与【实例 10-11】的完全一致。

（2）autotools 工具的使用。

① 切换到项目工作目录，执行 autoscan 命令来扫描目录以生成 configure.scan 文件。指令如下：

```
zp@lab:~/c/autotools$ autoscan
```

以上指令的执行效果如图 10-36 所示。

```
zp@lab:~/c/autotools$ ls
printHe.c  printHe.h  printHi.c  printHi.h  testMain.c
zp@lab:~/c/autotools$
zp@lab:~/c/autotools$ autoscan
zp@lab:~/c/autotools$
zp@lab:~/c/autotools$ ls
autoscan.log    printHe.c  printHi.c  testMain.c
configure.scan  printHe.h  printHi.h
```

图 10-36　生成 configure.scan 文件

此时增加了 autoscan.log 和 configure.scan 两个文件。执行如下指令，可以查看它们的内容。

```
zp@lab:~/c/autotools$ cat autoscan.log
zp@lab:~/c/autotools$ cat configure.scan
```

其中，前者内容为空，后者内容如图 10-37 所示。

② 将文件 configure.scan 重命名为 configure.ac，然后编辑修改这个配置文件。输入如下指令：

```
zp@lab:~/c/autotools$ mv configure.scan configure.ac
zp@lab:~/c/autotools$ vi configure.ac
```

修改内容如下。

首先，将 AC_INIT([FULL-PACKAGE-NAME], [VERSION], [BUG-REPORT-ADDRESS])修改成 AC_INIT([ZP-Hello], [1.0], [zp@zp.cn])。

```
AC_PREREQ([2.69])
AC_INIT([FULL-PACKAGE-NAME], [VERSION], [BUG-REPORT-ADDRESS])
AC_CONFIG_SRCDIR([printHi.c])
AC_CONFIG_HEADERS([config.h])

# Checks for programs.
AC_PROG_CC

# Checks for libraries.

# Checks for header files.

# Checks for typedefs, structures, and compiler characteristics.

# Checks for library functions.

AC_OUTPUT
```

图 10-37　查看 configure.scan 文件的内容

其次，增加代码 AM_INIT_AUTOMAKE。

最后，增加代码 AC_CONFIG_FILES([Makefile])。

修改后的 configure.ac 文件的内容如图 10-38 所示。

```
AC_PREREQ([2.69])
AC_INIT([zp_hello], [1.0], [zp@zp.cn])#revised by zp
AC_CONFIG_SRCDIR([printHi.c])
AC_CONFIG_HEADERS([config.h])
AM_INIT_AUTOMAKE #added by zp
# Checks for programs.
AC_PROG_CC

# Checks for libraries.

# Checks for header files.

# Checks for typedefs, structures, and compiler characteristics.

# Checks for library functions.
AC_CONFIG_FILES([Makefile])#added by zp
AC_OUTPUT
```

图 10-38　修改后的 configure.ac 文件内容

③ 在项目目录下执行 aclocal 命令，扫描 configure.ac 文件，生成 aclocal.m4 文件。输入如下指令：

```
zp@lab:~/c/autotools$ ls
zp@lab:~/c/autotools$ aclocal
```

以上指令的执行效果如图 10-39 所示。

```
zp@lab:~/c/autotools$ ls
autoscan.log  printHe.c  printHi.c  testMain.c
configure.ac  printHe.h  printHi.h
zp@lab:~/c/autotools$
zp@lab:~/c/autotools$ aclocal
zp@lab:~/c/autotools$
zp@lab:~/c/autotools$ ls
aclocal.m4      autoscan.log  printHe.c  printHi.c  testMain.c
autom4te.cache  configure.ac  printHe.h  printHi.h
```

图 10-39　执行 aclocal 命令

④ 在项目目录下执行 autoconf 命令，生成 configure 文件。输入如下指令：

```
zp@lab:~/c/autotools$ autoconf
zp@lab:~/c/autotools$ ls
```

以上指令的执行效果如图 10-40 所示。

```
zp@lab:~/c/autotools$ autoconf
zp@lab:~/c/autotools$
zp@lab:~/c/autotools$ ls
aclocal.m4      autoscan.log  configure.ac  printHe.h  printHi.h
autom4te.cache  configure     printHe.c     printHi.c  testMain.c
```

图 10-40 执行 autoconf 命令

⑤ 在项目目录下执行 autoheader 命令，生成 config.h.in 文件。输入如下指令：

```
zp@lab:~/c/autotools$ autoheader
zp@lab:~/c/autotools$ ls
```

以上指令的执行效果如图 10-41 所示。

```
zp@lab:~/c/autotools$ autoheader
zp@lab:~/c/autotools$
zp@lab:~/c/autotools$ ls
aclocal.m4      autoscan.log  configure     printHe.c  printHi.c  testMain.c
autom4te.cache  config.h.in   configure.ac  printHe.h  printHi.h
```

图 10-41 执行 autoheader 命令

⑥ 在项目目录下创建一个 Makefile.am 文件，其内容如图 10-42 所示。automake 工具将根据 configure.in 中的参数将 Makefile.am 文件转换成 Makefile.in 文件。

```
AUTOMAKE_OPTIONS=foreign
bin_PROGRAMS=hello
hello_SOURCES=testMain.c printHi.h printHi.c printHe.h printHe.c
```

图 10-42 创建 Makefile.am 文件

⑦ 在项目目录下执行 automake 命令，生成 Makefile.in 文件。

通常要使用选项--add-missing 来让 automake 自动添加一些必需的附件。输入如下指令：

```
zp@lab:~/c/autotools$ ls  #查看automake执行之前的效果
zp@lab:~/c/autotools$ automake --add-missing
zp@lab:~/c/autotools$ ls  #查看automake执行之后的效果
```

以上指令的执行效果如图 10-43 所示。

```
zp@lab:~/c/autotools$ ls
aclocal.m4      autoscan.log  configure     Makefile.am  printHe.h  printHi.h
autom4te.cache  config.h.in   configure.ac  printHe.c    printHi.c  testMain.c
zp@lab:~/c/autotools$
zp@lab:~/c/autotools$ automake --add-missing
configure.ac:10: installing './compile'
configure.ac:8: installing './install-sh'
configure.ac:8: installing './missing'
Makefile.am:3: warning: variable 'hello_SOURCES' is defined but no program or
Makefile.am:3: library has 'hello' as canonical name (possible typo)
zp@lab:~/c/autotools$
zp@lab:~/c/autotools$ ls
aclocal.m4      compile      configure.ac  Makefile.in  printHe.h  testMain.c
autom4te.cache  config.h.in  install-sh    missing      printHi.c
autoscan.log    configure    Makefile.am   printHe.c    printHi.h
zp@lab:~/c/autotools$
```

图 10-43 添加一些必需的附件

在本次测试过程中，并没有报错。不过，编者在其他项目的测试过程中执行 automake 命令时，提示文件（如 NEWS、README、AUTHORS、ChangeLog）缺失。此时，可以使用 touch 直接创建该文件，然后执行前述 automake 命令。执行效果如图 10-44 所示。

```
zp@lab:~/ch09/mk$ automake --add-missing
Makefile.am: error: required file './NEWS' not found
Makefile.am: error: required file './README' not found
Makefile.am: error: required file './AUTHORS' not found
Makefile.am: error: required file './ChangeLog' not found
zp@lab:~/ch09/mk$ touch NEWS README AUTHORS ChangeLog
zp@lab:~/ch09/mk$ automake --add-missing
```

图 10-44　手动添加一些必需的附件

（3）编译、安装和卸载项目。

① 在项目目录下执行./configure 命令，并基于 Makefile.in 生成最终的 Makefile 文件。该命令将一些配置参数添加到了 Makefile 文件中。输入如下指令：

```
zp@lab:~/c/autotools$ ./configure
```

以上指令的执行效果如图 10-45 所示。

```
zp@lab:~/c/autotools$ ./configure
checking for a BSD-compatible install... /usr/bin/install -c
checking whether build environment is sane... yes
checking for a thread-safe mkdir -p... /usr/bin/mkdir -p
checking for gawk... no
checking for mawk... mawk
checking whether make sets $(MAKE)... yes
checking whether make supports nested variables... yes
checking for gcc... gcc
```

图 10-45　生成最终的 Makefile 文件

② 在项目目录下执行 make 命令，基于 Makefile 文件编译源代码文件并生成可执行文件。执行效果如图 10-46 所示。

```
zp@lab:~/c/autotools$ make
make  all-am
make[1]: 进入目录"/home/zp/c/autotools"
gcc -DHAVE_CONFIG_H -I.     -g -O2 -MT testMain.o -MD -MP -MF .deps/testMain.Tpo
 -c -o testMain.o testMain.c
mv -f .deps/testMain.Tpo .deps/testMain.Po
gcc -DHAVE_CONFIG_H -I.     -g -O2 -MT printHi.o -MD -MP -MF .deps/printHi.Tpo -
c -o printHi.o printHi.c
mv -f .deps/printHi.Tpo .deps/printHi.Po
gcc -DHAVE_CONFIG_H -I.     -g -O2 -MT printHe.o -MD -MP -MF .deps/printHe.Tpo -
c -o printHe.o printHe.c
mv -f .deps/printHe.Tpo .deps/printHe.Po
gcc  -g -O2   -o hello testMain.o printHi.o printHe.o
make[1]: 离开目录"/home/zp/c/autotools"
zp@lab:~/c/autotools$
```

图 10-46　生成可执行文件

③ 在项目目录下执行 make install 命令，以将编译后的软件包安装到系统中。执行效果如图 10-47 所示。

```
zp@lab:~/c/autotools$ sudo make install
make[1]: 进入目录"/home/zp/c/autotools"
 /usr/bin/mkdir -p '/usr/local/bin'
  /usr/bin/install -c hello '/usr/local/bin'
make[1]: 对"install-data-am"无须做任何事。
make[1]: 离开目录"/home/zp/c/autotools"
zp@lab:~/c/autotools$ ls
aclocal.m4      config.h.in     depcomp      Makefile.in  printHi.c    testMain.o
autom4te.cache  config.log      hello        missing      printHi.h
autoscan.log    config.status   install-sh   printHe.c    printHi.o
compile         configure       Makefile     printHe.h    stamp-h1
config.h        configure.ac    Makefile.am  printHe.o    testMain.c
zp@lab:~/c/autotools$
zp@lab:~/c/autotools$ hello
Hi, Zhang
Hello, Ping
zp@lab:~/c/autotools$
```

图 10-47　安装软件包

④ 使用 make uninstall 命令卸载软件包。执行效果如图 10-48 所示。

```
zp@lab:~/c/autotools$ sudo make uninstall
 ( cd '/usr/local/bin' && rm -f hello )
zp@lab:~/c/autotools$
zp@lab:~/c/autotools$ hello

Command 'hello' not found, but can be installed with:
```

图 10-48 卸载软件包

（4）对外发布项目。

对于开发人员，可能需要对外发布所开发的项目。此时，可以在项目目录下执行 make dist 命令，make 工具会自动将程序和相关文档打包成一个压缩文档 zp_hello-1.0.tar.gz。输入如下指令：

```
zp@lab:~/c/autotools$ make dist
zp@lab:~/c/autotools$ ls
```

以上指令的执行效果如图 10-49 所示。

```
zp@lab:~/c/autotools$ make dist
make  dist-gzip am__post_remove_distdir='@:'
make[1]: 进入目录"/home/zp/c/autotools"
make  distdir-am
make[2]: 进入目录"/home/zp/c/autotools"
if test -d "zp_hello-1.0"; then find "zp_hello-1.0" -type d ! -perm -200 -exec c
hmod u+w {} ';' && rm -rf "zp_hello-1.0" || { sleep 5 && rm -rf "zp_hello-1.0";
}; else :; fi
```

图 10-49 打包项目

开发人员可以以开源的形式对外发布 zp_hello-1.0.tar.gz，供其他人员下载、编译、安装。其他人员获取该压缩包后，可以采用本书“8.4 使用源代码安装程序”中介绍的方法编译安装该项目程序。细心的读者应该已经发现，该小节介绍的方法与本小节实例第三步介绍的方法几乎一致，唯一的区别在于读者下载的软件包的压缩格式略有不同。因此，读者通常需要根据压缩文件的格式，在下面两条指令中做出选择。

```
tar -xzvf zp_hello-1.0.tar.gz    //解压tar.gz
tar -xjvf zp_hello-1.0.tar.bz2   //解压tar.bz2
```

10.7 本章小结

本章对 Linux 环境下 C 语言开发的相关内容进行了介绍，主要涉及 gcc、gdb、make、autotools 这 4 个工具的基本使用方法。有兴趣的读者还可以在 Windows 等其他环境下使用这些工具。

习 题 10

1. gcc 编译可以进一步分为哪 4 个过程？

2. 从文本源代码到可执行文件，gcc 可以对哪些步骤进行控制？

3. 假设现有 C 语言源文件 my.c，则生成目标文件 my.o 的命令是________，生成汇编语言文件 my.s 的命令是________，生成可执行程序 myp 的命令是________。

4. 简述 Makefile 文件的作用。

5. 以下关于 gcc 选项说法错误的是（　　）。

A. -c 只编译并生成目标文件　　B. -w 生成警告信息

C. -g 生成调试信息　　D. -o FILE 生成指定的输出文件

6. 对源代码文件 code.c 进行编译而生成可调试代码的命令是什么？

第四部分

前沿应用篇

内容概览

- 第 11 章　区块链
- 第 12 章　大数据
- 第 13 章　人工智能

内容导读

信息技术发展迅猛，新技术层出不穷。作为业界重要的操作系统之一，Linux 操作系统在许多前沿技术应用场景中扮演了重要角色。

本部分将以区块链、大数据、人工智能这 3 个前沿应用场景为基础，介绍 Linux 操作系统的应用实例。

通过学习本部分的内容，读者可以了解前沿应用场景相关的基础知识，掌握 Linux 操作系统在区块链、大数据、人工智能这 3 个前沿应用场景中的具体应用技巧以及环境配置方法等。

CHAPTER11

第11章

区块链

区块链是近年来比较热门的前沿技术之一。本章将介绍区块链平台的部署与维护，以帮助读者理解与区块链相关的基本概念，掌握以太坊开发环境的搭建及项目运维的基本技巧。

11.1 区块链概述

11.1.1 区块链的基本含义

顾名思义，区块链（blockchain）是由数据区块构造的一种链式数据结构。每一个数据区块中包含了一些交易信息，前后数据区块之间通过密码学方法建立关联。根据清华大学五道口金融学院互联网金融实验室和火币网等机构联合发布的《2014—2016 全球比特币发展研究报告》可知，区块链本质上是一个“去中心化”的数据库。

区块链的定义，包括狭义和广义两个方面。

狭义上，区块链是一种链式数据结构，也是一种可信分布式账本。区块链是一种按照时间顺序将数据区块以顺序相连的方式组合成的一种链式数据结构。区块链是通过密码学方式保证的、不可篡改和不可伪造的可信分布式账本。

广义上，区块链技术是一种全新的分布式基础架构与计算范式。区块链技术是利用块链式数据结构来验证与存储数据、利用分布式共识算法来生成和更新数据、利用密码学的方式来保证数据传输和访问的安全、利用由自动化脚本代码组成的智能合约来编程和操作数据的一种全新的分布式基础架构与计算范式。

区块链系统由数据层、网络层、共识层、激励层、合约层和应用层组成。数据层位于最底层，封装了数据区块、链式结构、数据加密和时间戳等技术。数据层之上是网络层，主要包括分布式组网机制、数据传播机制和数据验证机制等。共识层位于网络层之上，主要封装网络节点的各类共识算法。激励层将经济因素集成到区块链技术体系中来，主要包括经济激励的发行机制和分配机制等。合约层主要封装各类脚本、算法和智能合约，是区块链可编程特性的基础。应用层则封装了区块链的各种应用场景和实例。

11.1.2 区块链的分类

区块链有多种不同的分类方式。按照开放程度，区块链可以划分成 3 类：公有链、联盟链、私有链。这也是常用的一种分类方式，后面将以此为基础进行详细介绍。除此之外，还有其他的区块链分类方式。例如，按区块链的独立程度，可以将其划分为主链和侧链；按应用范围，可以划分为基础链和行业链；按原创程度，可以划分为原链和分叉链。

公有链（public blockchains）：公有链是指世界上任何个体或者团体都可以发送交易，且交易能够获得该区块链的有效确认，任何人都可以参与其共识过程。公有链是较早的区块链，也是目前应用较广泛的区块链，各类虚拟数字货币均基于公有链。

联盟链（consortium blockchains）：联盟链通常面向特定行业或群体，群体内部多个预选的节点被指定为记账人，预选节点参与共识过程，每个块的生成由所有的预选节点共同决定，其他接入节点可以参与交易，但不过问记账过程。

私有链（private blockchains）：私有链仅使用区块链的总账技术进行记账。其所有者可以是一个公司，也可以是个人。所有者独享该区块链的写入权限。

公有链开放程度最高，因此最为常见。目前，全球知名的公有链已有几十条之多。代表性的公有链包括以太坊、EOS、Hyperledger 等。联盟链和私有链的数量更多，但是由于开放程度有限，外界知其甚少。例如，编者主持的教育部课题，旨在用区块链和物联网技术解决疫苗安全问题。该课题中涉及的区块链，就可以理解成联盟链。编者所在单位部署了自己的私有链，目前已经开发了电子合同管理系统等多款区块链应用程序。本章后续介绍的区块链平台搭建实例，也是属于私有链的范畴。需要说明的是，上述 3 类区块链的区别仅在于开放程度的不同，技术上的差异并不大。例如，以太坊是一种较具代表性的公有链；而编者前述课题使用的区块链和编者单位内部部署的区块链，分别是基于以太坊技术的联盟链和私有链。

本章将以以太坊为例，介绍在 Linux 操作系统中配置区块链开发平台、部署和运行区块链项目的基本流程。以太坊是一个开源的有智能合约功能的公共区块链平台，通过其专用加密货币——以太币（Ether，简称 ETH）提供“去中心化”的以太虚拟机（ethereum virtual machine）以处理点对点合约。以太坊的概念由程序员维塔利克·布特林（Vitalik Buterin）在 2013 至 2014 年间首次提出，大意为“下一代加密货币与‘去中心化’应用平台”，在 2014 年通过 ICO 众筹开始发展。

11.2 区块链基础环境准备

区块链中需要一些基础环境模块，其中最重要的是 Go 语言模块。Go 语言（又称 Golang）是 Google 的开发人员开发的一种静态、强类型、编译型语言。Go 语言的语法规则与 C 语言相近。

11.2.1 下载 Go 语言包

读者可以通过如下指令下载 Go 语言包：

```
john@lab:~$ curl -O https://storage.googleapis.com/golang/go1.10.1.linux-amd64.tar.gz
```

以上指令的执行效果如图 11-1 所示。Ubuntu 默认没有安装 curl 工具，因此报错，提示需要安装 curl 工具。

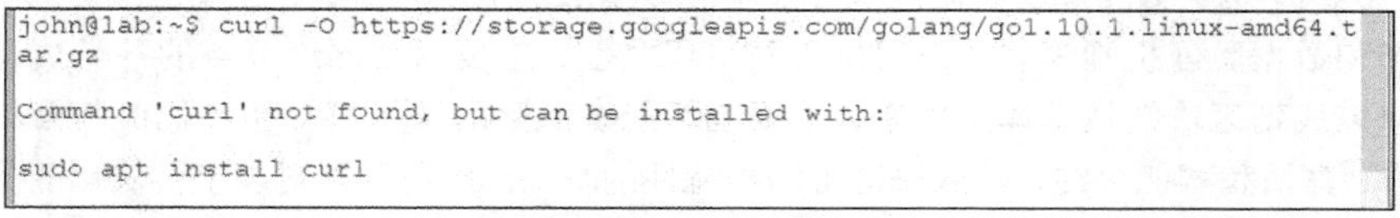

```
john@lab:~$ curl -O https://storage.googleapis.com/golang/go1.10.1.linux-amd64.t
ar.gz

Command 'curl' not found, but can be installed with:

sudo apt install curl
```

图 11-1　下载 Go 包

输入如下指令：

```
john@lab:~$ sudo apt install curl
```

以上指令的执行效果如图 11-2 所示。

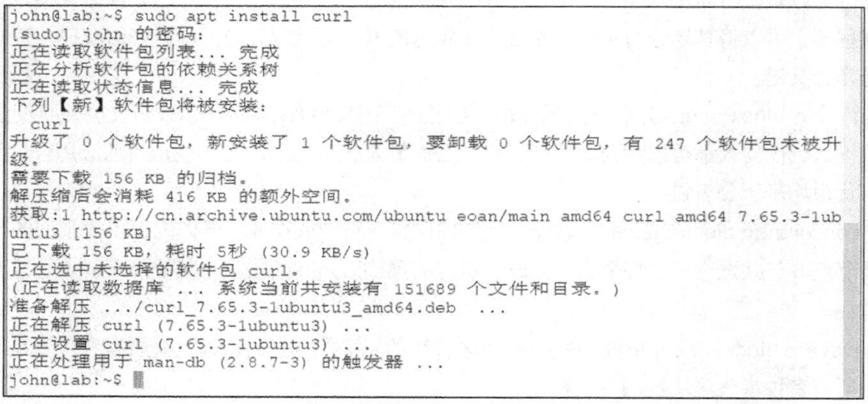

```
john@lab:~$ sudo apt install curl
[sudo] john 的密码:
正在读取软件包列表... 完成
正在分析软件包的依赖关系树
正在读取状态信息... 完成
下列【新】软件包将被安装:
  curl
升级了 0 个软件包, 新安装了 1 个软件包, 要卸载 0 个软件包, 有 247 个软件包未被升
级。
需要下载 156 KB 的归档。
解压缩后会消耗 416 KB 的额外空间。
获取:1 http://cn.archive.ubuntu.com/ubuntu eoan/main amd64 curl amd64 7.65.3-1ub
untu3 [156 KB]
已下载 156 KB, 耗时 5秒 (30.9 KB/s)
正在选中未选择的软件包 curl。
(正在读取数据库 ... 系统当前共安装有 151689 个文件和目录。)
准备解压 .../curl_7.65.3-1ubuntu3_amd64.deb  ...
正在解压 curl (7.65.3-1ubuntu3) ...
正在设置 curl (7.65.3-1ubuntu3) ...
正在处理用于 man-db (2.8.7-3) 的触发器 ...
john@lab:~$
```

图 11-2　安装 curl 工具

执行 Go 语言包下载指令。输入如下指令：

```
john@lab:~$ curl -O https://storage.googleapis.com/golang/go1.10.1.linux-amd64.tar.gz
```

以上指令的执行效果如图 11-3 所示。

```
john@lab:~$ curl -O https://storage.googleapis.com/golang/go1.10.1.linux-amd64.t
ar.gz
  % Total    % Received % Xferd  Average Speed   Time    Time     Time  Current
                                 Dload  Upload   Total   Spent    Left  Speed
  0  114MB    0  738KB    0     0   122KB      0  0:15:52  0:00:06  0:15:46  155KB
```

图 11-3　下载 Go 语言包

由图 11-4 可知，需要下载的文件大小为 114MB。下载耗时与网速快慢有关，需要耐心等待。

考虑到网络地址失效等因素，编者提供了一个备选方案。已经成功完成上一步操作的读者，可以跳过这条备选指令；而未成功完成上一步操作的读者，可以输入如下备选指令：

```
john@lab:~$ wget https://studygolang.com/dl/golang/go1.10.1.linux-amd64.tar.gz
```

以上指令的执行效果如图 11-4 所示。

```
john@lab:~$ wget  https://studygolang.com/dl/golang/go1.10.1.linux-amd64.tar.gz
--2020-04-02 22:52:39--  https://studygolang.com/dl/golang/go1.10.1.linux-amd64.
tar.gz
正在解析主机 studygolang.com (studygolang.com)... 59.110.219.94
正在连接 studygolang.com (studygolang.com)|59.110.219.94|:443... 已连接
已发出 HTTP 请求，正在等待回应... 303 See Other
位置：https://dl.google.com/go/go1.10.1.linux-amd64.tar.gz [跟随至新的 URL]
--2020-04-02 22:52:40--  https://dl.google.com/go/go1.10.1.linux-amd64.tar.gz
正在解析主机 dl.google.com (dl.google.com)... 203.208.50.167, 203.208.50.174, 20
3.208.50.165, ...
正在连接 dl.google.com (dl.google.com)|203.208.50.167|:443... 已连接
已发出 HTTP 请求，正在等待回应... 200 OK
长度： 119914627 (114MB) [application/octet-stream]
正在保存至："go1.10.1.linux-amd64.tar.gz"

go1.10.1.linux-amd6 100%[===================>] 114.36MB 1.43MB/s    用时 71s

2020-04-02 22:53:52 (1.60 MB/s) - 已保存 "go1.10.1.linux-amd64.tar.gz" [11991462
7/119914627])
```

图 11-4　下载 Go 语言包备选方案

11.2.2　安装配置 Go 语言环境

下载完成后，将文件解压至/usc/local 目录下。

输入并执行如下指令：

```
john@lab:~$ sudo tar -C /usr/local -xzf go1.10.1.linux-amd64.tar.gz
```

随后，我们可以执行指令 ls/usr/local，以查看解压后的 Go 文件夹。以上指令的执行效果如图 11-5 所示。

```
john@lab:~$ ls
公共的  模板  视频  图片  文档  下载  音乐  桌面  go1.10.1.linux-amd64.tar.gz
john@lab:~$ sudo tar -C /usr/local -xzf go1.10.1.linux-amd64.tar.gz
[sudo] john 的密码：
john@lab:~$ ls /usr/local/
bin  etc  games  go  include  lib  man  sbin  share  src
john@lab:~$
```

图 11-5　解压 Go 语言包

修改.bashrc 配置文件，以配置 Go 语言环境变量。执行如下指令：

```
john@lab:~$ vim ~/.bashrc
```

如果读者的系统中还未安装 vim，则需要先执行如下指令安装 vim。

```
john@lab:~$ sudo apt install vim
```

待 vim 安装完成后，再继续执行上一条修改.bashrc 配置文件的指令。在打开的.bashrc 文件底部加上如下两条 Go 语言环境变量。注意，在第一行中 go 是小写字母，否则会出错。

```
john@lab:~$ export GOPATH=/usr/local/go
john@lab:~$ export PATH=$GOPATH/bin:$PATH
```

保存后退出。以上指令的执行效果如图 11-6 所示。

```
# enable programmable completion features (you don't need to enable
# this, if it's already enabled in /etc/bash.bashrc and /etc/profile
# sources /etc/bash.bashrc).
if ! shopt -oq posix; then
  if [ -f /usr/share/bash-completion/bash_completion ]; then
    . /usr/share/bash-completion/bash_completion
  elif [ -f /etc/bash_completion ]; then
    . /etc/bash_completion
  fi
fi

export GOPATH=/usr/local/go
export PATH=$GOPATH/bin:$PATH
```

图 11-6 修改.bashrc 配置文件

为使环境变量修改生效，输入如下指令：

```
john@lab:~$ source ~/.bashrc
```

本次执行 source ~/.bashrc 指令不成功，遇到如下错误：

```
语法错误：未预期的文件结尾
```

读者如果没遇到该错误，则可以直接跳过接下来（重置.bashrc 文件）的命令。出现该错误的可能原因是，编者在修改脚本时引入了无关的格式类字符，故需要重置.bashrc。输入如下指令：

```
john@lab:~$ cp /etc/skel/.bashrc ~/.bashrc
```

以上指令的执行效果如图 11-7 所示。

```
john@lab:~$ source .bashrc
-bash: .bashrc: 行 121: 语法错误: 未预期的文件结尾
john@lab:~$
john@lab:~$ cp /etc/skel/.bashrc ~/.bashrc
```

图 11-7 使.bashrc 配置文件修改生效

然后重新修改配置文件，并重新执行让配置文件修改生效的指令。

接下来，读者需要查看 Go 版本号，以验证 Go 环境配置成功。输入如下指令：

```
john@lab:~$ go version
```

以上指令的执行效果如图 11-8 所示。Go 版本号正确，说明配置成功。

```
john@lab:~$ source .bashrc
john@lab:~$
john@lab:~$ go version
warning: GOPATH set to GOROOT (/usr/local/go) has no effect
go version go1.10.1 linux/amd64
john@lab:~$
```

图 11-8 验证 Go 安装配置是否成功

11.3 安装区块链开发平台

11.3.1 添加 ppa 安装源

ethereum 以 ppa 的方式提供安装源。ppa 是 personal package archive 的缩写，意为个人软件包存档。软件作者可以使用 ppa 轻松发布软件并及时升级。Ubuntu 用户可以通过 ppa 源在第一时间体验到最新版本的 ethereum 软件。

输入如下指令：

```
john@lab:~$ sudo add-apt-repository -y ppa:ethereum/ethereum
```

以上指令的执行效果如图 11-9 所示。

```
john@lab:~$ add-apt-repository -y ppa:ethereum/ethereum
错误： 必须使用 root 身份运行
john@lab:~$ sudo add-apt-repository -y ppa:ethereum/ethereum
获取:1 http://ppa.launchpad.net/ethereum/ethereum/ubuntu eoan InRelease [15.4 kB
]
获取:2 http://security.ubuntu.com/ubuntu eoan-security InRelease [97.5 kB]
命中:3 http://cn.archive.ubuntu.com/ubuntu eoan InRelease
获取:4 http://cn.archive.ubuntu.com/ubuntu eoan-updates InRelease [97.5 kB]
获取:5 http://ppa.launchpad.net/ethereum/ethereum/ubuntu eoan/main amd64 Package
s [3,052 B]
获取:6 http://ppa.launchpad.net/ethereum/ethereum/ubuntu eoan/main Translation-e
n [880 B]
获取:7 http://cn.archive.ubuntu.com/ubuntu eoan-backports InRelease [88.8 kB]
已下载 303 kB，耗时 9秒 (34.5 kB/s)
正在读取软件包列表... 完成
john@lab:~$
```

图 11-9　添加 ppa 安装源

11.3.2　更新软件包信息

安装或更新软件包之前，先更新系统缓存中的软件包信息。执行如下指令：

```
john@lab:~$ sudo apt update
```

11.3.3　安装 ethereum

以太坊协议目前有 3 个代表性实现方案，分别基于 Go、C++和 Python。其中 Go ethereum 应用最广泛。Go ethereum 采用 Go 语言编写，完全开放源代码并在 GNU LGPL v3 下获得了许可。Go 语言的语法规则与 C 语言相近。本章将基于 Go ethereum 进行讲解。

首先，安装 Go ethereum。输入如下指令，开始安装：

```
john@lab:~$ sudo apt install ethereum
```

以上指令的执行效果如图 11-10 所示。

```
john@lab:~$ sudo apt install ethereum
正在读取软件包列表... 完成
正在分析软件包的依赖关系树
正在读取状态信息... 完成
将会同时安装下列软件：
  abigen bootnode clef evm geth puppeth rlpdump wnode
下列【新】软件包将被安装：
  abigen bootnode clef ethereum evm geth puppeth rlpdump wnode
升级了 0 个软件包，新安装了 9 个软件包，要卸载 0 个软件包，有 0 个软件包未被升级
。
需要下载 40.8 MB 的归档。
解压缩后会消耗 141 MB 的额外空间。
您希望继续执行吗？ [Y/n]
获取:1 http://ppa.launchpad.net/ethereum/ethereum/ubuntu eoan/main amd64 abigen
amd64 1.9.12+build21383+eoan [4,936 KB]
获取:2 http://ppa.launchpad.net/ethereum/ethereum/ubuntu eoan/main amd64 bootnod
e amd64 1.9.12+build21383+eoan [4,854 KB]
获取:3 http://ppa.launchpad.net/ethereum/ethereum/ubuntu eoan/main amd64 clef am
d64 1.9.12+build21383+eoan [7,679 KB]
获取:4 http://ppa.launchpad.net/ethereum/ethereum/ubuntu eoan/main amd64 evm amd
64 1.9.12+build21383+eoan [4,774 KB]
45% [4 evm 1,907 KB/4,774 KB 40%]                    163 KB/s 2分 11秒
```

图 11-10　安装 ethereum

图 11-16 中会出现暂停，提示是否开始安装，此时直接按 Enter 键，选择默认值 Y，即可继续安装。

11.4　部署区块链项目

接下来将通过一个完整的实例，介绍基于以太坊区块链项目部署、运行维护等的基本过程。本节介绍区块链项目部署。

11.4.1 添加区块链账户

添加两个新区块链账户。这些账户将用于后续区块链项目创建过程。注意，在下面的指令中，--datadir 和 account 之间有一个点号的参数。

执行如下指令两次，可以创建两个新区块链账户，并记录账户信息。

```
john@lab:~$ geth --datadir . account new
```

以上指令的执行效果如图 11-11 和图 11-12 所示。

```
john@lab:~$ geth --datadir . account new
INFO [04-03|22:05:13.243] Maximum peer count                       ETH=50 LES=0
total=50
INFO [04-03|22:05:13.244] Smartcard socket not found, disabling    err="stat /ru
n/pcscd/pcscd.comm: no such file or directory"
Your new account is locked with a password. Please give a password. Do not forge
t this password.
Password:
Repeat password:

Your new key was generated

Public address of the key:   0x4006972c4b0ebB2779a8058bC29F8bE961A38f9E
Path of the secret key file: keystore/UTC--2020-04-03T14-05-27.082736558Z--40069
72c4b0ebb2779a8058bc29f8be961a38f9e

- You can share your public address with anyone. Others need it to interact with
 you.
- You must NEVER share the secret key with anyone! The key controls access to yo
ur funds!
- You must BACKUP your key file! Without the key, it's impossible to access acco
unt funds!
- You must REMEMBER your password! Without the password, it's impossible to decr
ypt the key!

john@lab:~$
```

图 11-11 添加账户 A

```
john@lab:~$ geth --datadir . account new
INFO [04-03|22:09:22.052] Maximum peer count                       ETH=50 LES=0
total=50
INFO [04-03|22:09:22.053] Smartcard socket not found, disabling    err="stat /ru
n/pcscd/pcscd.comm: no such file or directory"
Your new account is locked with a password. Please give a password. Do not forge
t this password.
Password:
Repeat password:

Your new key was generated

Public address of the key:   0xe34D82d9E203c170ba48BCc45A3c2F9251580b16
Path of the secret key file: keystore/UTC--2020-04-03T14-09-35.041555488Z--e34d8
2d9e203c170ba48bcc45a3c2f9251580b16

- You can share your public address with anyone. Others need it to interact with
 you.
- You must NEVER share the secret key with anyone! The key controls access to yo
ur funds!
- You must BACKUP your key file! Without the key, it's impossible to access acco
unt funds!
- You must REMEMBER your password! Without the password, it's impossible to decr
ypt the key!

john@lab:~$
```

图 11-12 添加账户 B

在创建账户的过程中，需要注意 3 个重要内容。

- Password 和 repeat password：要求输入并确认密码，请记住该密码。
- Public address of the key：创建的账户地址。账户地址是一个 16 进制的字符串。请记住上述两个账户的地址，在下一步中将会用到它们。
- Path of the secret key file：密钥文件的存储地址。

其他提示信息，建议有兴趣的读者仔细阅读学习。

在本次测试过程中创建了两个账户，账户的密码都为 zpzpzpzp。需要注意的是，读者创建的账户通常与编者在此处得到的账户不同，请读者在后续使用这两个账户时进行相应的替换。

账户 A：

```
Public address of the key:
   0x4006972c4b0ebB2779a8058bC29F8bE961A38f9E
Path of the secret key file:
keystore/UTC--2020-04-03T14-05-27.082736558Z--4006972c4b0ebb2779a8058bc29f8be961a38f9e
```

账户 B：

```
Public address of the key:
   0xe34D82d9E203c170ba48BCc45A3c2F9251580b16
Path of the secret key file:
keystore/UTC--2020-04-03T14-09-35.041555488Z--e34d82d9e203c170ba48bcc45a3c2f9251580b16
```

创建的两个账户的安全密钥文件位于本地的 keystore 目录下。输入如下指令：

```
john@lab:~$ ls keystore/
```

以上指令的执行效果如图 11-13 所示。

```
john@lab:~$ ls keystore/
UTC--2020-04-03T14-05-27.082736558Z--4006972c4b0ebb2779a8058bc29f8be961a38f9e
UTC--2020-04-03T14-09-35.041555488Z--e34d82d9e203c170ba48bcc45a3c2f9251580b16
john@lab:~$
```

图 11-13　查看安全密钥文件

11.4.2　部署区块链项目的具体步骤

具体步骤如下。

（1）利用 Go ethereum 自带的 puppeth 工具，部署基于以太坊的区块链项目。输入如下指令：

```
john@lab:~$ puppeth
```

以上指令的执行效果如图 11-14 所示。

```
john@lab:~$ puppeth
+-----------------------------------------------------------+
| Welcome to puppeth, your Ethereum private network manager |
|                                                           |
| This tool lets you create a new Ethereum network down to  |
| the genesis block, bootnodes, miners and ethstats servers |
| without the hassle that it would normally entail.         |
|                                                           |
| Puppeth uses SSH to dial in to remote servers, and builds |
| its network components out of Docker containers using the |
| docker-compose toolset.                                   |
+-----------------------------------------------------------+

Please specify a network name to administer (no spaces, hyphens or capital lette
rs please)
>
```

图 11-14　部署区块链项目

（2）在提示信息中，要求提供网络名称，以方便区块链项目管理。注意，网络名称中不能包含空格、连接字符、大写字母。

（3）本项目使用“3”作为网络名称，读者也可以使用其他字符串组成的名字（如 zpnet）作为网络名称。注意，在接下来的提示信息里面，显示了网络名称和网络配置文件的存储地址。本项目存储配置文件的位置在.puppeth/3 文件中。如图 11-15 所示。

（4）此时，出现 4 个提示选项。这里选择第 2 个，配置新的 genesis 信息，如图 11-16 所示。

（5）选择 genesis 的配置方式，可以是创建或者导入。这里选择第 1 个选项，如图 11-17 所示。

```
Please specify a network name to administer (no spaces, hyphens or capital lette
rs please)
> 3

Sweet, you can set this via --network=3 next time!

INFO [04-03|21:55:55.888] Administering Ethereum network            name=3
WARN [04-03|21:55:55.888] No previous configurations found          path=/home/jo
hn/.puppeth/3

What would you like to do? (default = stats)
 1. Show network stats
 2. Configure new genesis
 3. Track new remote server
 4. Deploy network components
>
```

图 11-15 指定网络名称

```
What would you like to do? (default = stats)
 1. Show network stats
 2. Configure new genesis
 3. Track new remote server
 4. Deploy network components
> 2

What would you like to do? (default = create)
 1. Create new genesis from scratch
 2. Import already existing genesis
>
```

图 11-16 配置新的 genesis 信息

```
What would you like to do? (default = create)
 1. Create new genesis from scratch
 2. Import already existing genesis
> 1

Which consensus engine to use? (default = clique)
 1. Ethash - proof-of-work
 2. Clique - proof-of-authority
>
```

图 11-17 创建新的 genesis

（6）选择共识机制，这里提供了两个选项。这两个选项都可以满足本项目的需求，界面略有不同。Ethash 选项将使用 PoW（proof of work）共识机制。Clique 选项将使用 PoA（proof of authority）共识机制。Ethash 的安全性更高。Clique 生成区块的方式更规律。

编者选择的是 Ethash（即选项 1），其执行效果如图 11-18 所示。如果读者选择 Clique（即选项 2），则需要按照接下来的“补充说明”进行设置。

```
Which consensus engine to use? (default = clique)
 1. Ethash - proof-of-work
 2. Clique - proof-of-authority
> 1

Which accounts should be pre-funded? (advisable at least one)
> 0x
```

图 11-18 选择 PoW 共识机制

补充说明：如果在这一步中选择了 Clique，则需要指定 PoA 共识机制的出块时间间隔，同时还需要指定工作矿工的账户。具体操作如下。

首先，指定创建区块的时间间隔，这里编者选择 6s。输入如下代码：

```
How many seconds should blocks take? (default = 15)
> 6
```

然后，指定工作账户。至少选择一个前面步骤中创建的账户地址（建议选择两个）。这里编者选择输入 11.4.1 小节中创建的两个账户地址。这样，当节点运行时，这些账户就都有权限进行确认。输入如下代码：

```
Which accounts are allowed to seal? (mandatory at least one)
```

```
> 0x4006972c4b0ebB2779a8058bC29F8bE961A38f9E
> 0xe34D82d9E203c170ba48BCc45A3c2F9251580b16
>
```

以上代码的执行效果如图 11-19 所示。

```
What would you like to do? (default = create)
 1. Create new genesis from scratch
 2. Import already existing genesis
> 1

Which consensus engine to use? (default = clique)
 1. Ethash - proof-of-work
 2. Clique - proof-of-authority
> 2

How many seconds should blocks take? (default = 15)
> 6

Which accounts are allowed to seal? (mandatory at least one)
> 0x4006972c4b0ebB2779a8058bC29F8bE961A38f9E
> 0xe34D82d9E203c170ba48BCc45A3c2F9251580b16
> 0x

Which accounts should be pre-funded? (advisable at least one)
> 0x
```

图 11-19 选择 PoA 共识机制

（7）设置 pre-funded 账户。在图 11-18 或者图 11-19 界面中，提示设置 pre-funded 账户。该账户里将会被预置大量以太币。需要添加至少一个 pre-funded 账户。如果之前没有创建账户，则由于当前创建网络的任务并没有完成，不能中途结束该进程，因此需要重新打开一个命令行窗口，进行新账户添加。然后，将创建的账户地址添加到光标位置。由于步骤（6）中已经创建了两个账户地址，因此可以直接添加。这两个以太坊账户地址输入完毕后，直接按 Enter 键进入下一项，如图 11-20 所示。

```
Which accounts should be pre-funded? (advisable at least one)
> 0x4006972c4b0ebB2779a8058bC29F8bE961A38f9E
> 0xe34D82d9E203c170ba48BCc45A3c2F9251580b16
> 0x

Should the precompile-addresses (0x1 .. 0xff) be pre-funded with 1 wei? (advisab
le yes)
>
```

图 11-20 设置 pre-funded 账户

（8）是否充值。此时提示信息询问，是否对所有预编译地址充入 1wei 的以太币。wei 是以太币度量单位。如果选 yes，那么从 0x00 到 0xff 的所有地址都会预置 1wei 的以太币。这里为了向读者展示另一个可选项结果，输入 no，执行效果如图 11-21 所示。

```
Should the precompile-addresses (0x1 .. 0xff) be pre-funded with 1 wei? (advisab
le yes)
> no

Specify your chain/network ID if you want an explicit one (default = random)
>
```

图 11-21 是否为所有预编译账户预置 1wei 以太币

（9）指定网络 ID。如果直接按 Enter 键，则会随机生成网络 ID，这里编者输入 2020，执行效果如图 11-22 所示。

（10）至此，区块链项目的创世块（genesis）创建成功，所有配置已写入~/.puppeth/1 这个文件中。此时，提示界面中的菜单选项与图 11-15 所示的菜单选项非常类似。需要注意的是，第二个选项发生了变化，原来是：

```
2. Configure new genesis
```

现在变成了：

```
2. Manage existing genesis
```

这代表网络的 genesis 文件创建成功。

```
Specify your chain/network ID if you want an explicit one (default = random)
> 2020
INFO [04-03|22:48:53.982] Configured new genesis block

What would you like to do? (default=stats)
 1. Show network stats
 2. Manage existing genesis
 3. Track new remote server
 4. Deploy network components
>
```

图 11-22 genesis 创建成功

选择 2，可以进行现有的 genesis 文件管理操作，执行效果如图 11-23 所示。

```
What would you like to do? (default=stats)
 1. Show network stats
 2. Manage existing genesis
 3. Track new remote server
 4. Deploy network components
> 2

 1. Modify existing configurations
 2. Export genesis configurations
 3. Remove genesis configuration
>
```

图 11-23 管理现有的 genesis 文件

（11）图 11-23 中存在 3 个选项，分别是修改、导出和删除。这里输入 2，导出 genesis 文件，执行效果如图 11-24 所示。

```
 1. Modify existing configurations
 2. Export genesis configurations
 3. Remove genesis configuration
> 2

Which folder to save the genesis specs into? (default=current)
  Will create 3.json, 3-aleth.json, 3-harmony.json, 3-parity.json
>
```

图 11-24 导出 genesis 文件

（12）系统提示选择文件保存路径，输入 genesis 命令。若按 Enter 键，则默认保存在当前目录下。执行效果如图 11-25 所示。

```
Which folder to save the genesis specs into? (default=current)
  Will create 3.json, 3-aleth.json, 3-harmony.json, 3-parity.json
> genesis
INFO [04-22|07:12:49.853] Saved native genesis chain spec           path=genesis/
3.json
INFO [04-22|07:12:49.854] Saved genesis chain spec                  client=aleth
path=genesis/3-aleth.json
INFO [04-22|07:12:49.854] Saved genesis chain spec                  client=parity
 path=genesis/3-parity.json
INFO [04-22|07:12:49.855] Saved genesis chain spec                  client=harmon
y path=genesis/3-harmony.json

What would you like to do? (default=stats)
 1. Show network stats
 2. Manage existing genesis
 3. Track new remote server
 4. Deploy network components
>
```

图 11-25 指定 genesis 文件保存路径（PoW）

补充说明：

如果在图 11-18 中选择的是 2，也就是共识机制选择了 PoA，则此时最后一步导出的界面会略有不同，如图 11-26 所示。

```
Which folder to save the genesis specs into? (default=current)
  Will create 2.json, 2-aleth.json, 2-harmony.json, 2-parity.json
> genesis
INFO [04-22|07:45:20.175] Saved native genesis chain spec          path=genesis/2.json
ERROR[04-22|07:45:20.175] Failed to create Aleth chain spec        err="unsupported conse
nsus engine"
ERROR[04-22|07:45:20.175] Failed to create Parity chain spec       err="unsupported conse
nsus engine"
INFO [04-22|07:45:20.175] Saved genesis chain spec                 client=harmony path=ge
nesis/2-harmony.json

What would you like to do? (default=stats)
 1. Show network stats
 2. Manage existing genesis
 3. Track new remote server
 4. Deploy network components
> 
```

图 11-26　指定 genesis 文件保存路径（PoA）

但接下来出现的菜单与之前见到的完全一致，这样也方便用户进行其他操作。这里暂时没有其他操作，可以按 Ctrl+C 组合键（进行输入）以退出 puppeth 程序，执行效果如图 11-27 所示。

```
What would you like to do? (default=stats)
 1. Show network stats
 2. Manage existing genesis
 3. Track new remote server
 4. Deploy network components
> ^C
```

图 11-27　退出 puppeth 程序

在本小节中，导出的文件位于当前路径下。这是一个 JSON 格式的文件，可以查看其内容，相关指令和执行效果如图 11-28 所示。

```
john@lab:~$ ls
公共的   视频   文档   音乐   genesis
模板     图片   下载   桌面   go1.10.1.linux-amd64.tar.gz
john@lab:~$ ls genesis/
3-aleth.json  3-harmony.json  3.json  3-parity.json
john@lab:~$ head genesis/3.json
{
  "config": {
    "chainId": 2020,
    "homesteadBlock": 0,
    "eip150Block": 0,
    "eip150Hash": "0x000000000000000000000000000000000000000000000000000000000000
00000",
    "eip155Block": 0,
    "eip158Block": 0,
    "byzantiumBlock": 0,
    "constantinopleBlock": 0,
john@lab:~$
```

图 11-28　查看导出的配置文件

在本小节中创建的网络配置文件位于.puppeth 目录下的“3”文件中，如图 11-29 所示。这其实也是一个 JSON 格式的的配置文件，该文件与导出的配置文件内容类似。如有需要，可以查看其内容，相关指令和执行效果如图 11-30 所示。

```
john@lab:~$ ls .puppeth/
3
john@lab:~$ 
```

图 11-29　查看网络配置文件

```
john@lab:~$ head .puppeth/3
{
  "genesis": {
    "config": {
      "chainId": 2020,
      "homesteadBlock": 0,
      "eip150Block": 0,
      "eip150Hash": "0x0000000000000000000000000000000000000000000000000000000000000000",
      "eip155Block": 0,
      "eip158Block": 0,
      "byzantiumBlock": 0,
john@lab:~$
```

图 11-30　查看网络配置文件内容

11.4.3　创建工作目录

创建工作目录，用于保存块数据和钱包文件。输入如下指令：

```
john@lab:~$ ls
john@lab:~$ sudo mkdir /data          #创建工作目录
john@lab:~$ sudo mv genesis /data   #将块数据移动到工作目录
john@lab:~$ ls /data/genesis
```

以上指令的执行效果如图 11-31 所示。

```
john@lab:~$ ls
公共的  视频  文档  音乐  genesis
模板    图片  下载  桌面  go1.10.1.linux-amd64.tar.gz
john@lab:~$ sudo mkdir /data
john@lab:~$ sudo mv genesis /data
john@lab:~$
john@lab:~$ ls /data/genesis
3-aleth.json  3-harmony.json  3.json  3-parity.json
john@lab:~$ _
```

图 11-31　创建工作目录

11.4.4　初始化区块链项目

输入如下指令，生成创世块，完成初始化。

```
john@lab:~$ sudo geth --datadir /data/ init /data/genesis/3.json
```

以上指令的执行效果如图 11-32 所示。

```
john@lab:~$ sudo geth --datadir /data/ init /data/genesis/3.json
INFO [04-22|07:22:18.359] Maximum peer count                       ETH=50 LES=0 total=50
INFO [04-22|07:22:18.360] Smartcard socket not found, disabling    err="stat /run/pcscd/pcscd.comm: no such file or directory"
INFO [04-22|07:22:18.362] Allocated cache and file handles         database=/data/geth/chaindata cache=16.00MiB handles=16
INFO [04-22|07:22:18.370] Writing custom genesis block
INFO [04-22|07:22:18.371] Persisted trie from memory database      nodes=3 size=455.00B time=68.602µs gcnodes=0 gcsize=0.00B gctime=0s livenodes=1 livesize=0.00B
INFO [04-22|07:22:18.371] Successfully wrote genesis state         database=chaindata           hash=e63ad4…2d9240
INFO [04-22|07:22:18.372] Allocated cache and file handles         database=/data/geth/lightchaindata cache=16.00MiB handles=16
INFO [04-22|07:22:18.380] Writing custom genesis block
INFO [04-22|07:22:18.381] Persisted trie from memory database      nodes=3 size=455.00B time=224.433µs gcnodes=0 gcsize=0.00B gctime=0s livenodes=1 livesize=0.00B
INFO [04-22|07:22:18.381] Successfully wrote genesis state         database=lightchaindata           hash=e63ad4…2d9240
john@lab:~$
```

图 11-32　初始化区块链项目

geth 的选项参数有很多，使用 geth -help 命令可获得详细信息。

11.5 运行维护区块链项目

本节基于上一节部署的区块链项目，介绍区块链项目运行维护等的基本操作。

11.5.1 运行维护实例概述

运行维护主要有 3 部分内容：其一是交互界面与操作；其二是进程监测；其三是日志监测。为了完成本次实验，编者将同时打开 3 个终端连接，相关指令及执行效果如图 11-33 所示。其中，左侧窗口用于进程监测，中间窗口是交互界面，右侧窗口用于日志监测。对于这 3 个窗口，在后续操作过程中，将会对它们进行详细讲解。

```
INFO [04-22|08:11
elapsed=13m15.820
INFO [04-22|08:11
535…f3c15b hash=9
INFO [04-22|08:11
…e8f540
INFO [04-22|08:11
…edf412
INFO [04-22|08:11
ec4…b748c7 uncles
INFO [04-22|08:11
ec4…b748c7 hash=7
INFO [04-22|08:11
…6998b3
INFO [04-22|08:11
…758848
INFO [04-22|08:11
6c1…73f04b uncles
INFO [04-22|08:11
elapsed=13m36.771
INFO [04-22|08:12
elapsed=13m56.840
INFO [04-22|08:12
elapsed=14m16.597
INFO [04-22|08:12
6c1…73f04b hash=1
INFO [04-22|08:12
…e3d85c
INFO [04-22|08:12
…fe90f4
INFO [04-22|08:12
705…b40836 uncles
```

```
0
> eth.blockNumbe
12
> eth.blockNumbe
13
>
> eth.blockNumbe
13
> eth.blockNumbe
24
> web3.fromWei(e
82
> eth.blockNumbe
41
> web3.fromWei(e
82
> web3.fromWei(e
86
> eth.blockNumbe
44
> eth.coinbase
"0x9759646032e4a
> eth.accounts
["0x9759646032e4
>
>
> eth.coinbase
"0x9759646032e4a
>
> eth.accounts
["0x9759646032e4
>
>
```

```
top - 08:12:24 up  1:52,  3 users,  load average: 1.29, 1.27, 1.07
任务:     total,     running,     sleeping,     stopped,     zombie
%Cpu(s):     us,     sy,     ni,     id,     wa,     hi,     si,     st
MiB Mem :          total,          free,          used,          buff/cache
MiB Swap:          total,          free,          used.          avail Mem

进程 USER      PR  NI    VIRT    RES    SHR    %CPU  %MEM     TIME+ COMMAND

  172 root      20   0       0      0      0 I  0.3   0.0   0:05.28 kworker/0:2-events
 5461 john      20   0   13284   4484   3456 S  0.3   0.1   0:01.66 sshd

    1 root      20   0  167204   9112   6824 S  0.0   0.3   0:03.01 systemd
    2 root      20   0       0      0      0 S  0.0   0.0   0:00.00 kthreadd
    3 root       0 -20       0      0      0 I  0.0   0.0   0:00.00 rcu_gp
    4 root       0 -20       0      0      0 I  0.0   0.0   0:00.00 rcu_par_gp
    6 root       0 -20       0      0      0 I  0.0   0.0   0:00.00 kworker/0:0H-kbloc+
    9 root       0 -20       0      0      0 I  0.0   0.0   0:00.00 mm_percpu_wq
   10 root      20   0       0      0      0 S  0.0   0.0   0:00.52 ksoftirqd/0
   11 root      20   0       0      0      0 I  0.0   0.0   0:01.44 rcu_sched
   12 root      rt   0       0      0      0 S  0.0   0.0   0:00.05 migration/0
   13 root     -51   0       0      0      0 S  0.0   0.0   0:00.00 idle_inject/0
   14 root      20   0       0      0      0 S  0.0   0.0   0:00.00 cpuhp/0
   15 root      20   0       0      0      0 S  0.0   0.0   0:00.00 kdevtmpfs
   16 root       0 -20       0      0      0 I  0.0   0.0   0:00.00 netns
   17 root      20   0       0      0      0 S  0.0   0.0   0:00.00 rcu_tasks_kthre
   18 root      20   0       0      0      0 S  0.0   0.0   0:00.00 kauditd
   19 root      20   0       0      0      0 S  0.0   0.0   0:00.00 khungtaskd
   20 root      20   0       0      0      0 S  0.0   0.0   0:00.00 oom_reaper
   21 root       0 -20       0      0      0 I  0.0   0.0   0:00.00 writeback
   22 root      20   0       0      0      0 S  0.0   0.0   0:00.00 kcompactd0
   23 root      25   5       0      0      0 S  0.0   0.0   0:00.00 ksmd
   24 root      39  19       0      0      0 S  0.0   0.0   0:01.87 khugepaged
  116 root       0 -20       0      0      0 I  0.0   0.0   0:00.00 kintegrityd
```

图 11-33 运行维护实例概览

11.5.2 启动区块链项目交互界面

通过 geth 命令，开启与区块链项目的交互过程。

打开一个终端连接，输入如下指令：

```
john@lab:~$ sudo geth --datadir /data/ --nodiscover console 2>>geth.log
```

以上指令的执行效果如图 11-34 所示。

```
john@lab:~$ sudo geth --datadir /data/ --nodiscover console 2>>geth.log
Welcome to the Geth JavaScript console!

instance: Geth/v1.9.12-stable-b6f1c8dc/linux-amd64/go1.13.8
at block: 0 (Fri Apr 03 2020 21:59:26 GMT+0800 (CST))
 datadir: /data
 modules: admin:1.0 debug:1.0 eth:1.0 ethash:1.0 miner:1.0 net:1.0 personal:1.0 rpc:1.0 t
xpool:1.0 web3:1.0

>
```

图 11-34 启动区块链项目交互界面

11.5.3 区块链项目的运行与维护

1. 创建账户

因为系统默认是没有账户的，所以需要创建账户，为后续启动区块链做准备。创建账户的命令为

personal.newAccount("xxxx")。将 xxx 换成自己想设置的密码即可。

输入如下指令：

```
> personal.newAccount("zpzpzpzp")
```

以上指令的执行效果如图 11-35 所示。

```
>
> personal.newAccount("zpzpzpzp")
"0x9759646032e4afc7c0bc0db432569625aa531be2"
>
```

图 11-35 创建账户

本次操作生成了一个以 0x9759646032e4afc7c0bc0db432569625aa531be2 为地址的账户。

2. 启动区块链

输入如下指令：

```
miner.start(3)
```

其中 3 为线程数。以上指令的执行效果如图 11-36 所示。

```
> miner.start(3)

>
> eth.blockNumber
0
```

图 11-36 启动区块链

3. 查看区块高度

输入如下指令：

```
eth.blockNumber
```

以上指令的执行效果如图 11-37 所示。目前区块高度为 0。

```
> miner.start(3)

>
> eth.blockNumber
0
> eth.blockNumber
0
> eth.blockNumber
12
> eth.blockNumber
13
>
> eth.blockNumber
13
> eth.blockNumber
24
>
```

图 11-37 查看区块高度

如果是第一次运行，则由于需要进行初始化操作，等待时间较长。以编者本次测试的机器（笔记本电脑：i5-7200u CPU、8GB 内存）为例，大约耗时 10min 才生成了第一个区块。不过，以后创建每个区块所需的时间将大大缩短。

4. 查看账户收益

查看账户收益，默认收益地址为第一个地址，输入如下指令：

```
web3.fromWei(eth.getBalance(eth.accounts[0]),'ether')
```

以上指令的执行效果如图 11-38 所示。

5. 查看账户收益地址

输入如下指令：

```
eth.coinbase
```

以上指令的执行效果如图 11-39 所示。

```
> web3.fromWei(eth.getBalance(eth.accounts[0]),'ether')
82
> eth.blockNumber
41
> web3.fromWei(eth.getBalance(eth.accounts[0]),'ether')
82
> web3.fromWei(eth.getBalance(eth.accounts[0]),'ether')
86
> eth.blockNumber
44
```

图 11-38　查看账户收益

```
> eth.coinbase
"0x9759646032e4afc7c0bc0db432569625aa531be2"
>
```

图 11-39　查看账户收益地址

通过 miner.setEtherbase(address)指令可以指定收益地址。

6. 查看所有账户

使用 eth.accounts 指令查看现有账户。输入如下指令：

```
eth.accounts
```

以上指令的执行效果如图 11-40 所示。

```
> eth.accounts
["0x9759646032e4afc7c0bc0db432569625aa531be2"]
>
```

图 11-40　查看所有账户

11.5.4　区块链平台进程监测

打开一个新的终端或者连接。

输入如下指令：

```
top
```

以上指令的执行效果如图 11-41 所示。

```
top - 07:51:54 up  1:31,  2 users,  load average: 1.15, 0.62, 0.31
任务:      total,      running,      sleeping,      stopped,      zombie
%Cpu(s):       us,       sy,       ni,       id,       wa,       hi,       si,       st
MiB Mem :          total,          free,          used,          buff/cache
MiB Swap:          total,          free,          used.          avail Mem

 进程 USER      PR  NI    VIRT    RES    SHR    %CPU  %MEM     TIME+ COMMAND
 5238 root      20   0 2740852 690220 383192 S  99.7  22.6   2:50.71 geth
   11 root      20   0       0      0      0 I   0.3   0.0   0:01.23 rcu_sched
 5461 john      20   0   13284   6408   5252 S   0.3   0.2   0:00.02 sshd
    1 root      20   0  167204  11268   8112 S   0.0   0.4   0:02.99 systemd
    2 root      20   0       0      0      0 S   0.0   0.0   0:00.00 kthreadd
    3 root       0 -20       0      0      0 I   0.0   0.0   0:00.00 rcu_gp
    4 root       0 -20       0      0      0 I   0.0   0.0   0:00.00 rcu_par_gp
    6 root       0 -20       0      0      0 I   0.0   0.0   0:00.00 kworker/0:0H-kbloc+
    9 root       0 -20       0      0      0 I   0.0   0.0   0:00.00 mm_percpu_wq
   10 root      20   0       0      0      0 S   0.0   0.0   0:00.36 ksoftirqd/0
   12 root      rt   0       0      0      0 S   0.0   0.0   0:00.04 migration/0
   13 root     -51   0       0      0      0 S   0.0   0.0   0:00.00 idle_inject/0
   14 root      20   0       0      0      0 S   0.0   0.0   0:00.00 cpuhp/0
   15 root      20   0       0      0      0 S   0.0   0.0   0:00.00 kdevtmpfs
   16 root       0 -20       0      0      0 I   0.0   0.0   0:00.00 netns
   17 root      20   0       0      0      0 S   0.0   0.0   0:00.00 rcu_tasks_kthre
   18 root      20   0       0      0      0 S   0.0   0.0   0:00.00 kauditd
   19 root      20   0       0      0      0 S   0.0   0.0   0:00.00 khungtaskd
   20 root      20   0       0      0      0 S   0.0   0.0   0:00.00 oom_reaper
```

图 11-41　区块链平台进程监测

图 11-41 中显示了一个 geth 进程，表明该区块链已经开始工作了。geth 进程的资源消耗巨大，CPU 占用率达 99.7%。

11.5.5 区块链平台日志监测

打开一个新的终端或者连接。输入如下指令：

```
john@lab:~$ tail -f geth.log
```

以上指令的执行效果如图 11-42 所示。第一次使用，如果是普通机器，须等待较长时间。图 11-42 显示，目前已耗时约 4min33s，刚处理完 52%，请耐心等待。

```
john@lab:~$ tail -f geth.log
INFO [04-22|07:53:11.150] Generating DAG in progress              epoch=0 percentage=48
elapsed=4m12.034s
INFO [04-22|07:53:16.362] Generating DAG in progress              epoch=0 percentage=49
elapsed=4m17.246s
INFO [04-22|07:53:21.878] Generating DAG in progress              epoch=0 percentage=50
elapsed=4m22.762s
INFO [04-22|07:53:27.771] Generating DAG in progress              epoch=0 percentage=51
elapsed=4m28.655s
INFO [04-22|07:53:32.941] Generating DAG in progress              epoch=0 percentage=52
elapsed=4m33.825s
```

图 11-42 日志监测之初始化阶段

本次初始化，耗时大约 10min。初始化完成后，界面内容发生变化。读者可注意到图 11-43 所示界面中的小锤子图标。这就表明“小矿工”在工作了。

```
INFO [04-22|07:58:04.332] Generating ethash verification cache    epoch=1 percentage=99
elapsed=3.052s
INFO [04-22|07:58:09.943] Successfully sealed new block           number=1 sealhash=9339
d6…b0edb5 hash=500885…86fafa elapsed=9m11.561s
INFO [04-22|07:58:09.943] 🔨 mined potential block                 number=1 hash=500885…
86fafa
INFO [04-22|07:58:09.959] Commit new mining work                  number=2 sealhash=f627
8f…1857a0 uncles=0 txs=0 gas=0 fees=0 elapsed=246.77µs
INFO [04-22|07:58:27.664] Generating DAG in progress              epoch=1 percentage=0
elapsed=23.390s
INFO [04-22|07:58:46.455] Successfully sealed new block           number=2 sealhash=f627
8f…1857a0 hash=c589b6…7e76e4 elapsed=36.496s
INFO [04-22|07:58:46.456] 🔨 mined potential block                 number=2 hash=c589b6…
```

图 11-43 日志监测之初始化完成

等待一段时间，界面内容会更加丰富，如图 11-44 所示。由于已经超出本课程的知识范围，这里不再展开。

```
INFO [04-22|08:02:18.038] Generating DAG in progress              epoch=1 percentage=11
elapsed=4m13.764s
INFO [04-22|08:02:20.327] Successfully sealed new block           number=15 sealhash=675
93c…88500d hash=b01f26…db26b3 elapsed=25.085s
INFO [04-22|08:02:20.329] 🔗 block reached canonical chain         number=8  hash=4953b9
…ae9600
INFO [04-22|08:02:20.330] 🔨 mined potential block                 number=15 hash=b01f26
…db26b3
INFO [04-22|08:02:20.349] Commit new mining work                  number=16 sealhash=f26
bdc…d5ecad uncles=0 txs=0 gas=0 fees=0 elapsed=226.288µs
INFO [04-22|08:02:21.824] Successfully sealed new block           number=16 sealhash=f26
bdc…d5ecad hash=f67cb4…d2418c elapsed=1.474s
INFO [04-22|08:02:21.824] 🔗 block reached canonical chain         number=9  hash=9a3d4e
…5e1289
INFO [04-22|08:02:21.824] 🔨 mined potential block                 number=16 hash=f67cb4
…d2418c
INFO [04-22|08:02:21.825] Commit new mining work                  number=17 sealhash=c02
9da…4cffd1 uncles=0 txs=0 gas=0 fees=0 elapsed=110.348µs
```

图 11-44 日志监测之区块链正常运行阶段

11.6 代表性的区块链应用实例

本章内容是区块链应用的核心。开发一个完整的区块链应用项目，还涉及区块链底层优化、智能合约开发、应用层开发等内容，这已经超出了本课程的知识范畴。区块链的应用场景十分广泛，下面列举不同领域内代表性的区块链应用项目，供读者参考。

- 创业投资：The DAO 的目标是为商/企业和非营利机构创建新的“去中心化”营业模式。The Rudimental 的目标是让独立艺术家能够在区块链上进行众筹。
- 版权授予：Ujo Music 帮助创作人用智能合约发布音乐，消费者可以直接付费给创作人。
- 智能电网：TransActive Grid 可以实现用户向邻居买卖能源的功能。
- 汇率：DigixDAO 提供与黄金挂钩的代币，Decentralized Capital 提供与各种货币挂钩的代币。
- 物联网：Chronicled 开发了基于以太坊的实物资产验证平台。Slock.It 开发的智能锁可以在付费后自动打开，让用户在付费后可以帮电动车充电或者打开租屋的房门。

其他领域的项目实例还包括面向移动支付领域的 Everex、面向社会经济领域的 Backfeed、面向市场预测的 Augur、面向期权市场的 Etheropt、面向虚拟宝物交易的 FreeMyVunk 等。

11.7 本章小结

本章以实例形式对 Ubuntu 环境下的以太坊区块链平台的搭建，以及区块链项目的部署、运行维护等过程进行了详细介绍。本章的目的在于展示 Linux 在区块链方面的前沿应用。

习 题 11

1. 简述区块链的含义。
2. 常见的区块链分类标准有哪些?
3. 目前有影响力的区块链项目有哪些?
4. 简述 Ubuntu 环境下部署以太坊区块链项目的基本流程。
5. 调研区块链的具体应用实例。

CHAPTER12

第12章 大数据

大数据是 Linux 操作系统代表性的应用场景之一。大数据平台的核心部分通常部署在服务器端，而 Linux 是服务器端重要的操作系统之一。本章将以 Ubuntu 为基础，介绍大数据平台的部署和使用。考虑到大多数读者使用的都是桌面操作系统，且只有一台计算机，因此本章所选择的实例都可以在一台配置有桌面版 Ubuntu 操作系统的计算机中完成。

12.1 大数据概述

大数据已经成为信息技术行业的流行词汇之一。大数据技术的出现是多种因素相互作用的结果。网络技术的飞速发展与智能设备的持续普及是大数据快速增长的重要因素。智能设备的普及、存储设备性能的提高和网络带宽的扩增，为大数据的存储和流通提供了物质基础。云计算技术将分散的数据集中在数据中心，使处理和分析海量数据成为可能。各行业都开始重视数据的价值，数据逐渐成为现代社会发展的资源。数据资源化是大数据诞生的直接驱动力。我们即将从“科技即生产力”的时代迈向“数据即生产力”的时代。

大数据具有如下 4 个特点：数据量大（volume）、数据类型多（variety）、处理速度快（velocity）和价值密度低（value），简称 4V。随着信息技术的高速发展，数据开始爆发性增长。当今社会，数据量急剧增大，PB、EB 级别的数据量早已屡见不鲜。数据来源的广泛性决定了大数据类型的多样性。大数据的产生非常迅速，网络上的海量用户每天都在向网络提供海量数据。商业社会瞬息万变，数据的价值也会随着时间的推移而消减，因此，有必要对数据进行及时处理。价值密度低是大数据的核心特征。在现实世界所产生的数据中，有价值的数据所占比例很小。相比于传统的小数据，大数据最大的价值在于通过从大量不相关的各种类型的数据中，挖掘出对未来发展趋势与模式预测分析有价值的数据。

12.2 大数据核心技术介绍

12.2.1 Hadoop

Hadoop 是一个由 Apache 基金会所开发的分布式系统基础架构。基于 Hadoop，用户可以在不了解分布式系统底层细节的情况下，开发分布式程序，并充分利用集群的威力进行高速运算与存储。Hadoop 的核心元素包括：HDFS（Hadoop distributed file system）和 MapReduce。HDFS 为海量数据提供了存储技术，而 MapReduce 则提供了计算模型。

12.2.2 HDFS

HDFS 位于 Hadoop 的底层，它用于存储 Hadoop 集群中所有存储节点上的文件。对外部客户机而言，HDFS 就像一个传统的分级文件系统，可以执行创建、删除、移动或重命名文件等操作。HDFS 是一个高度容错性的系统，适合部署在廉价的机器上。HDFS 能提供高吞吐量的数据访问，非常适合大规模数据集上的应用。HDFS 放宽了 POSIX 约束，以实现流式读取文件系统数据。

HDFS 基于一组特定的节点构建而成，这些节点包括 NameNode 和 DataNode。NameNode 为 HDFS 提供元数据服务，DataNode 为 HDFS 提供存储块。Hadoop 集群通常包含一个 NameNode 和大量 DataNode。

12.2.3 MapReduce

MapReduce 是一种编程模型，常用于大规模数据集（大于 1TB）的并行运算。MapReduce 是进行离线大数据处理时常用的计算模型。MapReduce 引擎位于 HDFS 的上一层，该引擎由 JobTrackers 和 TaskTrackers 组成。MapReduce 对计算过程进行了很好的封装。通常只需要使用 Map 和 Reduce 函数，这极大地方便了编程人员。

12.3 大数据基础环境准备

在大数据平台配置过程中需要一些基础环境模块的支持，其中必不可少的是 Java 语言开发环境。如果要远程启动和停止脚本，则还必须安装 SSH 服务器并运行 sshd 命令，这样才能使用管理远程 Hadoop 守护进程的脚本。

12.3.1 更新软件包信息

我们将使用 apt 工具安装 Hadoop 相关的基础环境软件包。在安装或更新软件包之前，需要更新系统缓存中的软件包信息。如果没更新，则可能会导致一些软件安装不了。执行如下指令：

```
zp@lab:~$ sudo apt update
```

12.3.2 安装配置 Java 环境

1. Java 版本要求

Hadoop 2.7 及其更高版本需要 Java 7。Hadoop 的早期版本（2.6 及更早版本）支持 Java 6。

读者既可以选择安装 OpenJDK，也可以选择安装 Oracle 的 JDK/JRE。在本书中，我们选择安装 OpenJDK。

2. 安装 OpenJDK

输入如下指令：

```
zp@lab:~$ sudo apt-get install openjdk-8-jre openjdk-8-jdk
```

以上指令的执行效果如图 12-1 所示。

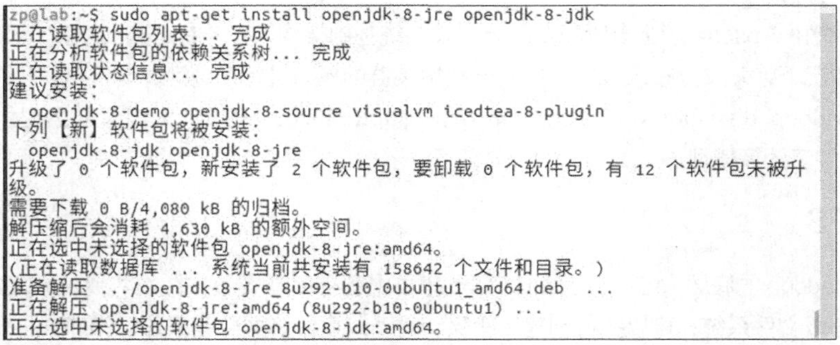

```
zp@lab:~$ sudo apt-get install openjdk-8-jre openjdk-8-jdk
正在读取软件包列表... 完成
正在分析软件包的依赖关系树... 完成
正在读取状态信息... 完成
建议安装:
  openjdk-8-demo openjdk-8-source visualvm icedtea-8-plugin
下列【新】软件包将被安装:
  openjdk-8-jdk openjdk-8-jre
升级了 0 个软件包，新安装了 2 个软件包，要卸载 0 个软件包，有 12 个软件包未被升
级。
需要下载 0 B/4,080 kB 的归档。
解压缩后会消耗 4,630 kB 的额外空间。
正在选中未选择的软件包 openjdk-8-jre:amd64。
(正在读取数据库 ... 系统当前共安装有 158642 个文件和目录。)
准备解压 .../openjdk-8-jre_8u292-b10-0ubuntu1_amd64.deb  ...
正在解压 openjdk-8-jre:amd64 (8u292-b10-0ubuntu1) ...
正在选中未选择的软件包 openjdk-8-jdk:amd64。
```

图 12-1 安装 OpenJDK

安装完成后，输入如下指令，验证 Java 是否安装成功。

```
zp@lab:~$ java -version
```

以上指令的执行效果如图 12-2 所示。

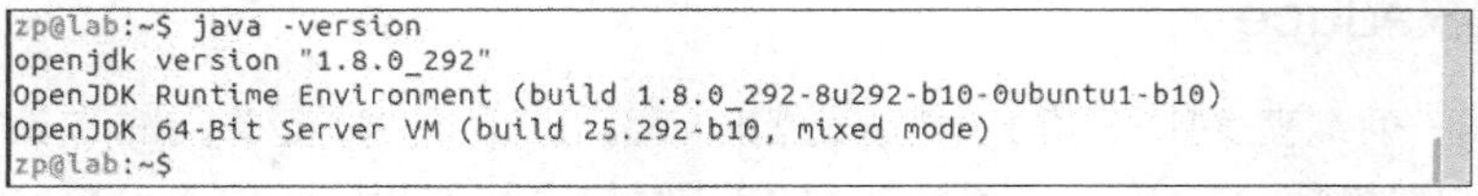

```
zp@lab:~$ java -version
openjdk version "1.8.0_292"
OpenJDK Runtime Environment (build 1.8.0_292-8u292-b10-0ubuntu1-b10)
OpenJDK 64-Bit Server VM (build 25.292-b10, mixed mode)
zp@lab:~$
```

图 12-2 验证 Java 是否安装成功

如果出现类似于图 12-2 的提示信息，则通常表明安装成功。此时，读者可跳过本小节接下来的内容，直接进行后续安装配置。

3. 配置 Java 环境

如果没有出现图 12-2 所示的提示信息，则通常还需要进行环境变量配置。读者可以按照以下步骤进行环境变量配置。

（1）查看 OpenJDK 的安装路径。该安装路径信息将用于配置环境变量 JAVA_HOME。输入如下指令：

```
zp@lab:~$ dpkg -L openjdk-8-jdk | grep '/bin'
```

以上指令的执行效果如图 12-3 所示。

```
zp@lab:~$ dpkg -L openjdk-8-jdk | grep '/bin'
/usr/lib/jvm/java-8-openjdk-amd64/bin
/usr/lib/jvm/java-8-openjdk-amd64/bin/appletviewer
/usr/lib/jvm/java-8-openjdk-amd64/bin/jconsole
zp@lab:~$
```

图 12-3　查看安装路径

该指令执行成功后，会输出一个或者多个包含 bin 字段的路径。除去路径末尾的 bin，剩下的就是正确的路径。如输出路径为“/usr/lib/jvm/java-8-openjdk-amd64/bin”，则我们需要的路径为“/usr/lib/jvm/java-8-openjdk-amd64/”。

（2）配置 JAVA_HOME 环境变量。为方便起见，直接在~/.bashrc 中进行设置。输入如下指令，打开配置文件。

```
zp@lab:~$ vim ~/.bashrc
```

如果读者的计算机还未安装 vim，则可以使用 gedit 进行代替，或者输入如下指令安装 vim。

```
zp@lab:~$ sudo apt install vim
```

待 vim 安装成功后，使用命令“vim ~/.bashrc”进行环境变量配置。在打开的文件“~/.bashrc”中添加如下代码，并将该行代码等号右侧的内容改为上一步得到的 JDK 安装路径，然后保存（注意“=”号前后不能有空格）。

```
export JAVA_HOME=/usr/lib/jvm/java-8-openjdk-amd64/
```

以上指令的执行效果如图 12-4 所示。读者的执行效果可能与图 12-4 并不完全相同。例如，读者系统中的文件“~/.bashrc”可能并不存在，此时使用 vim 工具编辑“~/.bashrc”文件，实质上是新建该文件，因此内容为空。读者直接添加上述一行配置代码即可。

```
if ! shopt -oq posix; then
  if [ -f /usr/share/bash-completion/bash_completion ]; then
    . /usr/share/bash-completion/bash_completion
  elif [ -f /etc/bash_completion ]; then
    . /etc/bash_completion
  fi
fi

export JAVA_HOME=/usr/lib/jvm/java-8-openjdk-amd64/
```

图 12-4　配置环境变量 JAVA_HOME

（3）使该环境变量生效。输入如下指令：

```
zp@lab:~$ source ~/.bashrc
```

以上指令的执行效果如图 12-5 所示。

```
zp@lab:~$ vim ~/.bashrc
zp@lab:~$
zp@lab:~$ source ~/.bashrc
zp@lab:~$
```

图 12-5　使环境变量生效

配置完成后，输入如下指令，检验配置是否正确。

```
zp@lab:~$ echo $JAVA_HOME                    #检验变量值
zp@lab:~$ java -version
zp@lab:~$ $JAVA_HOME/bin/java -version       #输出与前一条指令相同
```

如果配置正确，则$JAVA_HOME/bin/java -version 会输出 Java 的版本信息，且和 java -version 的输出结果一样。至此，我们已经成功安装并配置了 Java 环境。

12.3.3 安装配置 SSH

由于集群和单节点模式都需要用到 SSH 登录方式，因此我们需要安装和配置 SSH。Ubuntu 默认只安装了 SSH 客户端，读者还需要安装 SSH 服务器端。输入如下指令以开始 SSH 服务器端的安装。

```
zp@lab:~$ sudo apt-get install openssh-server
```

安装后，可以使用如下指令登录本地计算机，其执行效果如图 12-6 所示。

```
zp@lab:~$ ssh localhost
```

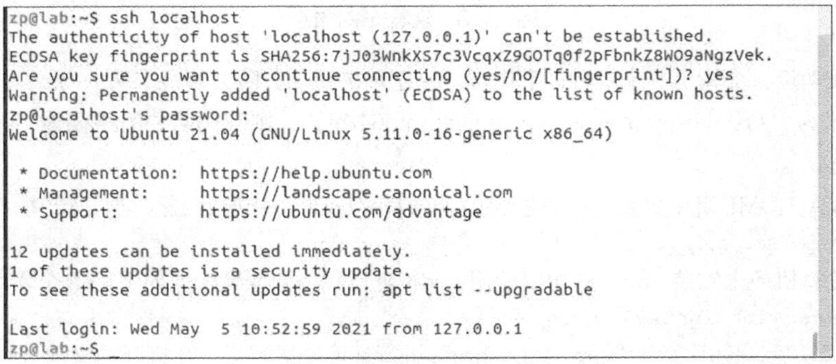

```
zp@lab:~$ ssh localhost
The authenticity of host 'localhost (127.0.0.1)' can't be established.
ECDSA key fingerprint is SHA256:7jJ03WnkXS7c3VcqxZ9GOTq0f2pFbnkZ8WO9aNgzVek.
Are you sure you want to continue connecting (yes/no/[fingerprint])? yes
Warning: Permanently added 'localhost' (ECDSA) to the list of known hosts.
zp@localhost's password:
Welcome to Ubuntu 21.04 (GNU/Linux 5.11.0-16-generic x86_64)

 * Documentation:  https://help.ubuntu.com
 * Management:     https://landscape.canonical.com
 * Support:        https://ubuntu.com/advantage

12 updates can be installed immediately.
1 of these updates is a security update.
To see these additional updates run: apt list --upgradable

Last login: Wed May  5 10:52:59 2021 from 127.0.0.1
zp@lab:~$
```

图 12-6　登录本地计算机

首次使用 SSH 登录时，会输出类似于图 12-6 中第 2～4 行的提示信息，并暂停运行。此时，读者需要输入 yes，并按 Enter 键确认。然后，根据提示输入密码，即可远程登录本地计算机。

到目前为止，读者每次登录系统，都需要输入密码，这给后续操作带来了不便。我们可以将 SSH 配置成无密码登录，具体操作步骤如下。

（1）退出刚才的 SSH 本地连接，进入“~/.ssh/”目录。输入如下指令：

```
zp@lab:~$ exit
zp@lab:~$ cd .ssh/
```

以上指令的执行效果如图 12-7 所示。此时若提示没有该目录，则请重新执行一次 ssh localhost 指令。

```
zp@lab:~$ exit
注销
Connection to localhost closed.
zp@lab:~$ cd .ssh/
zp@lab:~/.ssh$ ls
known_hosts
zp@lab:~/.ssh$
```

图 12-7　切换到指定目录

（2）利用 ssh-keygen 生成密钥。执行如下指令：

```
zp@lab:~/.ssh$ ssh-keygen -t rsa -P '' -f ~/.ssh/id_rsa
```

以上指令的执行效果如图 12-8 所示。作为替代，读者也可以直接输入 ssh-keygen -t rsa 指令，然后根据提示按 Enter 键，以完成上述密钥生成过程。

读者可以通过 ls 命令查看密钥生成结果。ssh-keygen 工具会在当前目录（编者的当前目录为/home/zp/.ssh/）下生成一对 rsa 密钥，其中公钥是 id_rsa.pub，私钥是 id_rsa。

接下来，读者需要将新创建的公钥 id_rsa.pub 加入授权。输入如下指令：

```
zp@lab:~/.ssh$ cat ~/.ssh/id_rsa.pub >> ~/.ssh/authorized_keys
zp@lab:~/.ssh$ ls
```

以上指令的执行效果如图 12-9 所示，其会在当前目录下生成 authorized_keys 文件。

```
zp@lab:~/.ssh$ ssh-keygen -t rsa -P '' -f ~/.ssh/id_rsa
Generating public/private rsa key pair.
Your identification has been saved in /home/zp/.ssh/id_rsa
Your public key has been saved in /home/zp/.ssh/id_rsa.pub
The key fingerprint is:
SHA256:b4nv+y8IygQFssYdvqcAeg/m4up/1e48Fti0sirRCIs zp@lab
The key's randomart image is:
+---[RSA 3072]----+
|   . o.          |
| . = ..          |
|. + o.           |
|.+   ..   .      |
|o B +.. S .      |
|E= * +.+.B .     |
|. . +o..=.=.     |
|.. . .o..*. .    |
|+o..o.. o+=o.o.  |
+----[SHA256]-----+
zp@lab:~/.ssh$
zp@lab:~/.ssh$ ls
id_rsa  id_rsa.pub  known_hosts
zp@lab:~/.ssh$
```

图 12-8　生成密钥

```
zp@lab:~/.ssh$ ls
id_rsa  id_rsa.pub  known_hosts
zp@lab:~/.ssh$
zp@lab:~/.ssh$ cat ~/.ssh/id_rsa.pub >> ~/.ssh/authorized_keys
zp@lab:~/.ssh$
zp@lab:~/.ssh$ ls
authorized_keys  id_rsa  id_rsa.pub  known_hosts
zp@lab:~/.ssh$
```

图 12-9　加入授权

使用 SSH 连接本地计算机，此时无须输入密码即可直接登录。输入如下指令：

```
zp@lab:~/.ssh$ ssh localhost
```

以上指令的执行效果如图 12-10 所示。

```
zp@lab:~/.ssh$ ssh localhost
Welcome to Ubuntu 21.04 (GNU/Linux 5.11.0-16-generic x86_64)

 * Documentation:  https://help.ubuntu.com
 * Management:     https://landscape.canonical.com
 * Support:        https://ubuntu.com/advantage

12 updates can be installed immediately.
1 of these updates is a security update.
To see these additional updates run: apt list --upgradable

Last login: Wed May  5 10:54:28 2021 from 127.0.0.1
zp@lab:~$
```

图 12-10　连接本地计算机

登录成功的读者，请关闭当前的终端窗口，打开一个新的终端窗口，并开始下一节内容的学习。部分读者由于系统配置存在差异，可能仍然登录不成功。这种情况下，建议尝试修改 authorized_keys 的文件权限。输入如下指令，然后重新进行连接。

```
zp@lab:~/.ssh$ chmod 0600 ~/.ssh/authorized_keys
```

12.4　安装大数据开发平台

12.4.1　下载 Hadoop 软件包

首先下载 Hadoop 软件包，本书采用 3.3.0 版本的 Hadoop。输入如下指令：

```
zp@lab:~$ wget https://downloads.apache.org/hadoop/core/hadoop-3.3.0/hadoop-3.3.0.tar.gz
```

考虑到网络地址失效等因素，编者提供两条备选指令。对于下载操作没有成功的读者，可以执行如下备选指令中的任意一条：

```
wget http://mirror.bit.edu.cn/apache/hadoop/core/hadoop-3.3.0/hadoop-3.3.0.tar.gz
wget https://mirrors.cnnic.cn/apache/hadoop/core/hadoop-3.3.0/hadoop-3.3.0.tar.gz
```

以上指令的执行效果如图 12-11 所示。根据图 12-11 显示的内容，需要下载的文件大小为 478MB。下载的耗时与网速有关，请读者耐心等待。

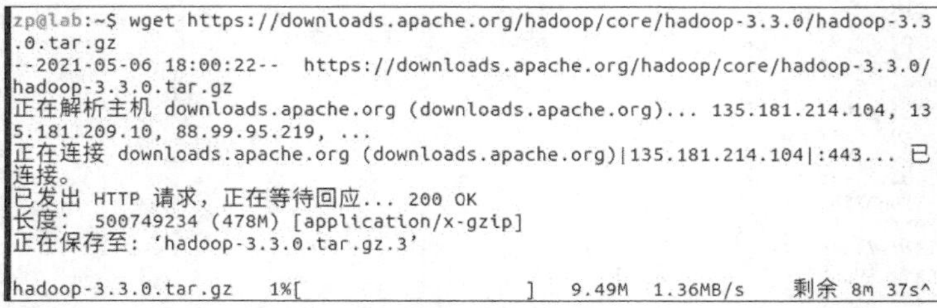

```
zp@lab:~$ wget https://downloads.apache.org/hadoop/core/hadoop-3.3.0/hadoop-3.3
.0.tar.gz
--2021-05-06 18:00:22--  https://downloads.apache.org/hadoop/core/hadoop-3.3.0/
hadoop-3.3.0.tar.gz
正在解析主机 downloads.apache.org (downloads.apache.org)... 135.181.214.104, 13
5.181.209.10, 88.99.95.219, ...
正在连接 downloads.apache.org (downloads.apache.org)|135.181.214.104|:443... 已
连接。
已发出 HTTP 请求，正在等待回应... 200 OK
长度： 500749234 (478M) [application/x-gzip]
正在保存至：'hadoop-3.3.0.tar.gz.3'

hadoop-3.3.0.tar.gz    1%[                    ]   9.49M  1.36MB/s    剩余 8m 37s^
```

图 12-11　下载 Hadoop 软件包

如果备选指令也不能使用，则读者可以通过浏览器访问到网络地址中的任何一个，并使用 wget 命令下载最新版的 Hadoop。读者也可以直接使用浏览器或其他下载工具下载最新版的 Hadoop 软件包。建议读者使用与本书相同的 Hadoop 版本。如果使用了新版本，则后续涉及版本编号的指令也需要进行相应的修改，以保持前后一致。

```
downloads.apache.org/hadoop/core/
mirrors.cnnic.cn/apache/hadoop/core/
mirror.bit.edu.cn/apache/hadoop/core/
```

下载完 Hadoop 软件包，经配置后即可直接使用，不再需要安装。另外，网络状况不好等因素，可能会导致下载的文件缺失，此时可以使用 md5 等检测工具校验文件是否完整。但这不是必需步骤，因此编者直接跳过。

12.4.2　安装配置 Hadoop 环境

编者拟将 Hadoop 安装至/usr/local/目录中，具体操作过程如下。

（1）将 Hadoop 软件包解压到/usr/local 目录中。输入如下指令：

```
zp@lab:~$ sudo tar -C /usr/local -xzf hadoop-3.3.0.tar.gz
```

以上指令的执行效果如图 12-12 所示。由于文件较大，解压时间较长，请勿中途关闭窗口。读者也可以在命令中添加参数，查看解压过程，但这会降低解压速度。

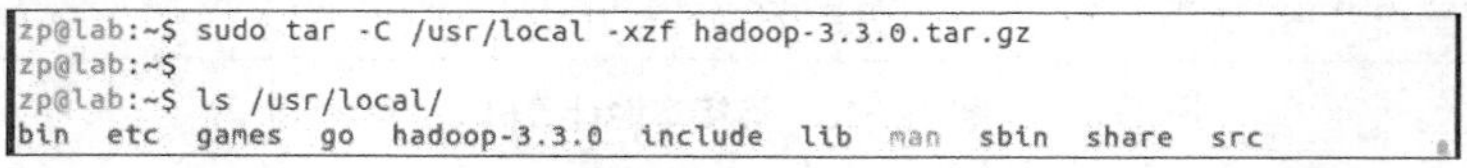

```
zp@lab:~$ sudo tar -C /usr/local -xzf hadoop-3.3.0.tar.gz
zp@lab:~$
zp@lab:~$ ls /usr/local/
bin  etc  games  go  hadoop-3.3.0  include  lib  man  sbin  share  src
```

图 12-12　解压 Hadoop 软件包

（2）解压完成后，查看解压结果。输入如下指令：

```
zp@lab:~$ ls /user/local/hadoop-3.3.0/
```

以上指令的执行效果如图 12-13 所示。

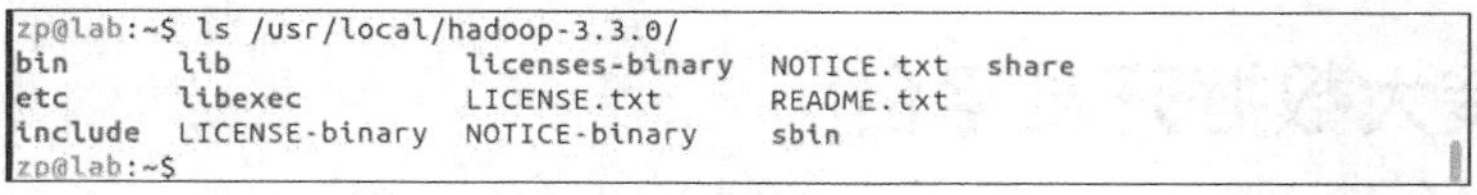

```
zp@lab:~$ ls /usr/local/hadoop-3.3.0/
bin      lib             licenses-binary  NOTICE.txt  share
etc      libexec         LICENSE.txt      README.txt
include  LICENSE-binary  NOTICE-binary    sbin
zp@lab:~$
```

图 12-13　查看解压结果

（3）修改目录权限。输入如下指令：

```
zp@lab:~$ sudo chown -R zp:zp /usr/local/hadoop-3.3.0
```

以上指令的执行效果如图 12-14 所示。

```
zp@lab:~$ sudo chown -R zp:zp /usr/local/hadoop-3.3.0
zp@lab:~$
```

图 12-14　修改目录权限

（4）修改环境变量，即修改.bashrc 配置文件。输入如下指令：

```
zp@lab:~$ vim ~/.bashrc
```

在.bashrc 文件底部输入如下两条 Hadoop 环境变量配置命令。

```
export HADOOPPATH=/usr/local/hadoop-3.3.0
export PATH=$HADOOPPATH/bin:$PATH
```

（5）保存后退出。执行效果如图 12-15 所示。

```
    . /etc/bash_completion
  fi
fi
export GOPATH=/usr/local/go
export PATH=$GOPATH/bin:$PATH

export JAVA_HOME=/usr/lib/jvm/java-8-openjdk-amd64/

export HADOOPPATH=/usr/local/hadoop-3.3.0
export PATH=$HADOOPPATH/bin:$PATH
```

图 12-15　修改.bashrc 配置文件

（6）为使环境变量修改生效，输入如下指令：

```
zp@lab:~$ source ~/.bashrc
```

以上指令的执行效果如图 12-16 所示。

```
zp@lab:~$ vim ~/.bashrc
zp@lab:~$ source ~/.bashrc
zp@lab:~$
```

图 12-16　使环境变量修改生效

（7）测试安装效果。输入如下指令以检查 Hadoop 是否可用：

```
zp@lab:~$ hadoop version
```

如果在 12.2 节中没有正确配置 JAVA_HOME，则执行不成功，并会出现图 12-17 所示的错误。

```
john@lab:~$ vim ~/.bashrc
john@lab:~$ source ~/.bashrc
john@lab:~$
john@lab:~$ hadoop version
ERROR: JAVA_HOME is not set and could not be found.
john@lab:~$
```

图 12-17　JAVA_HOME 没有正确配置

（8）重新修改配置文件.bashrc。在文件中输入如下代码：

```
export JAVA_HOME=/usr/lib/jvm/java-8-openjdk-amd64/
```

以上代码的执行效果如图 12-18 所示。

```
if ! shopt -oq posix; then
  if [ -f /usr/share/bash-completion/bash_completion ]; then
    . /usr/share/bash-completion/bash_completion
  elif [ -f /etc/bash_completion ]; then
    . /etc/bash_completion
  fi
fi
export HADOOPPATH=/usr/local/hadoop-3.2.1
export PATH=$HADOOPPATH/bin:$PATH

export JAVA_HOME=/usr/lib/jvm/java-8-openjdk-amd64/
```

图 12-18　重新修改配置文件

（9）重新执行让配置文件修改生效的指令，然后查看 Hadoop 版本号。输入如下指令：

```
zp@lab:~$ hadoop version
```

以上指令的执行效果如图 12-19 所示。图中显示了 Hadoop 的版本信息，这表示已配置成功。

```
zp@lab:~$
zp@lab:~$ hadoop version
Hadoop 3.3.0
Source code repository https://gitbox.apache.org/repos/asf/hadoop.git -r aa96f1
871bfd858f9bac59cf2a81ec470da649af
Compiled by brahma on 2020-07-06T18:44Z
Compiled with protoc 3.7.1
From source with checksum 5dc29b802d6ccd77b262ef9d04d19c4
This command was run using /usr/local/hadoop-3.3.0/share/hadoop/common/hadoop-c
ommon-3.3.0.jar
zp@lab:~$
```

图 12-19 显示 Hadoop 版本信息

12.4.3 Hadoop 的运行模式

Hadoop 存在 3 种常见的运行模式：单机模式、伪分布模式和全分布模式。

- 单机模式（standalone mode）。单机模式是 Hadoop 的默认模式。直接解压 Hadoop 软件包就行，无须配置。当首次解压 Hadoop 软件包时，Hadoop 无法了解硬件安装环境，因此会保守地选择最小配置。在这种默认模式下配置文件为空时，Hadoop 会完全运行在本地。单机模式不需要与其他节点交互。单机模式不使用 HDFS，会直接读/写本地操作系统的文件系统，也不加载任何 Hadoop 的守护进程。该模式主要用于开发调试 MapReduce 程序的应用逻辑。
- 伪分布模式（pseudo-distributed mode）。伪分布模式在“单节点集群”上运行 Hadoop，所有的守护进程都运行在同一台机器上。系统使用不同的 Java 进程来模拟分布式运行中的各类结点，如 NameNode、DataNode、JobTracker、TaskTracker、SecondaryNameNode。伪分布模式能够访问本地操作系统的文件和 HDFS。该模式在单机模式的基础上增加了代码调试功能，允许用户检查内存使用情况与 HDFS 输入/输出情况，同时允许用户与其他守护进程交互。
- 全分布模式（fully distributed mode）。这是一种真正的分布式模式，需要由 3 台及以上机器来组建集群。Hadoop 守护进程运行在集群上。

考虑到大多数读者并不具备真正的分布式集群开发环境，本书仅介绍前两种模式。在掌握前两种模式的基础上，感兴趣的读者可以自行尝试通过使用全分布模式将 Hadoop 部署到真正的集群上。

12.5 单机模式下的大数据项目实例

编者将在本节和下一节中，通过两个完整的实例，介绍两种不同运行模式下的大数据项目部署、运行等基本过程。本节介绍单机模式下的大数据项目部署测试实例，这是 Hadoop 的默认模式，无须进行过多的配置。

12.5.1 新建工程目录

输入如下指令，以创建工程目录：

```
zp@lab:~$ mkdir hadoop
zp@lab:~$ cd hadoop/
zp@lab:~/hadoop$ ls
```

以上指令的执行效果如图 12-20 所示。

```
zp@lab:~$ mkdir hadoop
zp@lab:~$ cd hadoop/
zp@lab:~/hadoop$ ls
zp@lab:~/hadoop$
```

图 12-20 新建工程目录

12.5.2 准备数据文件

输入如下指令，以准备数据文件：

```
zp@lab:~/hadoop$ man ls dir touch mkdir vi sort >in
zp@lab:~/hadoop$ ll
zp@lab:~/hadoop$ tail in
```

以上指令的执行效果如图 12-21 所示。

```
zp@lab:~/hadoop$ man ls dir touch mkdir vi sort >in
zp@lab:~/hadoop$ ll
总用量 56
drwxrwxr-x  2 zp zp  4096  5月  2 18:59 ./
drwxr-x--- 20 zp zp  4096  5月  2 18:56 ../
-rw-rw-r--  1 zp zp 45994  5月  2 18:59 in
zp@lab:~/hadoop$ tail in
       This is free software: you are free to  change  and  redistribute  it.
       There is NO WARRANTY, to the extent permitted by law.

SEE ALSO
       shuf(1), uniq(1)

       Full documentation <https://www.gnu.org/software/coreutils/sort>
       or available locally via: info '(coreutils) sort invocation'

GNU coreutils 8.32             December 2020                    SORT(1)
zp@lab:~/hadoop$
```

图 12-21　准备数据文件

12.5.3　配置环境变量

输入如下指令，以配置环境变量：

```
export mppath=/usr/local/hadoop-3.3.0/share/hadoop/mapreduce/
zp@lab:~/hadoop$
export example=$mppath/hadoop-mapreduce-examples-3.3.0.jar
zp@lab:~/hadoop$
```

以上指令的执行效果如图 12-22 所示。

```
zp@lab:~/hadoop$ export mppath=/usr/local/hadoop-3.3.0/share/hadoop/mapreduce/
zp@lab:~/hadoop$ export example=$mppath/hadoop-mapreduce-examples-3.3.0.jar
zp@lab:~/hadoop$
```

图 12-22　配置环境变量

12.5.4　浏览 Hadoop 实例

Hadoop 附带了大量的实例。输入如下指令，可以查看实例列表：

```
zp@lab:~/hadoop$ hadoop jar $example
```

以上指令的执行效果如图 12-23 所示。

```
zp@lab:~/hadoop$ hadoop jar $example
An example program must be given as the first argument.
Valid program names are:
  aggregatewordcount: An Aggregate based map/reduce program that counts the wor
ds in the input files.
  aggregatewordhist: An Aggregate based map/reduce program that computes the hi
stogram of the words in the input files.
  bbp: A map/reduce program that uses Bailey-Borwein-Plouffe to compute exact d
igits of Pi.
  dbcount: An example job that count the pageview counts from a database.
  distbbp: A map/reduce program that uses a BBP-type formula to compute exact b
its of Pi.
  grep: A map/reduce program that counts the matches of a regex in the input.
  join: A job that effects a join over sorted, equally partitioned datasets
  multifilewc: A job that counts words from several files.
  pentomino: A map/reduce tile laying program to find solutions to pentomino pr
oblems.
  pi: A map/reduce program that estimates Pi using a quasi-Monte Carlo method.
  randomtextwriter: A map/reduce program that writes 10GB of random textual dat
a per node.
  randomwriter: A map/reduce program that writes 10GB of random data per node.
  secondarysort: An example defining a secondary sort to the reduce.
```

图 12-23　查看实例列表

Hadoop 提供的实例包括 randomwriter、distbbp、wordcount、grep、join 等。

12.5.5 测试 Hadoop 实例

本小节将通过运行具体的实例来体验 Hadoop 的执行效果。编者选择 wordcount 作为测试实例。将之前创建的 in 文件作为输入，wordcount 将会识别出其中符合特定正则表达式规则的单词，并统计它们出现的次数。最后将结果输出到 out 目录中。输入如下指令：

```
zp@lab:~/hadoop$ hadoop jar $example wordcount in out
```

以上指令的执行效果如图 12-24 所示。

```
zp@lab:~/hadoop$ hadoop jar $example wordcount in out
2021-05-02 19:03:59,540 INFO impl.MetricsConfig: Loaded properties from hadoop-
metrics2.properties
2021-05-02 19:03:59,857 INFO impl.MetricsSystemImpl: Scheduled Metric snapshot
period at 10 second(s).
2021-05-02 19:03:59,858 INFO impl.MetricsSystemImpl: JobTracker metrics system
started
2021-05-02 19:04:00,086 INFO input.FileInputFormat: Total input files to proces
```

图 12-24　测试 Hadoop 实例

在运行过程中，屏幕上输出的信息会非常多，运行成功后，界面效果如图 12-25 所示。

```
                Merged Map outputs=1
                GC time elapsed (ms)=402
                Total committed heap usage (bytes)=433061888
        Shuffle Errors
                BAD_ID=0
                CONNECTION=0
                IO_ERROR=0
                WRONG_LENGTH=0
                WRONG_MAP=0
                WRONG_REDUCE=0
        File Input Format Counters
                Bytes Read=45994
        File Output Format Counters
                Bytes Written=16459
zp@lab:~/hadoop$ _
```

图 12-25　运行 wordcount 测试实例成功

12.5.6 查看测试效果

实例执行成功后，将在当前位置生成 out 目录，该目录中包括输出结果。输入如下指令：

```
zp@lab:~/hadoop$ ls
zp@lab:~/hadoop$ ls out/
```

以上指令的执行效果如图 12-26 所示。

```
zp@lab:~/hadoop$ ls
in  out
zp@lab:~/hadoop$ ls out/
part-r-00000  _SUCCESS
zp@lab:~/hadoop$
```

图 12-26　查看输出文件

输出文件 part-r-00000 的内容较多。每一条记录占用一行。每一条记录的前半部分是单词，后半部分是该单词的计数值。由图 12-27 可知，该文件的前 10 条记录中的单词并不是传统意义上的单词。它们是由英文分词算法决定的，通常以单词间的空格为标识符。

为查看输出文件的其他内容，可以输入如下指令：

```
john@lab:~/hadoop/out$ head part-r-00000  |more
```

以上指令的执行效果如图 12-28 所示。

```
zp@lab:~/hadoop$ cd out/
zp@lab:~/hadoop/out$ ls
part-r-00000  _SUCCESS
zp@lab:~/hadoop/out$ head part-r-00000
"+"     1
"+set   1
"--".   1
"-R"    1
"-Z"    1
"-c"    2
```

图 12-27　查看输出文件前几行内容

```
john@lab:~/hadoop/out$
john@lab:~/hadoop/out$ cat part-r-00000  |more
```

图 12-28　查看输出文件更多内容

读者可以多次翻页，跳过文件的前面部分，查看到类似于英文字典的单词内容，执行效果如图 12-29 所示。图中的单词与英语字典中的单词基本一致了。例如，图 12-29 中显示单词 COPYRIGHT 在输入文件中出现了 5 次。

```
COPYRIGHT       5
CTRL-D  1
CTX     2
Can     7
Commands        7
Compatible.     1
Connect 3
Copyright       5
Create  1
DATE    1
DESCRIPTION     6
DIR     1
DIR(1)  3
DIRECTORY(ies), 1
DIRECTORY...    1
David   4
Debugging.      1
--更多--
```

图 12-29　翻页查看输出文件的内容

需要注意的是，Hadoop 默认不会覆盖结果文件，因此在再次运行上面的实例之前，需要先将 out 目录删除，否则会提示出错。其执行效果如图 12-30 所示。

```
zp@lab:~/hadoop$ hadoop jar $example wordcount in out
2021-05-02 19:13:49,456 INFO impl.MetricsConfig: Loaded properties from hadoop-
metrics2.properties
2021-05-02 19:13:49,546 INFO impl.MetricsSystemImpl: Scheduled Metric snapshot
period at 10 second(s).
2021-05-02 19:13:49,547 INFO impl.MetricsSystemImpl: JobTracker metrics system
started
org.apache.hadoop.mapred.FileAlreadyExistsException: Output directory file:/hom
e/zp/hadoop/out already exists
```

图 12-30　输出目录已经存在

此时，读者可以输入如下指令来删除 out 目录，然后再次运行实例，通常可以成功。

```
zp@lab:~/hadoop$ rm -rf out
```

12.6　伪分布式模式下的大数据项目实例

本节将介绍伪分布式模式下的大数据项目部署测试实例。Hadoop 可以在单机上以伪分布式的方式运行。此时，Hadoop 以分离的 Java 进程来模拟运行各类节点，节点既作为 NameNode，也作为 DataNode，读取的是 HDFS 中的文件。

12.6.1 修改 core-site.xml

配置 Hadoop 伪分布式模式项目，需要修改 core-site.xml 和 hdfs-site.xml 这两个.xml 格式的配置文件。这两个配置文件位于/usr/local/hadoop-3.3.0/etc/hadoop 中，主要修改配置文件 property 项的 name 和 value 值。输入如下指令：

```
zp@lab:~$ cd /usr/local/hadoop-3.3.0/etc/hadoop
zp@lab: /usr/local/hadoop-3.3.0/etc/hadoop$ ls core-site.xml hdfs-site.xml
```

以上指令的执行效果如图 12-31 所示。

```
zp@lab:~$ cd /usr/local/hadoop-3.3.0/etc/hadoop
zp@lab:/usr/local/hadoop-3.3.0/etc/hadoop$
zp@lab:/usr/local/hadoop-3.3.0/etc/hadoop$ ls core-site.xml hdfs-site.xml
core-site.xml  hdfs-site.xml
zp@lab:/usr/local/hadoop-3.3.0/etc/hadoop$
```

图 12-31　查看配置文件

现在修改配置文件 core-site.xml。core-site.xml 包括了集群的全局性参数，主要用于定义系统级别的参数，如 HDFS URL、Hadoop 的临时目录等。

在修改配置文件 core-site.xml 之前，需要进行备份操作。输入如下指令。

```
zp@lab: /usr/local/hadoop-3.3.0/etc/hadoop$ cp core-site.xml core-site.xml.bak
```

为方便读者对比修改前后内容的变化，输入如下指令以查看修改前的内容。

```
zp@lab: /usr/local/hadoop-3.3.0/etc/hadoop$ cat core-site.xml
```

以上指令的执行效果如图 12-32 所示。

```
zp@lab:/usr/local/hadoop-3.3.0/etc/hadoop$ cp core-site.xml core-site.xml.bak
zp@lab:/usr/local/hadoop-3.3.0/etc/hadoop$ cat core-site.xml
<?xml version="1.0" encoding="UTF-8"?>
<?xml-stylesheet type="text/xsl" href="configuration.xsl"?>
<!--
  Licensed under the Apache License, Version 2.0 (the "License");
  you may not use this file except in compliance with the License.
  You may obtain a copy of the License at

    http://www.apache.org/licenses/LICENSE-2.0

  Unless required by applicable law or agreed to in writing, software
  distributed under the License is distributed on an "AS IS" BASIS,
  WITHOUT WARRANTIES OR CONDITIONS OF ANY KIND, either express or implied.
  See the License for the specific language governing permissions and
  limitations under the License. See accompanying LICENSE file.
-->

<!-- Put site-specific property overrides in this file. -->

<configuration>
</configuration>
zp@lab:/usr/local/hadoop-3.3.0/etc/hadoop$
```

图 12-32　core-site.xml 文件备份与内容查看

接下来修改 core-site.xml 文件的内容。输入如下指令：

```
zp@lab:/usr/local/hadoop-3.3.0/etc/hadoop$ vim core-site.xml
```

以上指令的执行效果如图 12-33 所示。

```
zp@lab:/usr/local/hadoop-3.3.0/etc/hadoop$ vim core-site.xml
```

图 12-33　修改 core-site.xml 文件

将 core-site.xml 中的下面这段代码：

```
<configuration>
</configuration>
```

修改成下列所示配置代码段：

```
<configuration>
    <property>
        <name>fs.defaultFS</name>
        <value>hdfs://localhost:9000</value>
    </property>
</configuration>
```

修改后的 core-site.xml 文件如图 12-34 所示。

```
<!-- Put site-specific property overrides in this file. -->

<configuration>
    <property>
        <name>fs.defaultFS</name>
        <value>hdfs://localhost:9000</value>
    </property>
</configuration>
```

图 12-34 修改后的 core-site.xml 文件

12.6.2 修改 hdfs-site.xml

接下来修改配置文件 hdfs-site.xml。hdfs-site.xml 主要用于 HDFS 的配置，配置内容包括 NameNode 和 DataNode 的存放位置、文件副本的个数、文件的读取权限等。输入如下指令：

```
zp@lab:~$ cd /usr/local/hadoop-3.3.0/etc/hadoop
zp@lab:/usr/local/hadoop-3.3.0/etc/hadoop$ cp hdfs-site.xml hdfs-site.xml.bak
zp@lab:/usr/local/hadoop-3.3.0/etc/hadoop$ vi hdfs-site.xml
```

以上指令的执行效果如图 12-35 所示。

```
zp@lab:~$ cd /usr/local/hadoop-3.3.0/etc/hadoop
zp@lab:/usr/local/hadoop-3.3.0/etc/hadoop$ cp hdfs-site.xml hdfs-site.xml.bak
zp@lab:/usr/local/hadoop-3.3.0/etc/hadoop$ vi hdfs-site.xml
```

图 12-35 修改配置文件 hdfs-site.xml

按照如下内容修改 hdfs-site.xml。

```
<configuration>
    <property>
        <name>dfs.replication</name>
        <value>1</value>
    </property>
</configuration>
```

修改完成的效果如图 12-36 所示。

```
<!-- Put site-specific property overrides in this file. -->

<configuration>
    <property>
        <name>dfs.replication</name>
        <value>1</value>
    </property>
</configuration>
```

图 12-36 修改完成的 hdfs-site.xml

12.6.3 NameNode 初始化

配置完成后，需要执行 NameNode 初始化操作。

输入如下指令：

```
zp@lab:/usr/local/hadoop-3.3.0/etc/hadoop$ cd ~
zp@lab:~$ hdfs namenode -format
```

以上指令的执行效果如图 12-37 所示。

```
zp@lab:/usr/local/hadoop-3.3.0/etc/hadoop$ cd ~
zp@lab:~$ hdfs namenode -format
WARNING: /usr/local/hadoop-3.3.0/logs does not exist. Creating.
2021-05-05 09:39:02,723 INFO namenode.NameNode: STARTUP_MSG:
/************************************************************
STARTUP_MSG: Starting NameNode
STARTUP_MSG:   host = lab/127.0.1.1
STARTUP_MSG:   args = [-format]
STARTUP_MSG:   version = 3.3.0
STARTUP_MSG:   classpath = /usr/local/hadoop-3.3.0/etc/hadoop:/usr/local/hadoop
-3.3.0/share/hadoop/common/lib/jetty-http-9.4.20.v20190813.jar:/usr/local/hadoo
```

图 12-37 NameNode 初始化

初始化成功后，会看到“successfully formatted”字样的提示。如图 12-38 所示。

```
2021-05-05 09:44:44,042 INFO util.GSet: capacity      = 2^15 = 32768 entries
2021-05-05 09:44:44,087 INFO namenode.FSImage: Allocated new BlockPoolId: BP-15
87479127-127.0.1.1-1620179084074
2021-05-05 09:44:44,128 INFO common.Storage: Storage directory /tmp/hadoop-zp/d
fs/name has been successfully formatted.
2021-05-05 09:44:44,186 INFO namenode.FSImageFormatProtobuf: Saving image file
/tmp/hadoop-zp/dfs/name/current/fsimage.ckpt_0000000000000000000 using no compr
ession
2021-05-05 09:44:44,489 INFO namenode.FSImageFormatProtobuf: Image file /tmp/ha
doop-zp/dfs/name/current/fsimage.ckpt_0000000000000000000 of size 394 bytes sav
ed in 0 seconds .
2021-05-05 09:44:44,509 INFO namenode.NNStorageRetentionManager: Going to retai
n 1 images with txid >= 0
2021-05-05 09:44:44,516 INFO namenode.FSImage: FSImageSaver clean checkpoint: t
xid=0 when meet shutdown.
2021-05-05 09:44:44,516 INFO namenode.NameNode: SHUTDOWN_MSG:
/************************************************************
SHUTDOWN_MSG: Shutting down NameNode at lab/127.0.1.1
************************************************************/
```

图 12-38 初始化成功

12.6.4 启动 Hadoop

接下来，开启 NameNode 和 DataNode 守护进程。输入如下指令：

```
zp@lab:~$ cd /usr/local/hadoop-3.3.0/sbin
zp@lab:/usr/local/hadoop-3.3.0/sbin$ ./start-dfs.sh
```

以上指令的执行效果如图 12-39 所示。

```
zp@lab:~$ cd /usr/local/hadoop-3.3.0/sbin
zp@lab:/usr/local/hadoop-3.3.0/sbin$ ./start-dfs.sh
Starting namenodes on [localhost]
localhost: ERROR: JAVA_HOME is not set and could not be found.
Starting datanodes
localhost: ERROR: JAVA_HOME is not set and could not be found.
Starting secondary namenodes [lab]
lab: Warning: Permanently added 'lab' (ECDSA) to the list of known hosts.
lab: ERROR: JAVA_HOME is not set and could not be found.
zp@lab:/usr/local/hadoop-3.3.0/sbin$
```

图 12-39 启动 Hadoop

读者如果遇到图 12-39 中提示的这种错误，则表示读者的 JAVA_HOME 环境变量还没有正确配置。请按照 12.2.2 小节的内容，在.bashrc 文件中配置 JAVA_HOME 变量。

如果读者已经在.bashrc 中正确配置了 JAVA_HOME，但仍然出现上面的 JAVA_HOME 错误，那么通常还需要修改/usr/local/hadoop-3.3.0/etc/hadoop/hadoop-env.sh 文件的内容。在 hadoop-env.sh 文件中增加

与 export JAVA_HOME 相关的内容。输入如下指令：

```
zp@lab:~$ cd /usr/local/hadoop-3.3.0/etc/hadoop/
zp@lab:/usr/local/hadoop-3.3.0/etc/hadoop $ vim hadoop-env.sh
```

以上指令的执行效果如图 12-40 所示。

```
zp@lab:~$ cd /usr/local/hadoop-3.3.0/etc/hadoop/
zp@lab:/usr/local/hadoop-3.3.0/etc/hadoop$ vim hadoop-env.sh
```

图 12-40 修改 hadoop-env.sh 文件

在打开的文件中增加一行与前述.bashrc 文件中 JAVA_HOME 变量的定义完全相同的内容。在本书中，该变量的值为：

```
export JAVA_HOME=/usr/lib/jvm/java-8-openjdk-amd64/
```

因此 hadoop-env.sh 文件应该修改成如图 12-41 所示。

```
# The java implementation to use. By default, this environment
# variable is REQUIRED on ALL platforms except OS X!
# export JAVA_HOME=
export JAVA_HOME=/usr/lib/jvm/java-8-openjdk-amd64/
```

图 12-41 修改后的 hadoop-env.sh 文件

再次执行 start-dfs.sh。输入如下指令：

```
zp@lab:/usr/local/hadoop-3.3.0/etc/hadoop$ cd /usr/local/hadoop-3.3.0/sbin
zp@lab:/usr/local/hadoop-3.3.0/sbin$ ./start-dfs.sh
```

以上指令的执行效果如图 12-42 所示。

```
zp@lab:/usr/local/hadoop-3.3.0/etc/hadoop$ cd /usr/local/hadoop-3.3.0/sbin
zp@lab:/usr/local/hadoop-3.3.0/sbin$ ./start-dfs.sh
Starting namenodes on [localhost]
Starting datanodes
Starting secondary namenodes [lab]
zp@lab:/usr/local/hadoop-3.3.0/sbin$ _
```

图 12-42 再次执行 start-dfs.sh

读者如果遇到以下错误提示：

```
localhost : zp@localhost: Permission denied (publickey, passord).
```

则表示还没有完成 SSH 的配置。此时，读者需要根据 12.3.3 小节的内容将 SSH 配置成免密钥登录。

在 Hadoop 启动过程中，可能还会遇到一些其他的问题。利用提示信息，总能在网上搜索到解决方案。本书“前沿应用篇”的 3 个话题都很新。因此，编者只能保证针对演示实例部署运行过程中遇到的所有问题都在本书中给出了解决方案，但无法保证不会遇到新的问题。这也是开源软件的共性特点。试想 Ubuntu 处于动态更新过程中，“前沿应用篇”的 3 个话题中涉及的各种软件也都处于动态更新过程中。这种动态变化实体间的组合，必然会导致许多不可预料的错误。也许就是这种攻坚克难的乐趣，成就了开源社区无尽的吸引力。

12.6.5 查看启动的 Hadoop 进程

启动完成后，可以通过 jps 命令查看启动的 Hadoop 进程，以判断是否成功启动。输入如下指令：

```
zp@lab:/usr/local/hadoop-3.3.0/sbin$ jps
```

以上指令的执行效果如图 12-43 所示。启动成功后会列出如下进程：NameNode、DataNode 和 SecondaryNameNode。如果 SecondaryNameNode 没有启动，则请运行 sbin/stop-dfs.sh 以关闭进程，然后再次尝试启动。如果 NameNode 或 DataNode 没有启动，那就是配置没有成功，此时请仔细检查之前的步骤，或通过查看启动日志来排查原因。

```
zp@lab:/usr/local/hadoop-3.3.0/sbin$ jps
21056 SecondaryNameNode
20723 NameNode
20855 DataNode
21358 Jps
zp@lab:/usr/local/hadoop-3.3.0/sbin$
```

图 12-43　通过 jps 命令查看启动的 Hadoop 进程

12.6.6　运行 Hadoop 伪分布式实例

在单机模式下，实例代码读取的是本地数据。在伪分布式模式下，实例代码读取的则是 HDFS 中的数据。

1. 在 HDFS 中创建用户目录

要使用 HDFS，需要首先在 HDFS 中创建用户目录。具体而言，有如下 3 种实现方式。

```
hadoop fs
hadoop dfs
hdfs dfs
```

其中，hadoop fs 命令既适用于本地文件系统，也适用于 HDFS 文件系统；hadoop dfs 命令只适用于 HDFS 文件系统。hdfs dfs 命令跟 hadoop dfs 命令的作用一样，只适用于 HDFS 文件系统。执行如下 3 条命令中的任意一条即可：

```
zp@lab:~$ hadoop fs -mkdir -p /user/hadoop
zp@lab:~$ hdfs dfs -mkdir -p /user/hadoop
zp@lab:~$ hadoop dfs -mkdir -p /user/hadoop
```

以上指令的执行效果如图 12-44～图 12-46 所示。

```
zp@lab:~$ hadoop fs -mkdir -p /user/hadoop
zp@lab:~$
```

图 12-44　hadoop fs 运行方式

```
zp@lab:~$ hdfs dfs -mkdir -p /user/hadoop
zp@lab:~$
```

图 12-45　hdfs dfs 运行方式

```
zp@lab:~$ hadoop dfs -mkdir -p /user/hadoop
WARNING: Use of this script to execute dfs is deprecated.
WARNING: Attempting to execute replacement "hdfs dfs" instead.


zp@lab:~$ _
```

图 12-46　hadoop dfs 运行方式

接着需要将输入文件复制到分布式文件系统中，为此，首先需要在分布式系统中创建 input 目录。假定我们使用的是 Hadoop 用户，并且已创建相应的用户目录/user/hadoop，即可在下面的命令中使用相对路径 input，其对应的绝对路径为/user/hadoop/input。

输入如下两条指令的任意一条即可：

```
zp@lab:~$ hadoop fs -mkdir input
zp@lab:~$ hdfs dfs -mkdir input
```

以上指令的执行效果如图 12-47 所示。

```
zp@lab:~$ hadoop fs -mkdir input
mkdir: `hdfs://localhost:9000/user/zp': No such file or directory
zp@lab:~$
zp@lab:~$ hdfs dfs -mkdir input
mkdir: `hdfs://localhost:9000/user/zp': No such file or directory
zp@lab:~$ _
```

图 12-47　创建 input 目录

编者在执行过程中，遭遇系统报错：mkdir：`hdfs://localhost:9000/user/zp': No such file or directory。

这是因为编者之前创建的是/user/hadoop 而不是/user/zp 目录。因此，编者还需要创建与当前用户同名的目录。将指令 hadoop fs -mkdir -p /user/hadoop 修改为 hadoop fs -mkdir -p /user/zp，然后重新创建目录。输入如下指令：

```
zp@lab:~$ hadoop fs -mkdir -p /user/zp
zp@lab:~$ hadoop fs -mkdir input
```

以上指令的执行效果如图 12-48 所示。

```
zp@lab:~$ hadoop fs -mkdir -p /user/zp
zp@lab:~$
zp@lab:~$ hadoop fs -mkdir input
```

图 12-48 重新创建 input 目录

接下来，查看所创建的目录及内容。输入如下指令，查看 zp 用户目录的内容。

```
zp@lab:~$ hadoop fs -ls
```

目录对应的具体位置为 hdfs://localhost:9000/user/zp。

如果需要查看 input 目录的内容，则可输入如下指令：

```
zp@lab:~$ hadoop fs -ls input
```

其对应的具体位置为 hdfs://localhost:9000/user/zp/input。以上指令的执行效果如图 12-49 所示。

```
zp@lab:~$ hadoop fs -ls
Found 1 items
drwxr-xr-x   - zp supergroup          0 2021-05-05 10:15 input
zp@lab:~$
zp@lab:~$ hadoop fs -ls input
zp@lab:~$
```

图 12-49 查看目录内容

2. 准备数据文件

（1）在本地生成所需要的数据文件 in。输入如下指令：

```
zp@lab:~$ man ls dir touch mkdir vi sort >in
zp@lab:~$ ls -l in
```

以上指令的执行效果如图 12-50 所示。

```
zp@lab:~$ man ls dir touch mkdir vi sort >in
zp@lab:~$
zp@lab:~$ ls -l in
-rw-rw-r-- 1 zp zp 45994  5月  5 10:17 in
zp@lab:~$
```

图 12-50 在本地生成需要的数据文件

（2）将本地的数据文件 in 上传到 HDFS 中。输入如下指令：

```
zp@lab:~$ hadoop fs -put in input
zp@lab:~$ hadoop fs -ls input
```

以上指令的执行效果如图 12-51 所示。

```
zp@lab:~$ hadoop fs -put in input
zp@lab:~$
zp@lab:~$ hadoop fs -ls input
Found 1 items
-rw-r--r--   1 zp supergroup      45994 2021-05-05 10:18 input/in
zp@lab:~$
```

图 12-51 将本地的数据文件 in 上传到 HDFS 中

（3）删除本地的数据文件 in。输入如下指令：

```
zp@lab:~$ rm in
zp@lab:~$ ls -l in
```

以上指令的执行效果如图 12-52 所示。

```
zp@lab:~$ rm in
zp@lab:~$
zp@lab:~$ ls -l in
ls: 无法访问 'in': 没有那个文件或目录
zp@lab:~$
```

图 12-52　删除本地的数据文件

3. 配置环境变量

输入如下指令，以配置环境变量：

```
zp@lab:~$ export mppath=/usr/local/hadoop-3.3.0/share/hadoop/mapreduce/
zp@lab:~$ export example=$mppath/hadoop-mapreduce-examples-3.3.0.jar
```

以上指令的执行效果如图 12-53 所示。

```
zp@lab:~$ export mppath=/usr/local/hadoop-3.3.0/share/hadoop/mapreduce/
zp@lab:~$
zp@lab:~$ export example=$mppath/hadoop-mapreduce-examples-3.3.0.jar
zp@lab:~$
```

图 12-53　配置环境变量

4. 运行 Hadoop 伪分布式实例

输入如下指令，以运行 Hadoop 伪分布式实例：

```
zp@lab:~$ hadoop jar $example wordcount input/in out
```

以上指令的执行效果如图 12-54 所示。

```
zp@lab:~$ hadoop jar $example wordcount input/in out
2021-05-05 10:24:14,795 INFO impl.MetricsConfig: Loaded properties from hadoop-
metrics2.properties
2021-05-05 10:24:15,098 INFO impl.MetricsSystemImpl: Scheduled Metric snapshot
period at 10 second(s).
2021-05-05 10:24:15,102 INFO impl.MetricsSystemImpl: JobTracker metrics system
started
2021-05-05 10:24:15,494 INFO input.FileInputFormat: Total input files to proces
s : 1
2021-05-05 10:24:15,825 INFO mapreduce.JobSubmitter: number of splits:1
```

图 12-54　运行 Hadoop 伪分布式实例

实例运行成功的效果如图 12-55 所示。

```
                Reduce output records=1630
                Spilled Records=3260
                Shuffled Maps =1
                Failed Shuffles=0
                Merged Map outputs=1
                GC time elapsed (ms)=2478
                Total committed heap usage (bytes)=553648128
        Shuffle Errors
                BAD_ID=0
                CONNECTION=0
                IO_ERROR=0
                WRONG_LENGTH=0
                WRONG_MAP=0
                WRONG_REDUCE=0
        File Input Format Counters
                Bytes Read=45994
        File Output Format Counters
                Bytes Written=16323
zp@lab:~$
```

图 12-55　Hadoop 伪分布式实例运行成功

5. 查看 HDFS 运行结果

输入如下指令，以查看 HDFS 运行结果：

```
zp@lab:~$ hadoop fs -ls
zp@lab:~$ hadoop fs -ls out
```

以上指令的执行效果如图 12-56 所示。

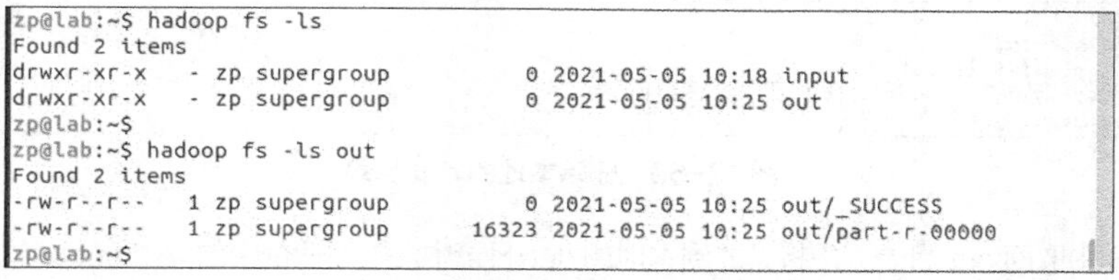

```
zp@lab:~$ hadoop fs -ls
Found 2 items
drwxr-xr-x   - zp supergroup          0 2021-05-05 10:18 input
drwxr-xr-x   - zp supergroup          0 2021-05-05 10:25 out
zp@lab:~$
zp@lab:~$ hadoop fs -ls out
Found 2 items
-rw-r--r--   1 zp supergroup          0 2021-05-05 10:25 out/_SUCCESS
-rw-r--r--   1 zp supergroup      16323 2021-05-05 10:25 out/part-r-00000
zp@lab:~$
```

图 12-56　查看 HDFS 运行结果

输入如下指令，以查看输出文件的具体内容：

```
zp@lab:~$ hadoop fs -cat out/*|more
```

以上指令的执行效果如图 12-57 所示。

```
zp@lab:~$
zp@lab:~$ hadoop fs -cat out/*|more
```

图 12-57　查看输出文件

输出文件的具体内容如图 12-58 所示。

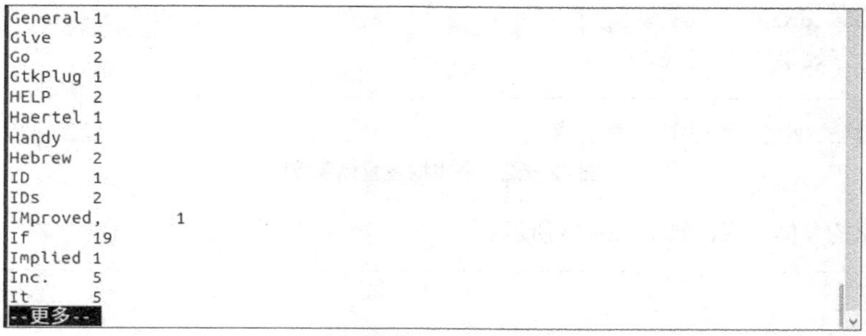

```
General 1
Give    3
Go      2
GtkPlug 1
HELP    2
Haertel 1
Handy   1
Hebrew  2
ID      1
IDs     2
IMproved,       1
If      19
Implied 1
Inc.    5
It      5
--更多--
```

图 12-58　输出文件的具体内容

读者也可以输入如下指令，以查看特定文件的内容。

```
zp@lab:~$ hadoop fs -tail out/part-r-00000
```

以上指令的执行效果如图 12-59 所示。

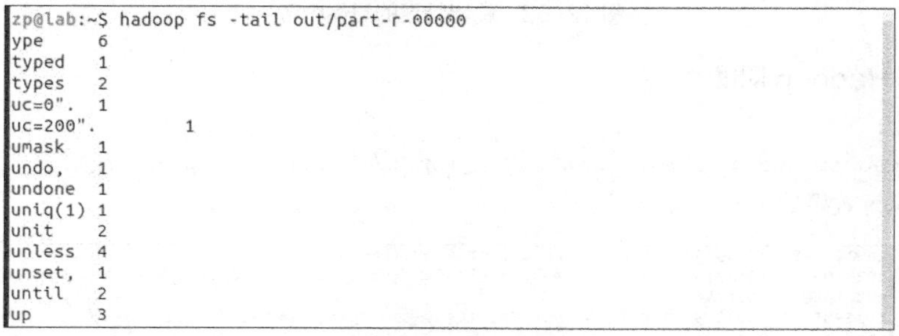

```
zp@lab:~$ hadoop fs -tail out/part-r-00000
ype     6
typed   1
types   2
uc=0".  1
uc=200".        1
umask   1
undo,   1
undone  1
uniq(1) 1
unit    2
unless  4
unset,  1
until   2
up      3
```

图 12-59　查看特定文件的内容

6. 取回输出结果数据到本地

这里也可以将运行结果取回到本地进行查看。具体操作步骤如下。

（1）删除本地的 out 目录，以免干扰后续操作。输入如下指令：

```
zp@lab:~$ rm out -rf
```

以上指令的执行效果如图 12-60 所示。

```
zp@lab:~$ rm out -rf
zp@lab:~$
zp@lab:~$ ls out
ls: 无法访问 'out': 没有那个文件或目录
zp@lab:~$
```

图 12-60　删除本地的 out 目录

（2）从 HDFS 中取回 out 目录，并将其放到本地的 out 目录中。下面命令中的两个 out 参数，前一个 out 代表 HDFS 上的目录，后一个 out 代表本地的 out 目录。输入如下指令：

```
zp@lab:~$ hadoop fs - get out out
zp@lab:~$ ls out
```

以上指令的执行效果如图 12-61 所示。

```
zp@lab:~$ hadoop fs -get out out
zp@lab:~$
zp@lab:~$ ls out
part-r-00000   _SUCCESS
zp@lab:~$
```

图 12-61　从 HDFS 中取回 out 目录

（3）输入如下指令，在本地查看结果数据。

```
zp@lab:~$ cat out/* | more
```

以上指令的执行效果如图 12-62 所示。

```
zp@lab:~$
zp@lab:~$ cat out/* | more
```

图 12-62　在本地查看结果数据

（4）输出结果的具体内容，如图 12-63 所示。

```
Vim     44
Vim).   1
Vim,    1
Vim.    4
WARNING 1
WARRANTY,       5
WHEN    4
WORD    10
WORD:   1
Walter. 1
When    3
--更多--
```

图 12-63　输出结果的具体内容

7. 再次运行 Hadoop 测试

输入如下指令：

```
zp@lab:~$ hadoop jar $example wordcount input/in out
```

以上指令的执行效果如图 12-64 所示。

```
zp@lab:~$ hadoop jar $example wordcount input/in out
2021-05-05 10:39:56,850 INFO impl.MetricsConfig: Loaded properties from hadoop-
metrics2.properties
2021-05-05 10:39:56,982 INFO impl.MetricsSystemImpl: Scheduled Metric snapshot
period at 10 second(s).
2021-05-05 10:39:56,982 INFO impl.MetricsSystemImpl: JobTracker metrics system
started
org.apache.hadoop.mapred.FileAlreadyExistsException: Output directory hdfs://lo
calhost:9000/user/zp/out already exists
        at org.apache.hadoop.mapreduce.lib.output.FileOutputFormat.checkOutputS
pecs(FileOutputFormat.java:164)
        at org.apache.hadoop.mapreduce.JobSubmitter.checkSpecs(JobSubmitter.jav
a:277)
```

图 12-64　输出目录导致执行错误

此时出现错误提示：

```
Output directory hdfs://localhost:9000/user/zp/out already exists
```

这是因为 Hadoop 在运行程序时，为了防止覆盖结果，程序指定的输出目录不能存在，否则会提示错误，因此在运行前需要先删除输出目录。输入如下指令以删除 HDFS 中的目录：

```
zp@lab:~$ hadoop fs -rm -r out
```

再次运行：

```
zp@lab:~$ hadoop jar $example wordcount input/in out
```

以上指令的执行效果如图 12-65 所示。

```
zp@lab:~$ hadoop fs -rm -r out
Deleted out
zp@lab:~$ hadoop jar $example wordcount input/in out
2021-05-05 10:41:09,964 INFO impl.MetricsConfig: Loaded properties from hadoop-
metrics2.properties
2021-05-05 10:41:10,102 INFO impl.MetricsSystemImpl: Scheduled Metric snapshot
period at 10 second(s).
2021-05-05 10:41:10,102 INFO impl.MetricsSystemImpl: JobTracker metrics system
started
2021-05-05 10:41:10,436 INFO input.FileInputFormat: Total input files to proces
s : 1
2021-05-05 10:41:10,522 INFO mapreduce.JobSubmitter: number of splits:1
```

图 12-65　再次运行 Hadoop 测试

12.6.7　关闭 Hadoop

作为对比，首先执行 jps 以查看当前运行的进程，然后运行 stop-dfs.sh 以关闭 Hadoop，最后重新执行 jps 以查看进程的变化情况。输入如下指令。

```
zp@lab:~$ jps
zp@lab:~$ cd /usr/local/hadoop-3.3.0/sbin
zp@lab: /usr/local/hadoop-3.3.0/sbin$ ./stop-dfs.sh
zp@lab: /usr/local/hadoop-3.3.0/sbin$ jps
```

以上指令的执行效果如图 12-66 所示。

```
zp@lab:~$ jps
21056 SecondaryNameNode
20723 NameNode
23780 Jps
20855 DataNode
zp@lab:~$
zp@lab:~$ cd /usr/local/hadoop-3.3.0/sbin
zp@lab:/usr/local/hadoop-3.3.0/sbin$
zp@lab:/usr/local/hadoop-3.3.0/sbin$ ./stop-dfs.sh
Stopping namenodes on [localhost]
Stopping datanodes
Stopping secondary namenodes [lab]
zp@lab:/usr/local/hadoop-3.3.0/sbin$
zp@lab:/usr/local/hadoop-3.3.0/sbin$ jps
24261 Jps
```

图 12-66　关闭 Hadoop

12.6.8　再次启动 Hadoop

再次启动 Hadoop 时，无须进行 NameNode 初始化，直接输入如下指令即可。

```
zp@lab: /usr/local/hadoop-3.3.0/sbin$ ./start-dfs.sh
zp@lab: /usr/local/hadoop-3.3.0/sbin$ jps
```

以上指令的执行效果如图 12-67 所示。

```
zp@lab:/usr/local/hadoop-3.3.0/sbin$ ./start-dfs.sh
Starting namenodes on [localhost]
Starting datanodes
Starting secondary namenodes [lab]
zp@lab:/usr/local/hadoop-3.3.0/sbin$
zp@lab:/usr/local/hadoop-3.3.0/sbin$ jps
24768 SecondaryNameNode
24440 NameNode
24907 Jps
24573 DataNode
zp@lab:/usr/local/hadoop-3.3.0/sbin$ _
```

图 12-67　再次启动 Hadoop

12.7　本章小结

本章对 Linux 操作系统环境下的大数据开发平台的配置与使用进行了介绍，从 Hadoop 开发环境的安装与配置，到两个大数据项目实例，分别介绍了对应单机模式的 Hadoop 项目和伪分布式模式的 Hadoop 项目。

习 题 12

1. 大数据的核心技术有哪些?
2. 简述 Hadoop 平台的基本配置流程。
3. 简述 Hadoop 项目的 3 种基本运行模式。
4. 比较单机模式和伪分布式模式的异同。
5. 分别以单机模式和伪分布式模式运行大数据测试实例。
6. 调研大数据的具体应用实例。

CHAPTER13

第13章 人工智能

人工智能的概念最早于 1956 年正式提出。它是研究开发用于模拟、延伸和扩展人的智能的理论、方法、技术及应用系统的一门新的技术科学。机器学习和深度学习是人工智能领域较为成功的技术。本章将介绍如何在 Ubuntu 操作系统中配置典型的机器学习和深度学习开发环境，并通过简单的实例来介绍开发环境的使用。

13.1 基础环境准备

13.1.1 概述

目前，不论产业界，还是学术界，Python 都是机器学习和深度学习开发过程中最常用的程序设计语言。Ubuntu 默认自带 Python 开发环境。早期的 Ubuntu 操作系统默认安装 Python 2.X。Ubuntu 21.04 默认的 Python 版本为 3.9.4。Python 2.X 和 Python 3.X 之间存在较大的区别。

在基于 Python 进行机器学习或者深度学习的开发过程中，会使用大量的包。由于不同的 Python 包之间存在复杂的版本依赖关系，处理不当容易导致各种错误。业内通用的做法是基于 Anaconda 搭建开发环境。Anaconda 是一个开源的 Python 发行版本。Anaconda 中包含了诸如 conda、Python、Numpy、Pandas 等上百个科学包及其依赖项。由于所包含的科学包数量众多，Anaconda 文件比较大，如果读者不想安装暂时不需要的包，也可以使用 Miniconda。在本章中，我们选择安装 Miniconda。

13.1.2 安装 Anaconda

1. 下载 Anaconda 软件包

编者不建议读者选择最新的 Anaconda 或者 Miniconda。tensorflow 或者 theano 等深度学习框架的版本更新滞后，存在与最新的 Anaconda 或者 Miniconda 版本不相适应的可能。本书选择 Miniconda3-4.7.12.1。读者可以输入如下指令，下载该版本的软件包。

```
zp@lab:~$ wget
https://mirrors.tuna.tsinghua.edu.cn/anaconda/miniconda/Miniconda3-4.7.12.1-Linux-x86_64.sh
```

以上指令的执行效果如图 13-1 所示。如果上述地址失效，读者可以到 Anaconda 官网查询对应版本的下载地址。

```
zp@lab:~$ wget https://mirrors.tuna.tsinghua.edu.cn/anaconda/miniconda/Miniconda
3-4.7.12.1-Linux-x86_64.sh
--2020-04-27 15:55:27--  https://mirrors.tuna.tsinghua.edu.cn/anaconda/miniconda
/Miniconda3-4.7.12.1-Linux-x86_64.sh
正在解析主机 mirrors.tuna.tsinghua.edu.cn (mirrors.tuna.tsinghua.edu.cn)... 101.
6.8.193, 2402:f000:1:408:8100::1
正在连接 mirrors.tuna.tsinghua.edu.cn (mirrors.tuna.tsinghua.edu.cn)|101.6.8.193
|:443... 已连接。
已发出 HTTP 请求，正在等待回应... 200 OK
长度： 71785000 (68M) [application/octet-stream]
正在保存至: “Miniconda3-4.7.12.1-Linux-x86_64.sh”

.12.1-Linux-x86_64.  19%[==>                 ]  13.23M  1.62MB/s    剩余 42s
```

图 13-1 下载 Anaconda 软件包

2. 安装 Anaconda

（1）输入如下指令可以开始 Miniconda 的安装过程。

```
zp@lab:~$ bash Miniconda3-4.7.12.1-Linux-x86_64.sh
```

以上指令的执行效果如图 13-2 所示。

```
zp@lab:~$ ls Miniconda3-4.7.12.1-Linux-x86_64.sh
Miniconda3-4.7.12.1-Linux-x86_64.sh
zp@lab:~$ bash Miniconda3-4.7.12.1-Linux-x86_64.sh

Welcome to Miniconda3 4.7.12

In order to continue the installation process, please review the license
agreement.
Please, press ENTER to continue
>>> 
```

图 13-2 开始 Miniconda 的安装过程

按 Enter 键，开始阅读 license。此时，读者可以持续按 Enter 键，翻阅详细的 license 内容。阅读完毕会提示是否接受 license 条款。注意，此时默认选项为“no”。读者需要手动输入“yes”，表示接受 license，否则将退出安装过程。如图 13-3 所示。

```
  * Neither the name of Anaconda, Inc. ("Anaconda, Inc.") nor the names of its c
ontributors may be used to endorse or promote products derived from this softwar
e without specific prior written permission.

THIS SOFTWARE IS PROVIDED BY THE COPYRIGHT HOLDERS AND CONTRIBUTORS "AS IS" AND
ANY EXPRESS OR IMPLIED WARRANTIES, INCLUDING, BUT NOT LIMITED TO, THE IMPLIED WA
RRANTIES OF MERCHANTABILITY AND FITNESS FOR A PARTICULAR PURPOSE ARE DISCLAIMED.
 IN NO EVENT SHALL ANACONDA, INC. BE LIABLE FOR ANY DIRECT, INDIRECT, INCIDENTAL

Do you accept the license terms? [yes|no]
[no] >>> yes
```

图 13-3　手动输入“yes”

（2）设置安装路径。安装程序会提供一个默认的安装路径。读者可以按 Enter 键，选择使用默认安装路径开始安装，如图 13-4 所示。

```
Miniconda3 will now be installed into this location:
/home/zp/miniconda3

  - Press ENTER to confirm the location
  - Press CTRL-C to abort the installation
  - Or specify a different location below

[/home/zp/miniconda3] >>>
PREFIX=/home/zp/miniconda3
Unpacking payload ...
Extracting : pyopenssl-19.0.0-py37_0.conda:   3%|  | 1/35 [00:00<00:14,  2.36it/s
```

图 13-4　设置安装路径

在安装的最后一步，系统显示“Do you wish the installer to initialize Miniconda3 by running conda init?”，提示读者是否激活 conda 环境。编者选择了“yes”，建议读者与本书保持一致，如图 13-5 所示。

```
Extracting : cffi-1.13.0-py37h2e261b9_0.tar.bz2:  94%|█| 33/35 [00:07<00:01,  2.
Extracting : conda-4.7.12-py37_0.tar.bz2:  97%|█| 34/35 [00:07<00:00,  2.00it/s]
Collecting package metadata (current_repodata.json): done
Solving environment: done

# All requested packages already installed.

installation finished.
Do you wish the installer to initialize Miniconda3
by running conda init? [yes|no]
[no] >>> yes
```

图 13-5　激活 conda 环境

在安装过程中存在一定的选项设置。如果读者在安装过程中选择了不恰当的选项，就会导致安装过程异常退出，或者导致与本书的设置不一致。例如，读者不小心在图 13-5 所示的界面中直接按了 Enter 键，即选择了默认的选项“no”。一种比较有效的纠正方法是输入如下指令，重新开始安装过程。

```
zp@lab:~$ bash Miniconda3-4.7.12.1-Linux-x86_64.sh -u
```

安装完成后，效果如图 13-6 所示。

```
no change     /root/miniconda3/lib/python3.7/site-packages/xontrib/conda.xsh
no change     /root/miniconda3/etc/profile.d/conda.csh
modified      /root/.bashrc

==> For changes to take effect, close and re-open your current shell. <==

If you'd prefer that conda's base environment not be activated on startup,
   set the auto_activate_base parameter to false:

conda config --set auto_activate_base false

Thank you for installing Miniconda3!
zp@lab:~$
```

图 13-6　Miniconda 安装完成

（3）此时，读者应当关闭当前窗口，并重新打开，以使更改生效。执行效果如图 13-7 所示。

```
login as: zp
zp@192.168.32.131's password:
Welcome to Ubuntu 20.04 LTS (GNU/Linux 5.4.0-26-generic x86_64)

 * Documentation:  https://help.ubuntu.com
 * Management:     https://landscape.canonical.com
 * Support:        https://ubuntu.com/advantage


3 updates can be installed immediately.
0 of these updates are security updates.
To see these additional updates run: apt list --upgradable

Your Hardware Enablement Stack (HWE) is supported until April 2025.
Last login: Mon Apr 27 15:42:31 2020 from 192.168.32.1
(base) zp@lab:~$
```

图 13-7　重新打开窗口以使更改生效

对比图 13-7 和图 13-6 的最后一行，读者可以发现提示符前面增加了（base）字样。这是因为我们在图 13-5 所示的安装步骤中，选择 yes 选项。该字样代表默认的 conda 环境被激活。作为普通的 Linux 用户，如果并不喜欢这种样式，则可以输入如下指令关闭它。

```
zp@lab:~$ conda deactivate
```

以上指令的执行效果如图 13-8 所示。

```
(base) zp@lab:~$
(base) zp@lab:~$ conda deactivate
zp@lab:~$
```

图 13-8　关闭 conda 默认环境

13.1.3　conda 基本用法

本小节将简单介绍 conda 的基本用法。关于 conda 环境的更多信息，读者可以自行了解。conda 是一个开源的包和环境管理器。用户可以在同一个机器上安装不同版本的软件包及其依赖，并能够在不同的环境之间切换它。

1. 测试 conda 安装是否成功

输入如下命令，测试 conda 安装是否成功。

```
zp@lab:~$ conda --version
```

以上指令的执行效果如图 13-9 所示。由图可知返回了版本信息，表示 conda 安装成功。

```
zp@lab:~$ conda --version
conda 4.7.12
zp@lab:~$
```

图 13-9　测试安装是否成功

2. conda 源的配置

修改 conda 源可以提升下载速度，但不建议初学者如此做，以免出错影响后续学习。

```
zp@lab:~$ conda config --add channels
https://mirrors.tuna.tsinghua.edu.cn/anaconda/pkgs/free/
zp@lab:~$ conda config --add channels
https://mirrors.tuna.tsinghua.edu.cn/anaconda/pkgs/main/
zp@lab:~$ conda config --set show_channel_urls yes
```

以上指令的执行效果如图 13-10 所示。

```
zp@lab:~$ conda config --add channels https://mirrors.tuna.tsinghua.edu.cn/anaco
nda/pkgs/free/
zp@lab:~$ conda config --add channels https://mirrors.tuna.tsinghua.edu.cn/anaco
nda/pkgs/main/
zp@lab:~$ conda config --set show_channel_urls yes
```

图 13-10　conda 源的配置

如果上述国内镜像源失效导致后续安装出现错误，则读者可以通过下面的指令切换到默认镜像源：

```
zp@lab:~$ conda config --remove-key channels
```

3. conda 常用命令

【实例 13-1】 查看 conda 版本和 conda 环境列表。

输入如下指令：

```
zp@lab:~$ conda --version
zp@lab:~$ conda env list
```

以上指令的执行效果如图 13-11 所示。在 conda env list 中可以看到默认的 base 环境。

```
zp@lab:~$ conda --version
conda 4.7.12
zp@lab:~$
zp@lab:~$ conda env list
# conda environments:
#
base                  *  /home/zp/miniconda3
```

图 13-11 查看 conda 版本和 conda 环境列表

【实例 13-2】 激活 conda 环境并测试 Python 是否安装成功。

输入如下指令，激活默认的 conda 环境，并测试 Python 是否安装成功。

```
zp@lab:~$ conda activate
(base) zp@lab:~$ python
```

上述两条指令执行后，系统将进入 Python 交互界面。读者在 Python 命令提示符“>>>”之后，输入如下两条指令：第一条指令是执行一个简单的 Python 加法运算并输出运算结果，第二条指令是退出 Python 开发环境。

```
>>> print(3+5)
>>> exit()
```

以上指令的执行效果如图 13-12 所示。

```
zp@lab:~$ conda activate
(base) zp@lab:~$ python
Python 3.7.4 (default, Aug 13 2019, 20:35:49)
[GCC 7.3.0] :: Anaconda, Inc. on linux
Type "help", "copyright", "credits" or "license" for more information.
>>>
>>> print(3+5)
8
>>>
>>> exit()
(base) zp@lab:~$
```

图 13-12 激活 conda 环境并测试 Python 是否安装成功

【实例 13-3】 退出 conda 环境。

输入如下指令，可以退出当前的 conda 环境。

```
(base) zp@lab:~$ conda deactivate
```

以上指令的执行效果如图 13-13 所示。

```
(base) zp@lab:~$ conda deactivate
zp@lab:~$
```

图 13-13 退出 conda 环境

13.2 机器学习开发环境配置

13.2.1 机器学习概述

机器学习是人工智能的一个分支。机器学习主要是设计和分析一些让计算机可以自动“学习”的算法。问题是时代的声音，回答并指导解决问题是理论的根本任务。机器学习的基础理论涉及概率论、统计学、逼近论、凸分析、计算复杂性理论等多种知识。机器学习中涉及了大量的统计学理论，由于机器学习与推断统计学联系甚为密切，因此也被称为统计学习理论。机器学习可以根据有无监督分为监督式学习（supervised learning）和无监督学习（unsupervised learning）。在监督式学习中，训练数据中包含目标结果；目的是根据反馈信息，学习到能够将输入映射到输出的规则。在无监督学习中，训练集没有人为标注的结果，计算机需要自己发现输入数据中的结构规律。

13.2.2 Scikit-learn 的安装

Scikit-learn（也称为 sklearn）是针对 Python 编程语言的免费机器学习库。在 Scikit-learn 中包含了大量常见的机器学习算法。代表性的算法包括支持向量机、随机森林、梯度提升、K 均值和 DBSCAN 等。本小节将介绍 Scikit-learn 开发环境的配置等相关知识。

Scikit-learn 提供了多种不同的安装方式。前面的小节中我们已经安装了 Miniconda，接下来将使用 conda 进行 Scikit-learn 安装。读者输入如下指令即可开始 Scikit-learn 安装。

```
zp@lab:~$ conda install scikit-learn
```

安装 Scikit-learn 的同时需要安装大量依赖包。任何一个环节失败，都可能导致安装过程失败。其中，常见的失败原因是网络连接中断，如图 13-14 所示。网络中断问题，并不一定是本地网络引起的。一旦遇到，读者需要重新执行安装指令，直到安装成功为止。

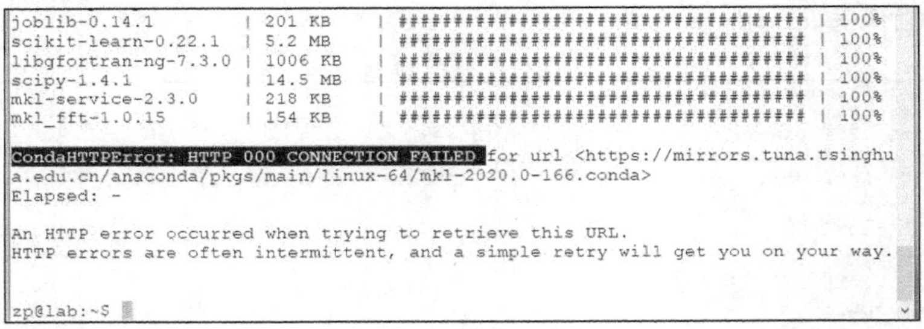

```
joblib-0.14.1         | 201 KB    | ##################################### | 100%
scikit-learn-0.22.1   | 5.2 MB    | ##################################### | 100%
libgfortran-ng-7.3.0  | 1006 KB   | ##################################### | 100%
scipy-1.4.1           | 14.5 MB   | ##################################### | 100%
mkl-service-2.3.0     | 218 KB    | ##################################### | 100%
mkl_fft-1.0.15        | 154 KB    | ##################################### | 100%

CondaHTTPError: HTTP 000 CONNECTION FAILED for url <https://mirrors.tuna.tsinghu
a.edu.cn/anaconda/pkgs/main/linux-64/mkl-2020.0-166.conda>
Elapsed: -

An HTTP error occurred when trying to retrieve this URL.
HTTP errors are often intermittent, and a simple retry will get you on your way.

zp@lab:~$
```

图 13-14　网络连接中断

13.2.3 测试安装是否成功

读者可以通过查看版本信息来验证 Scikit-learn 是否安装成功。

激活 conda 环境，然后启动 Python 环境。

```
zp@lab:~$ conda activate
(base) zp@lab:~$ python
```

以上指令的执行效果如图 13-15 所示。

进入 Python 环境后将出现“>>>”提示符，此时进入了 Python 交互模式。读者可以在该提示符后逐行输入 Python 指令，并观察输出结果。该交互模式非常适合 Python 初学者。读者可以在“>>>”提示符后，输入如下指令来查看 Python 的版本信息，以验证 Scikit-learn 是否安装成功。

```
>>> import sklearn
>>> sklearn.show_versions()
```

以上指令的执行效果如图 13-16 所示。

```
zp@lab:~$ conda activate
(base) zp@lab:~$
(base) zp@lab:~$ python
Python 3.7.4 (default, Aug 13 2019, 20:35:49)
[GCC 7.3.0] :: Anaconda, Inc. on linux
Type "help", "copyright", "credits" or "license" for more information.
>>> import sklearn
```

图 13-15 启动 Python 环境

```
>>> import sklearn
>>> sklearn.show_versions()

System:
    python: 3.7.4 (default, Aug 13 2019, 20:35:49)  [GCC 7.3.0]
executable: /home/zp/miniconda3/bin/python
   machine: Linux-5.4.0-26-generic-x86_64-with-debian-bullseye-sid

Python dependencies:
       pip: 19.3.1
setuptools: 41.4.0
   sklearn: 0.22.1
     numpy: 1.18.1
     scipy: 1.4.1
    Cython: None
    pandas: None
matplotlib: None
    joblib: 0.14.1

Built with OpenMP: True
>>>
```

图 13-16 查看 Python 版本信息

Python 是一门解释性语言。初学者采用图 13-16 所示的交互模式进行操作可以降低学习难度。读者每执行一行指令，系统就会根据执行结果及时反馈相关信息。初学者可以直观地理解每一行代码的具体含义。

实验完毕后，输入 exit()命令退出 Python 环境。在被激活的 conda 环境中，读者输入命令 conda deactive 即可退出 conda 环境，其执行效果如图 13-17 所示。

```
>>> exit()

(base) zp@lab:~$
(base) zp@lab:~$
(base) zp@lab:~$ conda deactivate
zp@lab:~$
```

图 13-17 退出 Python 环境

13.2.4 更新或者卸载 Scikit-learn

输入如下指令，可对 Scikit-learn 进行更新。

```
conda update scikit-learn
```

输入如下指令，可从系统中移除已经安装的 Scikit-learn。

```
conda remove scikit-learn
```

13.3 机器学习应用实例

13.3.1 实例概述

本小节将通过一个简单的实例来介绍如何使用 Scikit-learn 进行机器学习应用设计。通过本实例，读者可以了解如何使用 Scikit-learn 中提供的算法进行聚类（clustering）分析。聚类是一类代表性的机器学习方法。通过该类方法，可以将输入分成不同的组别或者子集。

在本实例中，我们将采用人工生成的数据作为输入数据，然后用 MeanShift 算法进行聚类分析，最后以图形化的形式输出聚类分析结果。

13.3.2 环境准备

本实例的结果在以图形化形式输出的过程中需要用到 Matplotlib。Matplotlib 是 Python 环境中非常著名的绘图库。它提供了一整套和 matlab 相似的 API，适合进行交互式制图，也可以将它作为绘图控件嵌入 GUI 应用程序中。由于编者目前还没有安装 Matplotlib，故须先行安装。输入如下指令即可安装 Matplotlib。

```
zp@lab:~$ conda install matplotlib
```

在安装过程中，可能存在下载失败之类的问题，遇到此类问题时需要重新执行安装指令，直到成功。部分读者的系统可能还会提示需要安装 Numpy 等包，其安装方法类似。

13.3.3 实例详解

（1）输入以下两条指令，进入 Python 交互模式。其执行效果如图 13-18 所示。

```
zp@lab:~$ conda activate
(base) zp@lab:~$ python
```

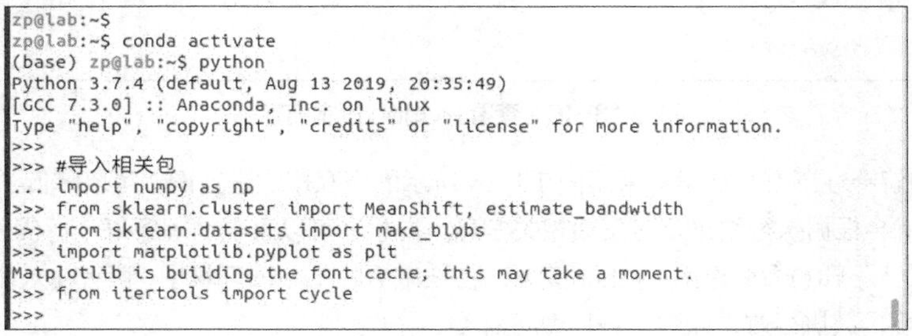

```
zp@lab:~$
zp@lab:~$ conda activate
(base) zp@lab:~$ python
Python 3.7.4 (default, Aug 13 2019, 20:35:49)
[GCC 7.3.0] :: Anaconda, Inc. on linux
Type "help", "copyright", "credits" or "license" for more information.
>>>
>>> #导入相关包
... import numpy as np
>>> from sklearn.cluster import MeanShift, estimate_bandwidth
>>> from sklearn.datasets import make_blobs
>>> import matplotlib.pyplot as plt
Matplotlib is building the font cache; this may take a moment.
>>> from itertools import cycle
>>>
```

图 13-18 导入相关包

（2）在交互模式的命令提示符>>>后依次输入各行代码，观察执行结果。本实例代码包括 4 个部分。

第 1 部分由 5 条语句组成，用于导入相关包，执行效果如图 13-18 所示。图中，“#”开头的行表示注释，读者在实验过程中可以跳过。

第 2 部分用于生成样本数据。make_blobs 函数将根据用户指定的待生成的样本的总数和样本中心坐标等信息，随机生成 3 类数据。这些数据将用于测试聚类算法的效果。其执行效果如图 13-19 所示。

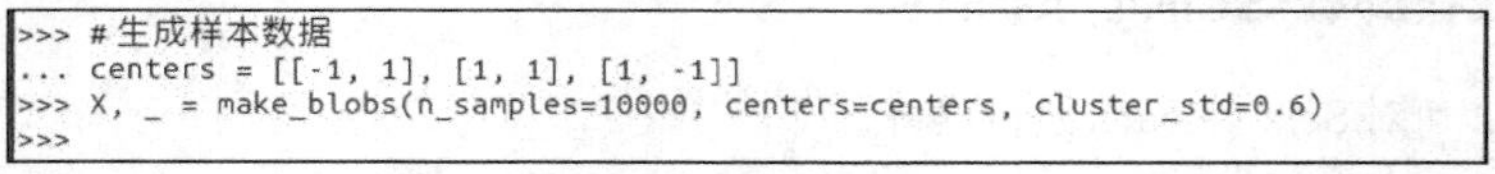

```
>>> #生成样本数据
... centers = [[-1, 1], [1, 1], [1, -1]]
>>> X, _ = make_blobs(n_samples=10000, centers=centers, cluster_std=0.6)
>>>
```

图 13-19 生成样本数据

第 3 部分用于进行聚类分析。本实例中采用的聚类算法是 MeanShift，执行效果如图 13-20 所示。

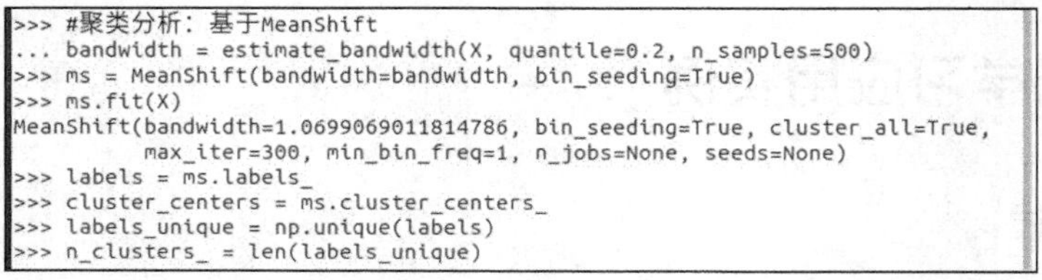

```
>>> #聚类分析：基于MeanShift
... bandwidth = estimate_bandwidth(X, quantile=0.2, n_samples=500)
>>> ms = MeanShift(bandwidth=bandwidth, bin_seeding=True)
>>> ms.fit(X)
MeanShift(bandwidth=1.0699069011814786, bin_seeding=True, cluster_all=True,
          max_iter=300, min_bin_freq=1, n_jobs=None, seeds=None)
>>> labels = ms.labels_
>>> cluster_centers = ms.cluster_centers_
>>> labels_unique = np.unique(labels)
>>> n_clusters_ = len(labels_unique)
```

图 13-20 聚类分析

第 4 部分用于输出聚类分析结果，执行效果如图 13-21 所示。其中，第 1 行语句是以文本形式输出类别数量，其他各行语句用于以图形化形式输出结果。

```
>>> #输出聚类分析结果
... print("number of estimated clusters : %d" % n_clusters_)
number of estimated clusters : 3
>>> plt.figure(1)
<Figure size 640x480 with 0 Axes>
>>> plt.clf()
>>> colors = cycle('grcmykbgrcmykbgrcmykbgrcmykb')
>>> for k, col in zip(range(n_clusters_), colors):
...     my_members = labels == k
...     cluster_center = cluster_centers[k]
...     plt.plot(X[my_members, 0], X[my_members, 1], col + '.')
...     plt.plot(cluster_center[0], cluster_center[1], 'o', markerfacecolor=col
,
...              markeredgecolor='k', markersize=14)
...
[<matplotlib.lines.Line2D object at 0x7fd342c75310>]
[<matplotlib.lines.Line2D object at 0x7fd342c75690>]
[<matplotlib.lines.Line2D object at 0x7fd342c75b50>]
[<matplotlib.lines.Line2D object at 0x7fd342c75f10>]
[<matplotlib.lines.Line2D object at 0x7fd342c80410>]
[<matplotlib.lines.Line2D object at 0x7fd342c80810>]
>>> plt.title('Estimated number of clusters: %d' % n_clusters_)
Text(0.5, 1.0, 'Estimated number of clusters: 3')
>>> plt.show()
>>>
```

图 13-21 输出聚类分析结果

此时，系统将打开新的窗口，用于输出聚类分析结果，如图 13-22 所示。

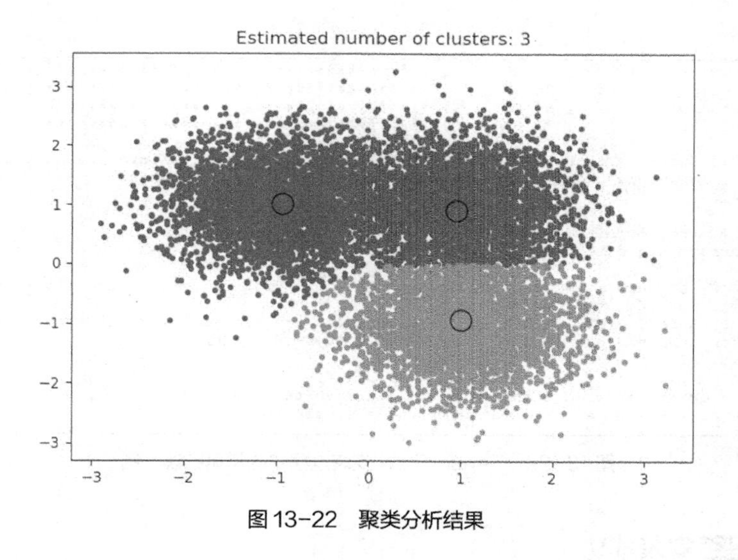

图 13-22 聚类分析结果

13.4 深度学习开发环境配置

13.4.1 深度学习概述

深度学习（deep learning）是机器学习（machine learning）领域中的一个子类。深度学习的概念源于人工神经网络的研究。含有多个隐藏层的多层感知器就是一种深度学习结构。深度学习通过组合低层特征形成更加抽象的高层来表示属性类别或特征，进而发现数据的分布式特征。

13.4.2 TensorFlow 简介

TensorFlow 是最具代表性的深度学习框架之一，它由 Google 开发。TensorFlow 是一个基于数据流编程的符号数学系统，被广泛应用于各类机器学习算法的编程实现中，其前身是 Google 的神经网络算法库 DistBelie。TensorFlow 拥有多层级结构，可部署于各类服务器、终端和网页，并且支持 GPU 和 TPU 高性能数值计算，被广泛应用于 Google 内部的产品开发和各领域的科学研究中。

TensorFlow 是一个强大的库，用于执行大规模的数值计算，如矩阵乘法或自动微分。这两个计算是实现和训练 DNN 所必需的。TensorFlow 在后端使用 C/C++，这使得计算速度更快。TensorFlow 提供的高级机器学习 API，使得配置、训练和评估机器学习模型变得更方便。读者还可以在 TensorFlow 上使用高级深度学习库 Keras。借助 Keras，用户可以轻松快速地进行原型设计。它支持各种 DNN，如 RNN、CNN，甚至是两者的组合。

13.4.3 安装 TensorFlow

使用 conda 安装 TensorFlow。输入如下指令：

```
zp@lab:~$ conda install tensorflow
```

TensorFlow 所涉及的依赖包比较多，conda 工具自动收集完所需要的依赖包后，提示用户进行下一步操作，直接按 Enter 键，选择默认的选项“y”即可开始安装。需要注意的是，在安装过程中可能会遇到网络相关的错误，如图 13-23 所示。此时，读者需要重新执行 TensorFlow 安装指令，直到安装成功。

```
cachetools-3.1.1       | 14 KB     | ######################################### | 100%
keras-preprocessing-   | 36 KB     | ######################################### | 100%
opt_einsum-3.1.0       | 54 KB     | ######################################### | 100%
click-7.1.1            | 71 KB     | ######################################### | 100%

CondaHTTPError: HTTP 000 CONNECTION FAILED for url <https://mirrors.tuna.tsinghu
a.edu.cn/anaconda/pkgs/main/noarch/tensorboard-2.1.0-py3_0.conda>
Elapsed: -

An HTTP error occurred when trying to retrieve this URL.
HTTP errors are often intermittent, and a simple retry will get you on your way.

[Errno 2] No such file or directory: '/home/zp/miniconda3/pkgs/tensorflow-base-2
.1.0-mkl_py37h6d63fb7_0.conda'
CondaHTTPError: HTTP 000 CONNECTION FAILED for url <https://mirrors.tuna.tsinghu
a.edu.cn/anaconda/pkgs/main/linux-64/mkl-2020.0-166.conda>
Elapsed: -

An HTTP error occurred when trying to retrieve this URL.
HTTP errors are often intermittent, and a simple retry will get you on your way.
```

图 13-23 TensorFlow 安装过程中的常见错误举例

13.4.4 测试是否安装成功

读者输入以下指令即可进入 Python 交互开发环境。

```
zp@lab:~$ conda activate
(base) zp@lab:~$ python
```

然后输入以下指令：

```
import tensorflow as tf
```

如果没有报错，接着输入以下指令：

```
tf.__version__
```

以上指令的执行效果如图 13-24 所示。图中显示了 TensorFlow 版本号。

```
zp@lab:~$ conda activate
(base) zp@lab:~$ python
Python 3.7.4 (default, Aug 13 2019, 20:35:49)
[GCC 7.3.0] :: Anaconda, Inc. on linux
Type "help", "copyright", "credits" or "license" for more information.
>>>
>>> import tensorflow as tf
>>>
>>> tf.__version__
'2.1.0'
```

图 13-24　查看 TensorFlow 版本号

13.5　深度学习应用实例

13.5.1　实例概述

本小节将通过一个简单的实例，介绍 TensorFlow 的使用方法。通过本实例，读者将了解到如何使用 TensorFlow 编写代码以进行数据拟合。大致步骤如下。

（1）我们采用人工生成的数据作为训练数据。所采用的训练数据来自一条线性基准曲线。现实世界中的数据通常包含噪声，因此，在数据生成过程中还引入了噪声信息。

（2）我们基于 TensorFlow 搭建了简单的模型，并使用前述生成的数据对模型进行训练。

（3）我们将数据、基准曲线、拟合结果曲线以图形化的形式进行显示，以展示训练效果。

13.5.2　实例详解

考虑到读者可能是深度学习的初学者，本小节采用 Python 交互模式运行上述实例代码。具体操作步骤如下。

（1）导入 Python 相关包。输入如下代码（由 3 条语句组成）：

```
# 导入相关包
import tensorflow as tf
import numpy as np
import matplotlib.pyplot as plt
```

其中导入 TensorFlow 的时间较长，请耐心等待。部分版本的 TensorFlow 在导入过程中可能会出现大量的 FutureWarning（警告信息），如图 13-25 所示，读者可以忽略。

```
>>> import tensorflow as tf
/mnt/d/Ubuntu/anaconda3/lib/python3.6/site-packages/tensorflow/python/framework/dtypes.py:516: FutureWarning
: Passing (type, 1) or '1type' as a synonym of type is deprecated; in a future version of numpy, it will be
understood as (type, (1,)) / '(1,)type'.
  _np_qint8 = np.dtype([("qint8", np.int8, 1)])
/mnt/d/Ubuntu/anaconda3/lib/python3.6/site-packages/tensorflow/python/framework/dtypes.py:517: FutureWarning
: Passing (type, 1) or '1type' as a synonym of type is deprecated; in a future version of numpy, it will be
understood as (type, (1,)) / '(1,)type'.
  _np_quint8 = np.dtype([("quint8", np.uint8, 1)])
/mnt/d/Ubuntu/anaconda3/lib/python3.6/site-packages/tensorflow/python/framework/dtypes.py:518: FutureWarning
```

图 13-25　FutureWarning 警告

（2）生成数据。本实例中的模拟数据由函数 y = x + 3 生成。现实中的数据通常包含噪声，因此，在数据生成过程中，我们加入了适量的噪声。输入如下代码：

```
#生成数据集
x=np.linspace(-1,1,100)
y=x + 3 + np.random.randn(100) * 0.2
#查看生成的数据
```

```
plt.scatter(x,y)
#查看基准函数曲线
plt.plot(x, x +3, color = 'g' ,linewidth=2)
plt.xlabel('x')
plt.ylabel('y')
plt.show()
```

最终生成的数据如图 13-26 所示。图中的直线是基准函数 y = x + 3 的曲线。受噪声信号影响，生成的样本数据随机分布在该基准函数曲线的附近。

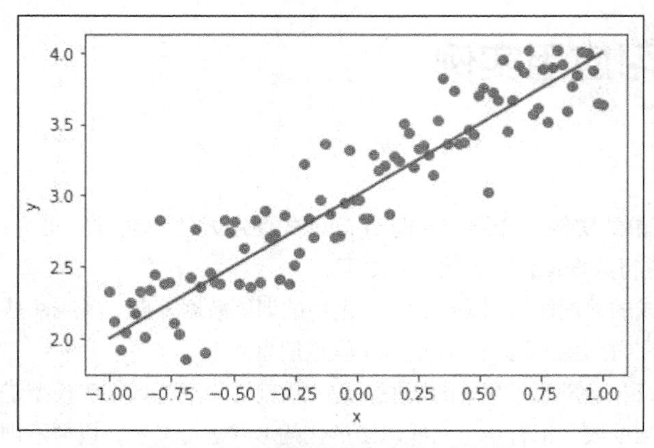

图 13-26　查看生成的（样本）数据

（3）构建深度学习模型。模型构建主要涉及变量定义、误差函数和梯度函数定义等内容。先定义 w 和 b 两个变量，用于存放训练结果。根据模型，最终的拟合曲线可以表示为 y=wx+b。接下来，定义误差函数和梯度函数，供后续训练过程使用。输入如下代码：

```
#定义模型中的变量，
#线性函数的斜率随机生成
w=tf.Variable(np.random.randn(), tf.float32)
#线性函数截距的初值是0.0
b=tf.Variable(0.0, tf.float32)
#构建回归模型
def model(x,w,b):
    return tf.multiply(x,w) + b
#定义均方误差函数
def loss(x,y,w,b):
    err=model(x,w,b) - y        #计算模型预测值和真实标签值的差
    sq=tf.square(err)           #计算差的平方
    return tf.reduce_mean(sq)   #求得平方的均值
#定义梯度函数
def grad(x,y,w,b):
    with tf.GradientTape() as t:
        loss_ = loss(x, y, w, b)
    return t.gradient(loss_, [w,b]) #返回梯度向量
```

（4）训练模型。训练过程由双重循环构成，外层循环进行了 10 次迭代，内层循环使用了 100 个数据分别进行训练。整个过程总共训练了 1 000 次。每一轮外层循环迭代过程中，都以文本和图形两种方式输出了拟合结果。输入如下代码：

```
#定义训练模型所使用的参数
```

```
MAX_EPOCHS = 10                                           #迭代次数
learing_rate = 0.01                                       #学习率
#画出随机散点图
plt.scatter(x,y)
#训练模型
for epoch in range(MAX_EPOCHS):
    for xs,ys in zip(x,y):
        loss_ = loss(xs,ys,w,b)                           #计算损失
        delta_w,delta_b = grad(xs, ys, w, b)  #计算当前样本在参数上的梯度
        w_ = delta_w * learing_rate               #计算w需要调整的量
        b_ = delta_b * learing_rate               #计算b需要调整的量
        w.assign_sub(w_)                          #变量w值变更为减去change_w后的值
        b.assign_sub(b_)                          #变量b值变更为减去change_b后的值
    print("Epoch:",'%02d' %(epoch+1),'loss=%.6f' %
    (loss_),'w=%.6f' %w.numpy(),'b=%.6f' %b.numpy())
    plt.plot(x, w.numpy() * x + b.numpy(),label=str(epoch))  #完成一轮训练后画出结果
plt.legend()
plt.show()
```

以上代码的执行效果如图 13-27 所示。在每一轮训练过程中，拟合曲线都朝着基准曲线所在的位置和角度进行旋转和调整。初始阶段，角度调整的幅度较大；进入后期，拟合曲线与基准曲线越来越接近，调整幅度逐渐减小。

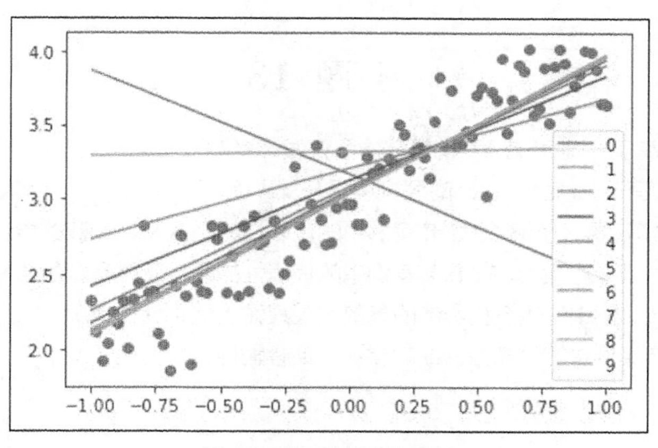

图 13-27　查看训练过程

（5）输出最终训练结果。首先用文本形式输出模型参数 w 和 b，然后在同一图片上显示基准曲线和拟合曲线。

```
#显示训练的结果：w和b
print("w:  ",w.numpy())
print("b:  ",b.numpy())
#显示训练数据散点图：目标函数图形与训练所得图形
plt.scatter(x,y,label="Source data")
plt.plot(x,x + 3,label="Reference curve",color="r",linewidth = 2)
plt.plot(x,x * w.numpy() + b.numpy(),label="Fitted curve",color="g",linewidth = 2)
plt.legend()
plt.show()
```

以上代码的执行效果如图 13-28 所示。经过 10 轮训练，拟合曲线与原始曲线已经非常接近。

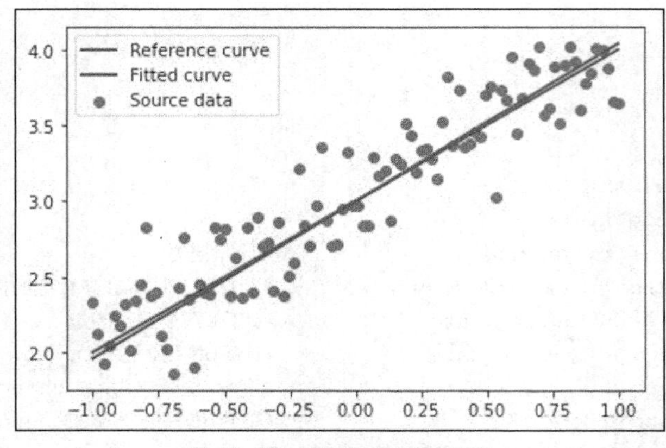

图 13-28　查看最终训练结果

13.6　本章小结

本章介绍了 Linux 环境下典型的人工智能开发环境配置方法，分别介绍了机器学习开发工具包 Scikit-learn 和深度学习框架 TensorFlow 的安装配置方法，还针对这两类开发环境介绍了两个代表性的实例，以帮助读者理解并掌握开发环境的使用方法。

习 题 13

1. 安装和配置基于 Scikit-learn 的机器学习开发环境。
2. 安装和配置基于 TensorFlow 的深度学习开发环境。
3. 借助网络搜索工具，了解 13.3 节实例中的代表性的函数及其参数的含义。
4. 借助网络搜索工具，了解 13.5 节实例中的代表性的函数及其参数的含义。
5. 修改 13.3 节实例中的代表性函数的参数，观察输出结果变化情况。
6. 修改 13.5 节实例中的代表性函数的参数，观察输出结果变化情况。